里山と人の履歴

INUI
犬井 正
Tadashi

新思索社

目次——里山と人の履歴

◇プロローグ：平地林・里山・雑木林　7

第Ⅰ章——都市近郊の里山：武蔵野の平地林——31

1◇武蔵野の四季——ヤマと人と農のサイクル　32
2◇伝統的なヤマ仕事と里山の利用法　55
3◇岐路にたつ平地林　70
4◇都市近郊里山の再生への取り組み　79

第Ⅱ章——谷津田のある里山——95

1◇谷津田と稲作　96
2◇谷津の環境は自然の宝庫　111
3◇谷津田のある里山地域の変化と保全　123

第Ⅲ章——中山間地域の里山：信州・安曇野——137

1◇山国信州の里山　138

2◆安曇野の山繭飼育林 146
3◆里山の伝統的な利用形態 161
4◆里山の変化と再生へのアジェンダ 171

第Ⅳ章 大規模農業地域に変貌した十勝のカシワ林 189

1◆カシワ原生林の開拓 190
2◆カシワの木 204
3◆日本の産業革命を支えた十勝のカシワ林 212
4◆耕地防風林の修復と持続的農村に向けて 226

第Ⅴ章 京の竹と笹 243

1◆竹の京都 244
2◆里山からタケノコ畑へ 257
3◆祇園さんとチマキザサ 265
4◆里山における竹の野生化と新たな利用法 274

第Ⅵ章——海の里山：マングローブ林—— 289
1◇西表島のピンニ木 290
2◇マングローブの利用 302
3◇よみがえるベトナムのマングローブ林 317
4◇保全されたマハグアールの巨木林 327

◇エピローグ：里山の保全へ向けての確かなあゆみを 339

◇参考文献 343
◇あとがき 349
◇索引 361

里山と人の履歴

——犬井　正

プロローグ：平地林・里山・雑木林

平地林は関東の特色

わが国には欧米でみられる大平原といわれるような広大な平野は存在しない。あるのは、いずれも河川によってつくられた平野で、欧米のものに比べれば小規模である。日本の国土のおよそ四分の三は山地がしめ、平野はわずかに残りの四分の一にすぎない。したがって平野はとても貴重である。人間の居住地として古くから開発が進められ、集落や耕地となっているところが多い。そしてその耕地には、できるかぎりの努力と犠牲を払って灌漑用水を引き、水田を開いて、稲作を行ってきた。日本の古代律令《りつりょう》国家の美称として知られる「豊葦原瑞穂《とよあしはらみずほ》の国」という表現は、河川の中・下流域に葦《あし》原や水田がひろがっている日本の様子をよく言い当てている。

そのため、欧米では農村にかぎらず都市の中でも見ることができる平地林が日本にはいたって少ない。日本では一般的に森林は山地の土地利用なのである。とくにこの傾向は開発の古い畿内《きない》の平野で強く、現在、畿内の平野で見られる平地林は、春日大社《かすがたいしゃ》などの「鎮守《ちんじゅ》の森」だけになってしまったといってもよいくらいである。

しかし日本最大の関東平野には、都市化が進んだ現在でもクヌギ・コナラ林や、アカマツ林からなる平地林が相当多く残っている。多くは農民が保有しており、平均一ヘクタール前後という零細な保有規模である。関東平野の台地の上は、標高が低く傾斜はゆるやかであるが水が得にくく、そのためにこの林が畑作農業にとって、なくてはならない存在だったからである（**図1**）。

ところで平地林という用語に、耳なれぬものを感じる方が多いのではないだろうか。事実、日本全国の市町村の税務課や法務局にある土地台帳には、その土地が平地であっても、森林に覆われていれば地目名はすべて「山林」と表記されている。日常的にも平地の森林を山林と呼び、平地林と呼ぶ人はあまり見かけない。ところが、明治二〇年代（一八八七〜九六年）に刊行された『府県統計書』や『府県勧業年報』を見ると、民有の林野が山地と平地の森林、そして草山の三つに分けて載せてあった。その頃は日本も産業革命をようやく迎えようとする時期だったので、政府もまだ薪炭《しんたん》材や堆肥《たいひ》材料などを供給していた平地林の重要性をよく知っていたからであろうか。

しかしこうした統計上の取り扱いも一時的で、産業革命が本格化する数年後に森林はすべて山林の項目しかなくなってしまう。以後、現在の農林業センサスに至るまで、わが国のすべての統計類から、平地林という項目はまったく存在しなくなってしまった。平地林は全国的にみると少なかったのと、その重要性がしだいに薄れてきたために、ついに市民権を得るまでに至らなかったのであろう。

畑作地帯と平地林

関東平野の平地林の分布図をよく見ると、水田稲作が卓越している荒川・多摩川・利根川などの流

図 1　関東地方・武蔵野の平地林のある風景．畑作農民にとって平地林と畑地は一体化した生産の場で（上），種々の樹木の芽吹きや開花は各種の農作業暦と結びついている（下）．

域の低地にはほとんど平地林がないことに気づく（図2）。平地林の分布は、平野総面積の約八割を占める相模原《さがみはら》・武蔵野・大宮・下総《しもうさ》・常陸《ひたち》・那須野原《なすのはら》などの台地や丘陵上の畑作地帯とみごとに一致している。

河川が上流域から運んできた低地の土壌は、有機質が多く含まれていて地力が豊かである。さらに、水田稲作は灌漑《かんがい》用水自身と水に運ばれてくる細かい土からも、イネの生育に必要な栄養素がたえず運び込まれてくる。水田稲作では一〇アール（一反歩）当たり収量一五〇キログラム（一石）程度の水準ならば、無肥料での収穫が可能であるといわれている。また水田稲作は稲藁《いなわら》など多量の副産物によって有機質が補給できるので、畑作地帯に比べると平地林にそれほど依存せずに地力維持が可能である。それに対して台地や丘陵は、礫《れき》や砂の上に火山灰土壌の関東ロームが厚く堆積していて水も乏しい。だから古い村は水の湧き出る段丘崖や扇状地の扇端部にあって、台地の上はそれらの村々の焼畑《やきはた》耕作地や入会秣場《いりあいまぐさば》として利用されるにとどまっていた（図2）。

耕地や集落としての本格的な台地の開発は、江戸時代の新田開発期以降になってから始められたところが多いのである。栃木県の那須野原などは明治時代になってからようやく開拓が始まっている。台地面には大きな河川がなく地下水位も低いので、この台地や丘陵や扇状地の上は、水を引くことの難しい土地であるから、拓《ひら》かれた耕地の大部分は畑地であった。しかも、畑地の表面を覆っている黒ボク土は関東ロームを母材としているため、酸性でしかも活性アルミニウムに富んでいる。そのために燐酸分や腐植が欠乏して地力が低い。また、冬には霜柱が立ち、雨が降ればぬかるみとなり、乾くと土ぼこりが舞い上がるなど、なかなか手に負えない土である。この土壌で畑作を続けていくには、

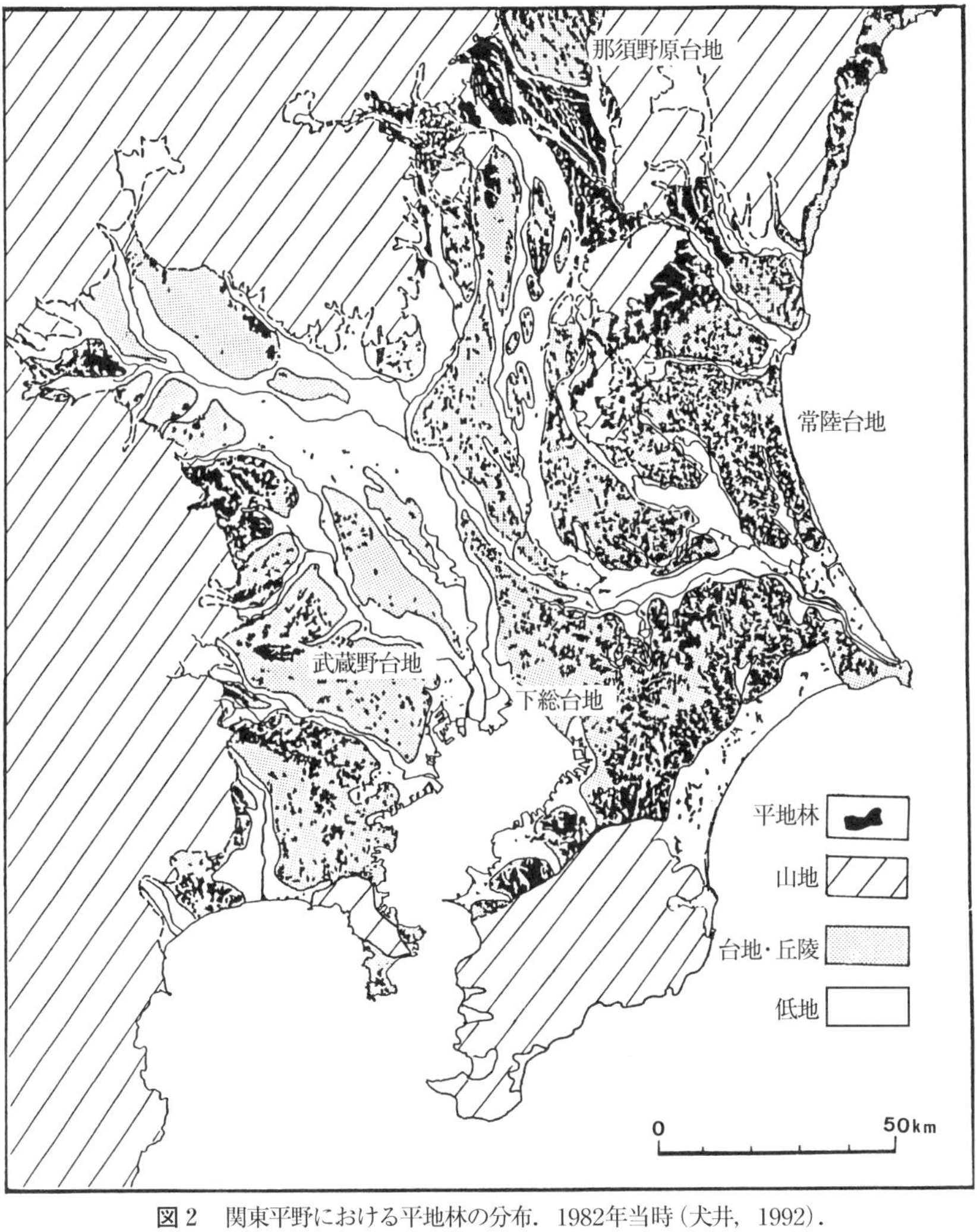

図 2　関東平野における平地林の分布．1982年当時（犬井，1992）．

多量の有機質を入れることが不可欠なのである。そのうえ畑作農業には、水田農業のように土壌養分の喪失をたえず補うメカニズムが組み込まれていない。したがって、ここで畑作農業を維持するには、落葉広葉樹《らくようこうようじゅ》を主体とした平地林を育成し、落ち葉で堆肥をつくり、多量の有機質肥料を畑地に投入しなければならなかった。このように関東平野に平地林の里山《さとやま》が多くみられる理由は、関東ロームに覆われた台地や丘陵が多く存在するという自然条件と、開発の歴史が新しく、しかも畑作を中心にしていたという社会・経済的条件に求められる。

農用林野

農民は毎年冬になると、平地林に入り、林床の下刈りを行い多量の落ち葉を採取して、堆肥・厩肥《きゅうひ》を作り、農業の再生産を維持してきた。また、燃料になる薪《まき》や粗朶《そだ》なども得ていた。その他、屋根葺《ふ》き材料のススキなどのカヤも入手でき、食料になるキノコや野草も採れた。つまり、平地林は農業の再生産や、農家の生活を維持するための林野で、一般に農用林野と呼ばれている（**図3**）。

用材の生産を目的とする育林地帯のスギやヒノキの山林とは、樹種も役割も異なっているのである。関東平野の平地林は大部分がクヌギ・コナラ林や、アカマツ林を主体とした農用林野なのである。また、平地林は強烈なおろし（颪）として有名な関東平野の冬のからっ風から畑地の土や屋敷を守り、台地や丘陵に降った雨をただちに流し去らないようにする保水機能も果たしていた。さらに、集落の周りには伐採されたばかりの林地や、生育の段階の途中にある林地などがモザイク状に存在していたので、さまざまな種の動植物たちが生息することが可能なので、「種の多様性」がたくさまずして保持

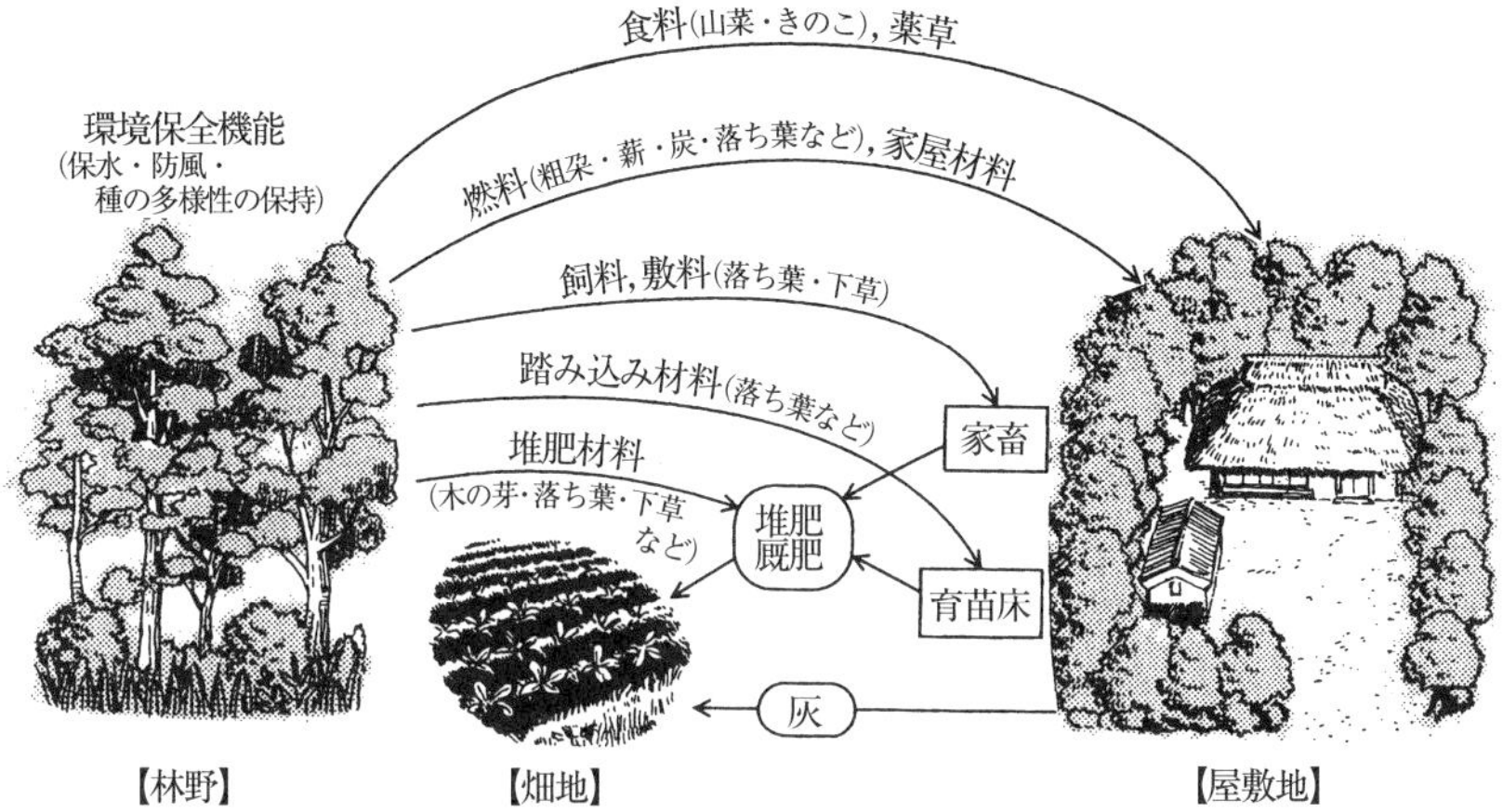

図 3　農用林野の利用形態（高度経済成長期以前）．高度経済成長期以前は農業生産と農村生活の多くを林野に依存していた（犬井，1996）．

されていた。

　第二次世界大戦前までの関東平野の台地や丘陵上の畑作地帯では、分家を出す場合や小作地には、畑地と平地林を必ずセットにする慣行があった。戦後の農地改革の時にも、地主から畑地といっしょに平地林の解放も勝ち取ったところが少なくない。こうした事実をみても、この地域の農民にとって平地林がいかに重要な生産手段であったかを理解することができる。平地林の利用方法や利用形態は、まさに関東平野の台地に生きる畑作農民の知の体系に違いない。

　日本に比べれば冷涼で乾燥した気候の北西ヨーロッパでは、畑作物の生産のみに依存することは不可能であった。そこで彼らが中世になって考え出したのが、作物栽培と家畜とを結びつけた有畜農業の三圃《さんぽ》式農業であった。これは作物栽培と休耕と牧畜を組み合わせたものである。休耕によって刈跡で家畜の餌を得、家畜の糞で地力を増大させて作物を栽培するという方法である。このようにヨーロッパでは地力維持のために一定期間作物を作らないで家畜を放牧する休閑地を組み入れるので、広い面積の農地が必要であった。広大な農地を創設するには、平地林の開墾以外には方策はなく、ヨーロッパの平地林は一方的に減少していった。すなわち、日本の畑作集落が家畜よりも農用林野により強く依存していたのとは対照的に、ヨーロッパの農村は家畜に強く依存し、森林と敵対的な農業社会を作り上げてきたといえよう。

里山とは

武蔵野をはじめとして関東平野の農民はこの平地林を「ヤマ」と呼び、けして雑木林とはいわない。いや、平地林をヤマと呼ぶのは関東平野にかぎらず、鹿児島県の大隅《おおすみ》半島にひろがるシラス台地でも、北海道の十勝平野でも同じである。ヤマと言うのは起伏量が大きく傾斜の急な山地の地形を意味しているのではなく、農用林野を意味しているのである。国土の四分の三が山地で占められていて、そのほとんどが森林という土地利用の国土で暮らす日本人にとって、森林がある場所はすなわちヤマなのである。同様にして考えると、「里山」の山も、山地ではなく農用林野を指しているのであろう。すなわち、里山というのは、本来は人里に近い農用林野だったのである。

「お爺さんはヤマにシバ刈りに、お婆さんは川に洗濯に……」子供の頃にだれでも一度は聞いたり、絵本で読んだりした「桃太郎」の出だしの一節である。このヤマも、もちろん里山の農用林野を意味している。シバというのは芝生ではなく「柴」のことで、「枝葉」とも書かれるように、焚きつけや「刈敷《かりしき》」に使ったりする小枝のことである。刈敷とか「カッチキ」と呼ばれているのは、春に芽吹いた樹木の新梢葉を採取して水田や畑に緑肥としてすき込むものである。

関東平野のように広大な平地がひろがっているところでは、里山は平地林からなり、山間地では人里に近い山林が里山なのである。ところで里山というのは、学術用語というよりは慣習的用語である。所三男著の『近世林業史の研究』によれば、江戸時代の一七三九（宝暦九）年に、寺町兵右衛門が著した『木曽山雑話』の中に「村里家屋近き山を指して里山と申し候」と書いてあるのが紹介されている。さらに、一九〇五（明治三八）年に農商務省山林局が発行した『單寧《タンニン》材料及槲《カシワ》樹林』の中に、「深山」に対置させて「里山」が使用されている。地方によってさまざまな呼び方が存在し、里山のほかには四壁林、地続山、里林などが知られており、いずれも集落に近い農用林野をさしている。

生態学者の田端英雄氏は『里山の自然』のなかで、トンボ類やカエル類の産卵場所や生活場所を調査した結果、「林やそれに隣接する水田や畑と畦《あぜ》、ため池や用水路などがセットになった自然を里山と呼ぶ」としている。すなわち、本来の農用林野という狭義の里山だけではなく、それと隣接し深い関係を持つ耕地や水路や屋敷地も含めた農村環境を指している。これは里山の生物にかぎらず、人間の生活や農業、民話や童謡の舞台になっているのも、このいわば「里山地域」である。

ところで国が里山について考えるようになったのは、つい最近で一九九四（平成六）年に「環境基本計画」を決めてからである。その中で、人口密度が低く森林率がそれほど高くない地域を「里地」と呼ぶとしている。さらに、「農林水産活動などさまざまなかかわりをもってきた地域で、ふるさとの原型として想起されてきたという特性がある」と規定している。これをみれば里地は、里山地域とほぼ同じ意味であることが理解できる。

武蔵野の雑木林

クヌギ・コナラ林からなる武蔵野の平地林は、明治中期以降「雑木林」として市民から親しまれるようになった。日本では「美林」という言葉に象徴されるように、古来、用材生産を目的にして山地で育林されてきたスギやヒノキが尊ばれてきた。針葉樹《しんようじゅ》のスギやヒノキを尊重した旧来の林業者たちは、小木の広葉樹を「雑木《ざつぼく》」とよび、その林を「雑木林《ざつぼくりん》」とよんできた。すなわち、雑木とは良材とならない樹木や主要でない樹木、あるいは木材にならない価値の低い樹木という意味なのである。

> 東京の西郊、多摩の流れに到るまでの間には幾個の丘あり、谷あり、幾条の往還は此の丘に下り、此の丘に登り、うねうねとして行く。谷は田にして、概ね小川の流れあり、流水に稀に水車あり。丘は拓かれて、畑となれるが多きも、其処此処には角に劃られたる多くの雑木林ありて残れり。余は斯の雑木林を愛す。

この文章は、徳冨蘆花《とくとみろか》が一九〇〇（明治三三）年に著した『自然と人生』中の「雑木林」の一節であり、東京西郊の武蔵野の「農の風景」をみごとに描写している。この他にも国木田独歩《くにきだどっぽ》の『武蔵野』をはじめとして、自然主義文学者の文芸作品の中で、武蔵野の平地林のある美しい田園風景が生き生きと描写されていた。すなわち、武蔵野のクヌギ・コナラからなる平地林を、雑木林《ぞうきばやし》として新たに風景価値を評価したのは、日本の産業革命期に当る二〇世紀初頭の自然主義文学者たちであった（**図4**）。

こうした文芸作品の影響を強く受けて落葉広葉樹林の親しみやすさに共感した一般市民は、以後、

図 4　「用の美」を感じさせる武蔵野の平地林．20世紀初頭の自然主義文学者に「雑木林」として紹介された武蔵野のクヌギ・コナラ林（埼玉県三芳町上富地区）．

武蔵野の平地林を「ぞうきばやし」と呼ぶようになったのである。私自身、一年中、姿形を大きく変えず凛《りん》としてそびえ立ったスギやヒノキなどの針葉樹林よりも、春の新緑、夏の緑陰、秋の紅葉、冬の落葉と四季折々趣のある姿を見せてくれる落葉広葉樹林の方に親しみを感じる。しかし、なんといっても雑木林に冠された「雑」の字は雑種、雑用、雑役、雑魚《ざこ》等と同様に、農民が平地林に対して抱いている「重要・不可欠」という感覚とは程遠い感じを与えることは否めない。農民ではなくいわば傍観者として美しい平地林を見た文学者は、おそらく平地林が農民にとって農家生活や、農業生産に結びついた農用林であるという理解にまでは達することなく、「雑木林」という語を用いてしまったのであろう。それだけに、かえって一般市民には、より親しみやすい存在と感じられたに違いない。それ以後、里山や平地林は雑木林とイコールに扱われてきたが、武蔵野の農民にとって、たんに美しく親しみやすいだけの雑木林ではない。

陽樹の二次林

現在の日本列島は植物生態学的には、落葉広葉樹に覆われた東日本と、照葉樹《しょうようじゅ》ともいわれる常緑広《じょうりょくこう》葉樹《ようじゅ》に覆われた西日本に、大きく二分される。暖流が流れる海岸沿いの土地は暖かく、反対に山中は寒いので、実際の東と西の境界線は複雑な走り方をしているが、関東平野の北部は東日本と西日本の境界に当たっている。したがって、関東平野の本来の自然植生は、大部分、照葉樹の陰樹《いんじゅ》で、ヤブツバキ・クラス域に属している。そうすると、いま私たちが見ている武蔵野の平地林は、アカマツや落葉広葉樹のクヌギやコナラなどの陽樹《ようじゅ》であるから、本来の自然植生ではないということになる。陽樹というのは、太陽の直射日光のもとでよく生長をして、日陰では生長しにくい木をいう。だから、陽樹は条件さえよければ、若木の時にとても早く生長する。しかし、陽樹は自らが生長してきた林の中では、新たな芽生えを育てることができない。なぜなら、陽樹の芽生えは強い日光を必要とするので、林の中の弱い陽光では生長がむずかしい。それに対して、林の中のうす暗い光の中でも、芽生えを生長させることができるのが陰樹である。

里山でみられる陽樹のクヌギ・コナラ・アカマツなどからなる林は二次林である。東北日本のブナ林や西南日本の照葉樹林といった極相林《きょくそうりん》が山火事や洪水、山崩れ、人間による伐採などによって破壊された後にいくつかの段階の植生遷移《しょくせいせんい》を経てできた森林を二次林という。遷移の最終に生まれる森林、

図5　武蔵野の原風景．古代・中世の武蔵野はススキ草原に覆われていたと考えられている（埼玉県狭山市）．

すなわち極相段階に達した森林を極相林という。したがって、一般に陰樹は極相林になるが、陽樹は極相林にはなれない。東北日本では、陰樹のブナが極相林で、これを伐採するとブナ科のコナラ、ミズナラ、シラカバなどの二次林が成立する。西南日本では照葉樹が極相林であり、これを伐採すると二つのタイプの二次林が成立する。一つは近畿以東の中部や関東地方に多いコナラやクヌギやクリを中心とする二次林である。他は、近畿以西の二次林で、クヌギやアベマキやクリを中心とするものである。里山や平地林のクヌギやコナラの二次林は、陽樹林の段階で、人間が手を加えつづけることによって、植生遷移を中断させる「偏向遷移」によって歴史的に維持されてきたものである。

人とのかかわりの強い林

生態学などの研究成果によれば、往古には関東平野の台地や丘陵上もシイ、タブ、シラカシなどといった常緑広葉樹の陰樹の森林に覆われていたという。古代・中世には水がかりの良いところに集落が形成され、その周辺が常畑として拓《ひら》かれていた。それ以外の広大な台地面は焼畑や放牧、入会秣場《いりあいまぐさば》などとして利用されるに留まっていた。焼畑耕作や採草などのために毎年野火《のび》が放たれ、そのあとはススキなどの草原に遷移していった（**図5**）。

武蔵野は月の入るべき山もなし
草より出でて草にこそ入れ

この万葉集・東歌の古歌は、八世紀の頃の武蔵野が一面の草野原であったことをうかがわせる。江戸時代になって新田開発が行われるようになって入会秣場《いりあいまぐさば》や焼畑としての利用がなくなり、台地上にはアカマツやクヌギ・コナラなどの二次林が形成されるようになった。新田村落の農民は新しく拓いた常畑に入れる堆肥を作る落ち葉や、燃料の薪《まき》を得るために各戸で平地林を育成した。おそらく、クヌギ・コナラ林といった陽樹への自然の遷移を待つだけでなく、播種をしたり苗木を植えたりして積極的に平地林を育成したものと思われる。平地林の境界木には、簡単に移動ができないように根の張りが強く、誤って伐り倒しても後でわかるように切り株から新しい芽が出てくるバラ科のカマツカ（ウシコロシ）を植えておいた。

その間の事情を知る鍵となる記述を、北武蔵野の三富新田《さんとめしんでん》(現在の埼玉県所沢市から三芳町にかかる地域)の開拓事情が記されている『三富開拓誌』の中に見つけることができる。「開拓の当時居を構えし者に、一戸三本つつの楢苗を配分したりと云う、現今繁茂せる楢はその後身である。」と記されている。さらに、一六五〇(慶安三)年の「川越藩郡方条目」(豊橋美術博物館所蔵大河内文書)をみると、三富新田のある川越藩では「椚《クヌギ》や小楢《コナラ》の材木になる分は枝下ろしをして育て、細木は薪にせよ」とか、「切り株から出た孫生《ひこば》えのうち発育の良いものを二本残し、残りは切り取れ」など、林の維持・管理や利用法などを指示していることがわかる。これは、平地林の維持・管理を規定した、おそらく最古の法令であろう。

『三富開拓誌』には、各戸に配布したコナラの苗木は三本と記されており、その数がいかにも少ないような気がするが、「川越藩郡方条目」をみても、三富新田の平地林は確かに人為的に作られてきた林であることがわかる。

このように、里山である武蔵野の平地林の多くは、農民の手によって育成されてきた人工の二次林である。クヌギ・コナラやアカマツなどの陽樹で構成されているのもこうした履歴によっている。

種《しゅ》の多様性と利用

第二次世界大戦後の「燃料革命」により薪や炭が石油やガスに代わったり、落ち葉堆肥が化学肥料に代わったりして里山の農用林としての価値は急速に失われた。伐採しなくなって四〇、五〇年になり幹が太く葉が生い茂った一見すると立派そうな林があちこちで見られるようになった。林床《りんしょう》(林の

図 6　萌芽．切り株から出た孫生え（萌芽）の中から 2 ～ 3 本残して育てていく（埼玉県所沢市中富地区）．

中の地面）はアズマネザサが密生したり、落ち葉が厚く堆積したりして、林に彩りを添えていたスミレやヤマユリやイチリンソウなどの草花の姿が少なくなってしまった。それがよい自然で、手をつけるべきではないという人も多い。しかし、本来、里山は人が管理しなければ豊かな植生を維持できないもので、年をとったうっそうとした林だけでは、明るい若い林で育っていた草花がみんな消えてしまう。樹木には幹を切ると枯れてしまうものと、切り株から多くの孫生《ひこば》えが出てきて旺盛に再生するものがある（**図6**）。この孫生えを萌芽《ほうが》と呼んでいる。萌芽が出るのは休眠している芽が伐採によって覚醒し、生長し始めるために起こり、乾燥や寒冷に対する適応ではないかと考えられている。

クヌギやコナラは伐採した切り株から萌芽が出てきて、数年で低木林に生長する。大きな根が生き残っているので、ドングリなどの実が発芽して（実生《みしょう》という）生長するのに比べれば、格段に早く森林へと回復する。こうした森林の更新方法を萌芽更新《ほうがこうしん》といっている。里山のクヌギやコナラの林は薪炭生産のために、萌芽更新によって一五〜二〇年周期で伐採されてきた（**図7**）。したがって、里山には今年伐《き》ったところ、一〇年前に伐ったところ、一五年前に伐ったところといったように異なった環境がモザイク状に配置されていた。それが四〇年以上にもわたって伐採されることもなく放置されてきたので、どこも似たうっそうとした状態の林になってしまったのだ。

こうした林も木が伐られて、下草刈りや落ち葉掃《は》きがされると地面に再び陽が当たるようになる。すると、それまで、地中で待っていたヤマユリやシュンランなどさまざまな植物が育つようになる。かつては里山地域の人々の農作業や生活のサイクルの中で、豊かな生物相が育まれていたのだが、利用されなくなり木々の樹齢が上がりすぎて、林の中の植生が貧弱になっている。このままいくと、地

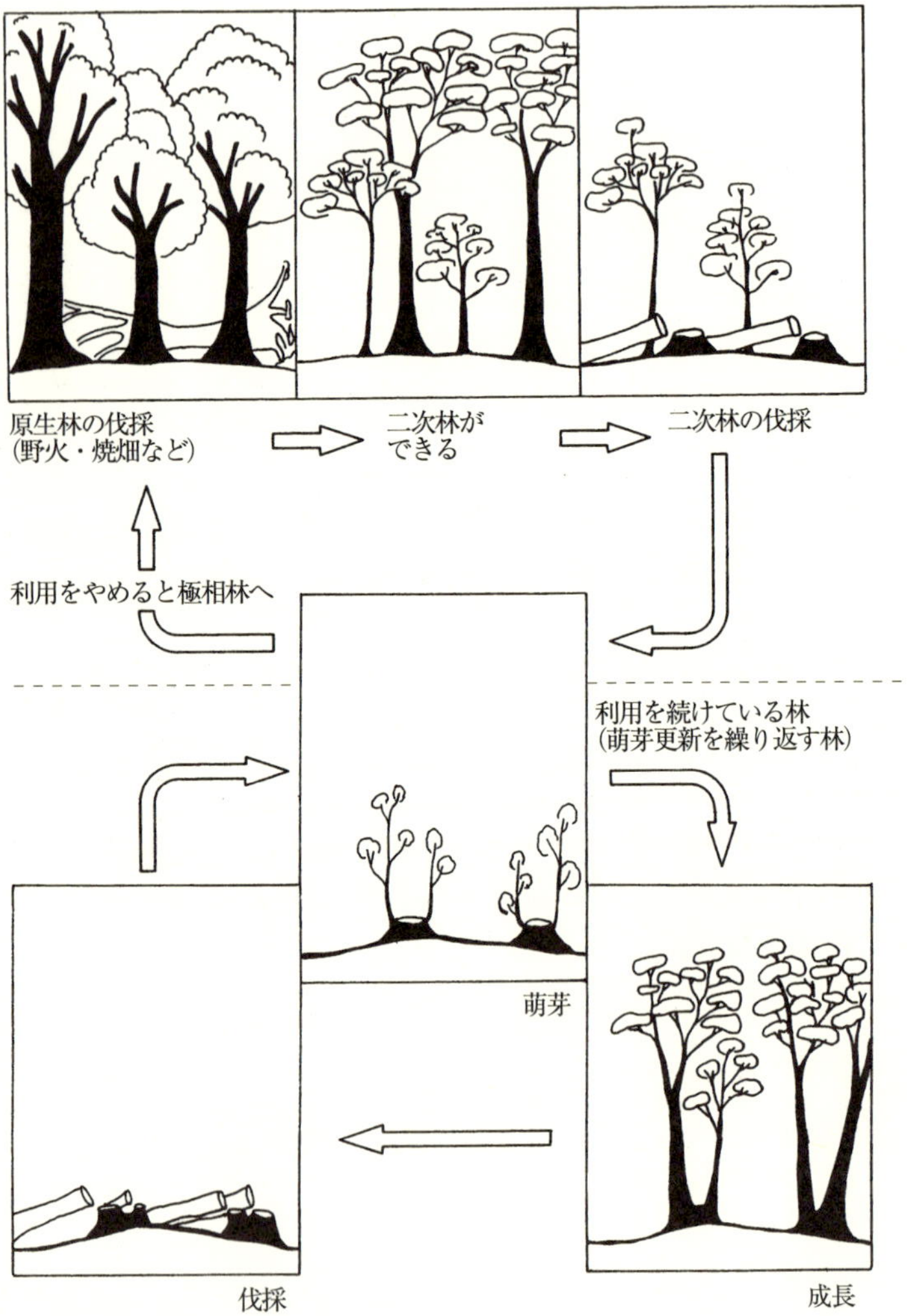

図 7　萌芽更新と遷移の仕組み．二次林の利用をやめればやがて極相林へ遷移してしまう（犬井，1993）．

0〜5年の林

植物種の数 38

ケヤキ
エノキ
ノイバラ
チヂミザサ
スイカヅラ
イヌザンショウ
コボタンヅル
ガマズミ
モミジイチゴ
カントウタンポポ
クサギ
ヌルデ
ナルコユリ
ヨモギ
マダケ
ノアザミ
オカトラノオ
ススキ
ヤマユリ
クサイチゴ
アズマネザサ
アケビ
ゴヨウアケビ
カントウヨメナ
ウグイスカグラ
ヤマツツジ
ツノハシバミ
ヤマハギ
ナワシロイチゴ
ヤクシソウ
コウヤボウキ
イヌトウバナ
サルトリイバラ
ムラサキシキブ
クマシデ
イボタノキ
ヤブレガサ
タラノキ

6〜10年の林

植物種の数 37

カナムグラ
カニクサ
ヤマハタザオ
リュウノウギク
チガヤ
キツネノカミソリ
ミミナグサ
ノコンギク
ニガナ
スイバ
アカネ
センニンソウ
コオニタビラコ
ホタルブクロ
ヒメジヨオン
セイヨウタンポポ
ヒオウギ
ベニバナボロギク
セイタカアワダチソウ
センダングサ
ヒメムカシヨモギ
ヤマウコギ
ミツバウツギ
イヌシデ
ウワミズザクラ
エゴノキ
ヤマブキ
ミツバアケ
コゴメウツ
イタヤカエ
コナラ
オトコエシ
ジュウニヒ
キスゲ
タチツボス
ミツバツチ
キジムシロ

11〜35年の林

植物種の数 23

カヤ
ジャノヒゲ
テイカカズラ
ヤブラン
クマヤナギ
ヒサカキ
チャノキ
クマノミズキ
ハナイカダ
ネムノキ
ヤマルリソウ
ミズキ
ジシバリ
アオツヅラフジ
ヤマニガナ
ナツトウダイ
オトギリソウ
オオバコ
スゲ属
シュンラン
ナンテン
ハルノタムラソウ
フシグロセンノウ

36年以上の林

植物種の数6

アオキ
アラカシ
ナガバジャノヒゲ
シロダモ
シュロ
ヤブコウジ

図 8　林の林齢と林内で見られる植物の種類数．3 m× 3 m内のカウント．
神奈川県厚木市の調査例（中川，2000を一部改変）．

表の草本類が滅びてしまう危険性すらある。生物の豊かな里山を残したいなら、毎年、下草刈りや落ち葉掃きなどの手入れをして、一五~二〇年に一度は木々を伐採して、萌芽更新をしなければならないし、八〇年に一度くらいは新しい木に植え替えなければ萌芽力も弱まってしまう。神奈川県自然環境保全センターの中川重年さんが神奈川県厚木市で調査した結果を見ると（**図8**）、コナラ林を伐採してから一〇年以内は植物の種類が豊富で、とりわけ、地表の草本類が多いのが特徴である。しかしコナラなどの高木類が生長してくると、しだいに地表の草本《そうほん》類は減っていき、伐採後三六年以上の放置された林は植物の種類がぐっと少なくなっている（**図9**）。

里山は人と共存することによってはじめて存続できる、身近なそして豊かな自然である。したがって里山を守り残すということは、里山を人が常に利用することを意味している。しかし、現在の里山に、薪や炭、落ち葉堆肥などを利用していた時期と同じだけの生産的価値は期待できないし、まして従来の農林業的価値だけで里山を再生させることはできない。市民参加による新たな里山の利・活用こそが、里山保全の切り札になるのではないだろうか。

二次林文化の再考

里山地域は台地・丘陵地帯にひろがり、山地があってもなだらかで、谷があっても小さく、流れがあっても緩やかである。林を中心にしながら、ため池があり、小川があり、田畑があり、農家やお宮が存在していた。かつての里山では、森林の再生力を越えない範囲で伐採を繰り返すなど、人間の自然への積極的な働きかけをつうじて、さまざまな資源を利用してきた。そして、そこに棲息する動植

図 9　落ち葉掃きがされているクヌギ・コナラ林（上）．毎年落ち葉掃きが行われている林床には陰樹やアズマネザサの繁茂が見られない．一方，13年間放置されたクヌギ・コナラ林の林床（下）．長い間利用が中断されると，照葉樹などの陰樹に覆われてしまう（いずれも埼玉県三芳町上富地区）．

物もふくめて、人と自然との間に持続的な共生関係が育まれていた。すなわち、里山全体として、人間もその輪の中に組み込んだ生態系循環が成り立っていたのだ。春には林床一面に咲き誇るスミレやカタクリやクサボケの花を見て、夏にはクワガタやカブトムシを採り、ウサギやキツネやタヌキの姿を追う。里山は人々の生活の場そのものでもあり、野生動植物にもそれぞれに適した生息環境を提供してきた。民話や童謡の舞台でもあったし、人々の心のありようにも大きな影響を及ぼしてきた重い履歴をもつ環境、それが日本人にとっての二次林を中心とした里山である。

一種の「用の美」を感じさせるほど平地林を維持・管理し、循環的に利用してきた武蔵野の畑作農民にとって、里山である平地林が織りなす四季折々の美しさと親しみやすさが、自然観やメンタリティの基礎となっていることは言うまでもない。武蔵野の農民は、大地や樹々といった自然物の中にアニミズムの神々をみる伝統的な信仰観や世界観、とりまく環境と自己との関係を知らず知らずに培い、省資源的で循環的・永続的な生活様式を築いてきた。武蔵野をはじめ里山で暮らす農民は自然物を神とみなし、敬い、恐れながら人間との間に持続的に利用できるシステムを確立してきた。こうして築きあげられてきた文化複合は、「二次林文化」と呼ぶことができよう。

しかし、一九五〇年代中頃から始まる高度経済成長期以降になると、日本列島の各地で、里山は農村生活や農業生産と関係が切れてしまった。里山は放置されて荒廃が進んだり、都市的な土地利用に転用されたりするものが多くなってきた。近年では、廃棄物処理場など都市から忌避《きひ》された施設用地として扱われがちな風潮さえ見受けられる。日本人の多くは高度経済成長の虚栄におぼれて、里山とのかかわりの中で育まれてきた自然の教えを忘れてしまったかのようである。

図10　人とかかわる里山．里山の履歴を読み解き，人と里山との新しいかかわり方を模索する（埼玉県三芳町上富地区）．

私たちは里山に背を向け、大量生産・大量消費・大量破棄のライフスタイルを是として、もっと豊かで、もっと便利になりたいと願い、ひた走ってきた。その結果、美しい田園風景や木々の緑と引き換えに、確かに多くのものを手に入れ、経済的・物質的な繁栄を遂げてきた。反面、私たちは、今、それだけでは満たされないものや、むなしさを感じているのも事実である。これからの私たちには、自らの物質的・経済的な繁栄だけではなく、動植物とともに生きられる豊かな空間を取り戻したいという願いがある。便利さのみを追求し、コンクリートで塗り固められた灰色の中の豊かさを手にいれるのか、それとも、多少不便かもしれないが緑ある豊かさを自覚的に保持していくのか、私たちは今その岐路に立たされている。

一九九二年にブラジルで開催された「地球サミット」の共通キーワードは「持続性」であった。いかに現状の自然を永続的に、大切に使っていくかということである。その持続性のサンプル、そして、人と自然のかかわり方の手本が、日本の里山にある（**図10**）。地球規模の環境の危機を自ら招き、その解決を目指していかなければならないわれわれにとって、里山の中で育んできた循環的・永続的・省資源的な二次林文化を今一度見直すことによって、多くのことを学びとれるはずである。この機会に私たちの最も身近な自然である里山で育まれてきた二次林文化を振り返り、人と里山がどのようにかかわり合ってきたのか、その履歴を探ってみたい。里山の存在については、「いまさらなにを」というぐらい知り尽くしているように思われがちである。しかし、いがいと里山の履歴についてはは理解していない人が多い。それが証拠に、里山がゴルフ場や廃棄物処理場などに簡単に変えられてしまい、里山にあった履歴の重みが次々に抹消されている。「自然の叡智」をテーマとする二〇〇五年の日本国際博覧会、「愛知万博」の主会場ですら、当初、里山の「海上《かいしょ》の森」を潰《つぶ》して作られる予定であった。

都市近郊と中山間地域といったように里山の存在する場所や、クヌギ・コナラ林、カシワ林や竹林、そしてマングローブ林など、里山を構成している樹種によっても里山のありようは異なっている。したがって、里山問題を考える時は、それぞれの里山の地域特性を十分ふまえることが大切である。本書名を『里山と人の履歴』としたのも、過去を示す「歴史」ではなく、さまざまな里山のある空間が持つ「現在の歴史性」を明らかにしたかったからである。里山地域で息づいてきた二次林文化を再考するとともに、そこから現在の生活に活かせる原理を獲得し、里山保全の方策を探り出すのが本書の意図するところである。忘れられていることを掘り起こし、きちんと検証した上で、そこから何か新しいアイディアを見つけださなければならないのではないだろうか。

第Ⅰ章——都市近郊の里山：武蔵野の平地林

1◦武蔵野の四季――ヤマと人と農のサイクル

短冊型地割

東京西郊の武蔵野台地に拓《ひら》かれた江戸時代の新田村落には、短冊型地割が施されていた。一六九四（元禄七）年に拓かれた北武蔵野の三富新田《さんとめしんでん》（**図Ⅰ―1**）は、幅六間（約一一メートル）の路を縦横に拓くことから始められた。この路の両側を間口四〇間（約七二メートル）、奥行三七五間（約六七五メートル）の短冊型に区画し、一戸あたり五町歩（約五ヘクタール）配分した。一戸当たりの面積は古村と比べると、相当広くとってあるが、これは荒れ地のため、面積を広くして収穫高をあげようとしたのであろう。道路に面した表側を屋敷地として、その次に耕地を、いちばん後方に平地林というレイアウトにした（**図Ⅰ―2**）。この地割は中国の宋代の新田開発法である王安石の「阡陌《せんぱく》の法」を範にしたといわれている。

地割の中央に、幅四尺（一・二メートル）の耕作道を作り、畑の境には境界木の役目と同時に、畑の土が強風に飛ばされないようにウツギ（卯つ木）を植えた。畑地は一人一日分の労働範囲の目安と

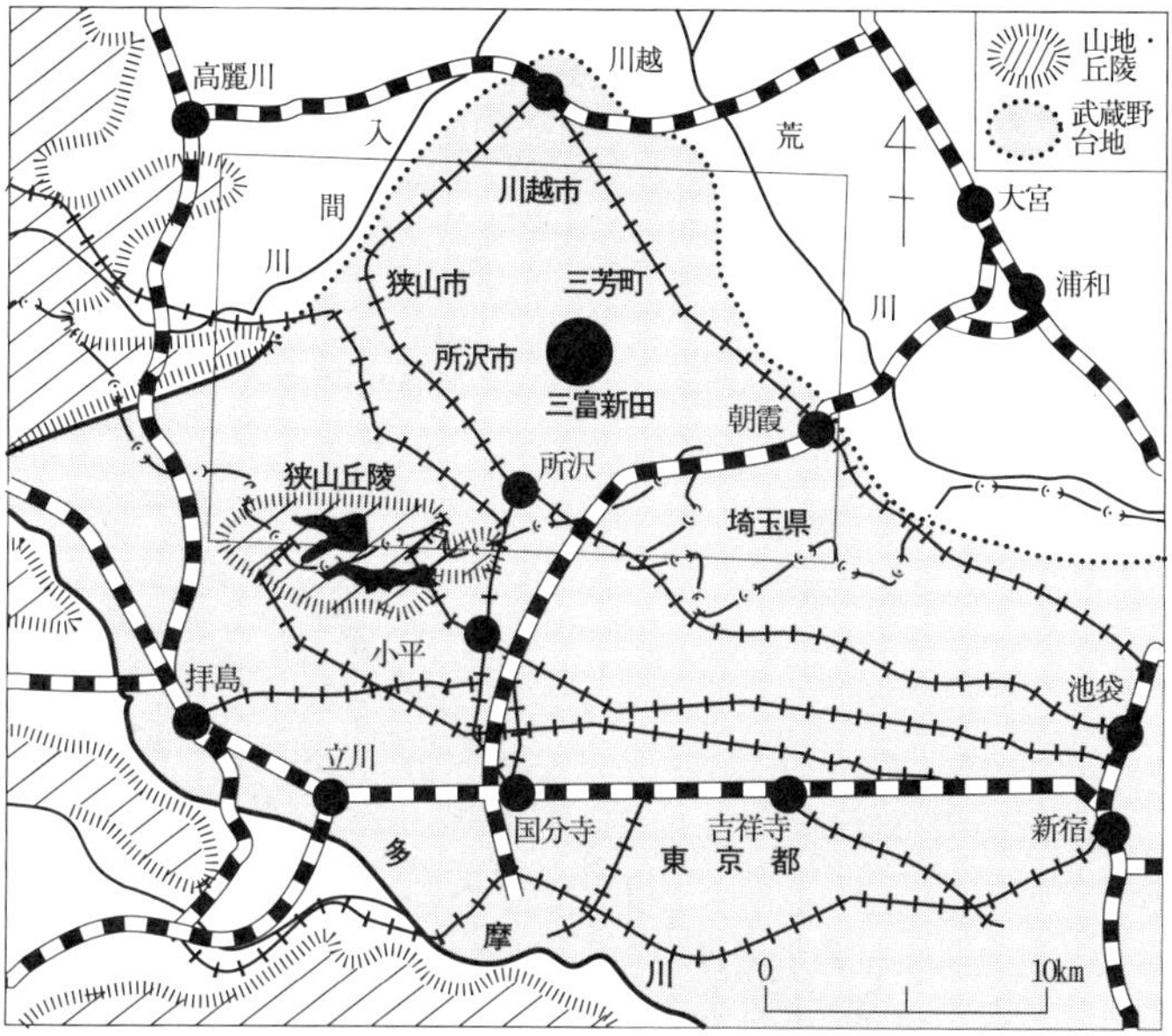

上図わく内の拡大図

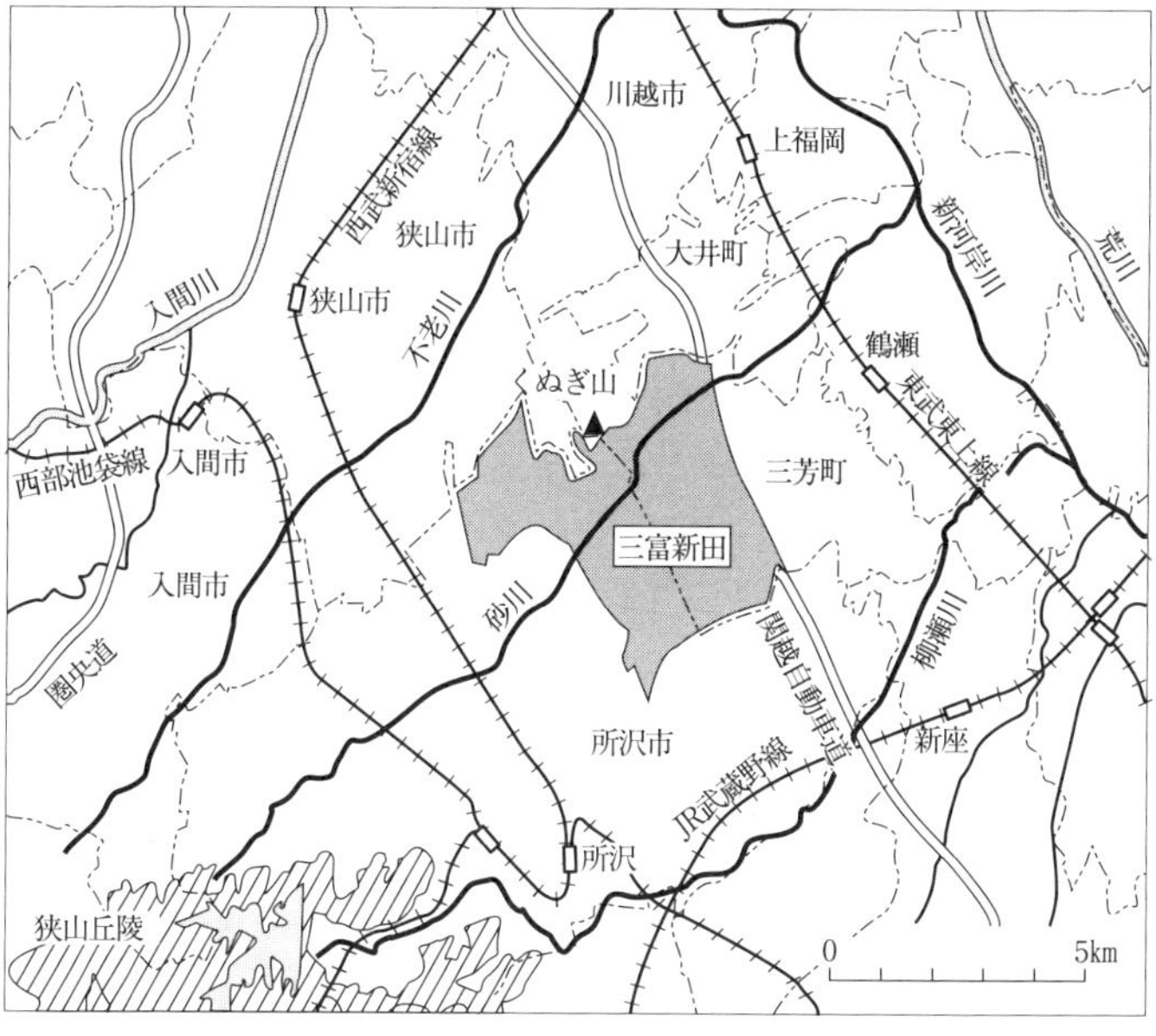

図Ｉ－1　武蔵野台地の範囲（上図）と，本章の舞台となる北武蔵野の埼玉県三富新田の位置.

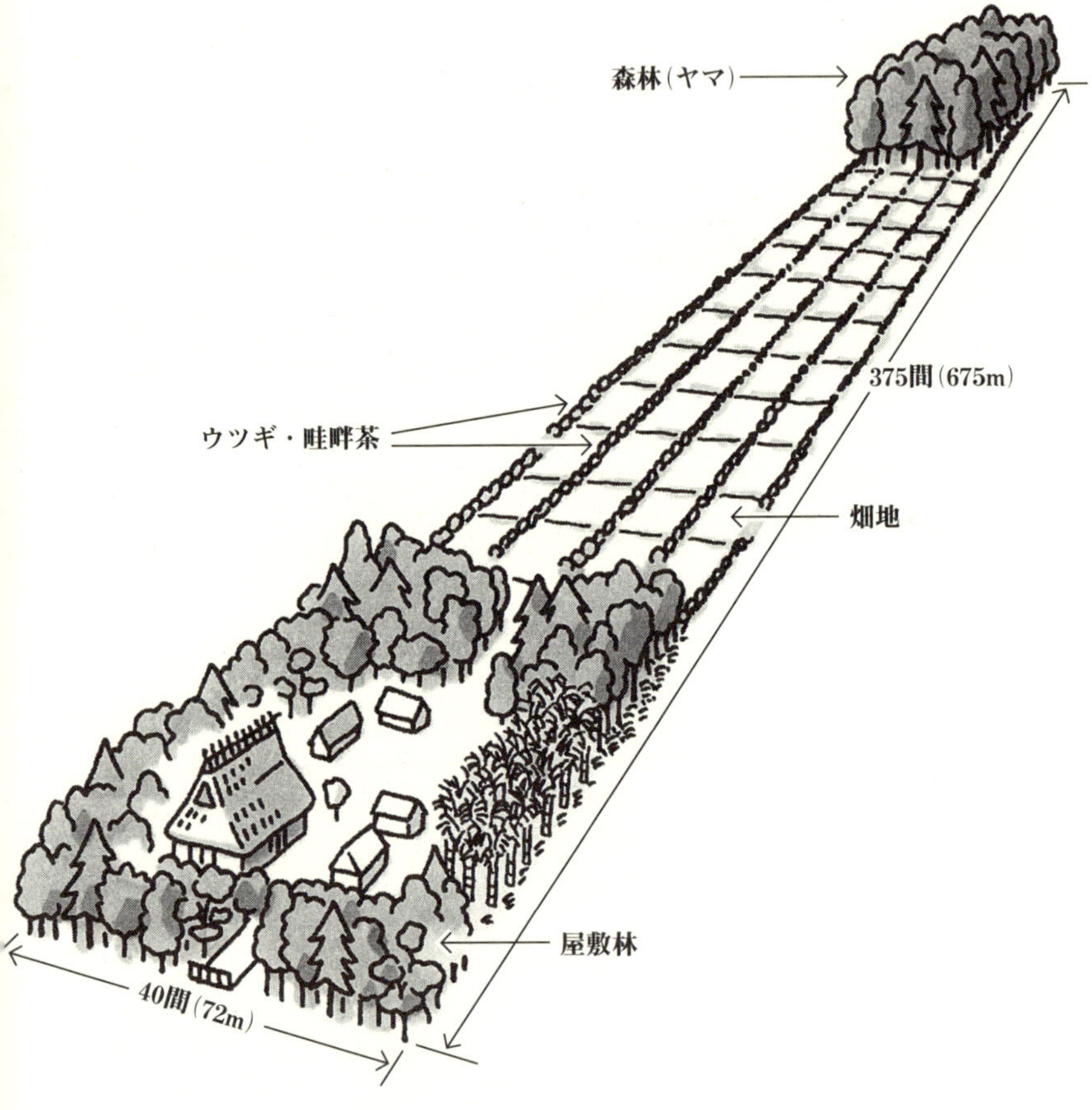

図Ⅰ－2　埼玉県三富新田の短冊型地割（模式図）.

図Ⅰ－3　屋敷林に囲まれた農家．種々の樹木の特性を考えて植栽している（埼玉県三芳町上富地区）．

なる五畝（五アール＝五〇〇平方メートル）単位に区画されていた。「一人前の男子とは、一日に五畝の畑を耕せるものをいう」といわれてきたように、昔は、農民は五畝を基準として耕作の計画を立てたという。

家のまわりを囲む屋敷林には、竹、ケヤキ（欅）、カシ（樫）、スギ、ヒノキなどが植えられている（**図Ⅰ－2**）。

これらは、冬の空っ風から家を守る防風林の役目をはたすだけでなく、竹はしっかり根を張り地震に強いことや、食料としてのタケノコが取れること、農具や竹籠の材料が得られることなどが考慮されていたのだろう。ケヤキは高木で枝がひろがっているため、夏は日陰を作るが、冬は落葉して暖かい太陽光を家の内部にまで取り入れられること、スギやヒノキとともに家の建材としても利用できることが考えられた（**図Ⅰ－3**）。カシは火に強く隣家からの飛び火があっても防げることや、ドングリ（じんたんぼ）は飢饉《ききん》時の非常食となることなどが考えられたのだろう。みごとなまでに樹木それぞれの特性を考えて植栽されていたのにあらためて驚かされる。個々の農家の里山として短冊型地割の最後部にレイアウトされた平地林は、農業と農村生活を支える農用林であるとともに、農民の自然観やメンタリティも育んできた。

芽吹きの頃

武蔵野の畑作地帯の農民と、里山である平地林とのつきあいは長い。子供の頃からヤマとともに育ち、ヤマからの恵みを受け、さまざまな生活の知恵を育まれてきた。ヤマの中を木枯しがゴーゴーと音を立てて吹き抜ける間も、木々は冬芽を膨らませて春がくるのを待っている。春、ヤマで最初に芽が出る樹木はヤマハンノキと、ソロの異名を持つシデ類のアカシデ、イヌシデなどである。それと同時に下草も生え、褐色が支配していたヤマもしだいに緑を増してくる。高木層のコナラ、アカシデ、エゴノキなどが出葉して樹冠を覆う前に、スミレやカタクリといった林床《りんしょう》植物の多くは花を開く。それは光合成をする時期を樹木と時間的にずらして、太陽エネルギーを効率良く利用するためだ。

それが三月の初旬頃で、農民はヤマの芽吹きを目印にして農作業を始めた。落ち葉を踏み込んでサツマイモ（甘藷《カンショ》）の苗床を作ったり、ジャガイモ（馬鈴薯《バレイショ》）を植えつけたりするのを、いよいよ始めなければならない時である。

冷たい風を遮り、陽当たりの良い場所に、杭を打ち、竹竿で骨組みをし、周囲を麦稈でおおって苗床を作る。この中に、落ち葉を入れて醸熱温床《じょうねつおんしょう》にする（**図Ⅰ-4の上**）。武蔵野台地上の農村では、サ

図Ⅰ－4　サツマイモの苗床作り（上）．踏み込まれた落ち葉が苗床の醸熱材になる．この種イモの伏せ込み（下）．落ち葉の上に種イモを伏せ込んで健苗を育成する（埼玉県三芳町）．

ツマイモの苗床に醸熱温床が広く用いられてきた。熱帯もしくは亜熱帯原産のサツマイモにとって、関東平野の内陸の武蔵野台地では、初夏に挿し芽《さめ》を活着《かっちゃく》させるには地温が少し低すぎる。そのため落ち葉が腐熟してでる暖かな醸熱で健苗がそだてられ、それを畑に挿して生育させる必要がある。そのため、サツマイモ作りは「苗七分作」、「苗半作」などといわれ、苗床で健苗をいかに作るかが収量の多少を左右した。この育苗法はいつどこの誰によって発明されたのか定かではないが、多くの芽が出るうえに苗の生育もよく、採苗数が多い。また、早期の植え付け期にも採苗可能である。しかし、苗床作りに労力を多く必要とし、特に醸熱材料の落ち葉が多量に必要なうえ、踏み込み方法や温度管理にかなり高い技術と職人的な勘と手間を必要とする。武蔵野の農村では、醸熱材には落ち葉が最も多く用いられてきた。麦稈や陸稲《おかぼ》の藁では、発熱が急激であり、かつ発酵熱の持続期間が短いため、サツマイモ用には適さない。「シッタ」と呼ばれる苗床の最下層部には、醸熱材として採取した落ち葉を丸一日およそ一〇時間かけて平になるように踏み込んだ。そのうえに人糞尿や小糠《こぬか》をかける人もいるが、ほとんどはただ落ち葉を踏み込むだけである。さらにその上に「芽肥《めごえ》」と呼ぶ前年に作った堆肥を、ふるいにかけて細かくしたものを薄くのせる。そして、三月二五日頃を目途に準備の終わった苗床に種芋を並べ、伏せ込みを終わる（**図I-4の下**）。

伏せ込みを終えると、発芽までの間、昼夜の温度管理を欠かすことができない。気温の変化に絶えず注意を払い、適温の二五～二八度に保つ。温度管理を少しでも怠ると健苗が採れないばかりか、まったく芽が出ないことすらある。温度管理はサツマイモを作る農家にとって、日々真剣勝負そのものだ。少しでも寒さから苗床を守るには、北風や西風を防ぐことと、陽当たりをよくすることが大切だ。

図Ⅰ－5　コブシの開花の状態から晩霜の有無を判断した.

五月上旬には苗床の使用が終了するので、醸熱材として使用した落ち葉は、堆肥置き場に運ばれ冬作の麦用の堆肥として無駄なく再利用される。

新緑とコブシの花

四月下旬～五月上旬にかけては新緑と開花の季節だ。コブシの白いあでやかな花とは対照的に、クヌギやコナラも目立たぬ花を咲かせる。コブシの白い花は、里芋の植えつけ時期がきたことを教えてくれる。同時に、農民はヤマにあるコブシの花の咲き方や、屋敷林のケヤキの芽吹き状態を観察して、一番警戒する晩霜の有無を判断していた。晩霜があると、桑や茶の葉が損傷して大きな被害を受けてしまう。コブシの花が、木の高い枝のも、低い枝のも一斉に開花すれば晩霜の心配がない年だ。先に低い枝の花だけ開花してしまう年には、「今年は遅れ霜があるぞ」と警戒した（図Ⅰ-5）。

林床の下草の中にはスミレの紫色のかれんな花や、紅色のクサボケが咲いている。今ではめったに見つけることができなくなってしまったが、清楚なピンク色の花をつけるカタクリも一九六〇年代中頃（昭和四〇年代）までは北向き斜面の林の中に、群落をなして咲いていたところが何ヶ所もあった。昔、カタクリの花や葉はおひたしにして食べ、地下の長楕円形の鱗茎《りんけい》からは澱粉《でんぷん》を取ったという。その澱粉が片栗粉《かたくりこ》である。現在、市販されている片栗粉は名ばかりで、ジャガイモなどの澱粉を原料に使っている。カタクリにしても農民たちは季節の味としてほどほどに採って楽しみ、後は残して毎年楽しむというヤマとの付き合い方を心得ていた。こうした考え方や行動が、二次林である里山で育まれてきた「二次林文化」の基本であり、循環的・永続的であることが特色である。カタクリは発芽してから開花するまでに八年もかかるという。そんな苦労を知ってか、知らずか、近年の野草ブームで、二次林文化の心を持たない心ないマニアに根こそぎ掘り尽くされ、今では武蔵野では自生のカタクリを見ることはできなくなってしまった（図Ⅰ-6）。

戦前まではワラビやタラノキの芽もずいぶん採れた。タラノキの芽はおひたしや精進揚げに、ワラビは灰であくを抜いてからおひたしや、里芋との煮つけにしたりして、この時期の食卓を賑わせた。

ヤマで一番遅く芽吹くのがネムノキ（合歓木）で、他の樹木が花を咲かせたり葉をひろげたりした後に、おもむろに葉を出してくる。ネムノキの仲間は本来、熱帯地域に多く分布しており、その中で最も北に分布したのがネムノキである。だから気温が十分上がらなければ出葉してこないのだ。ネムノキが芽吹けば「八十八夜の別れ霜」の心配ももう無用になる。

図Ⅰ－6　里山・雑木林の林床で早春をいろどるクサボケ（左上），カタクリ（右上），キンラン（左下），エビネ（右下）などのかれんな花々．都市近郊の里山では二次林文化の心をもたない山野草マニアによって，こうした草木を根こそぎ持ち去られることが多い（以上，埼玉県三芳町上富地区にて）．

エゴと山栗の花

人目のつかない林の奥に入って林床に目を凝らすと、キンランやギンランをみつけることができる。一昔前までは、渋みのある色調の花を咲かせるエビネや、シュンランに出会うこともあった(図I-6)。しかし、近年の野草ブームでカタクリと同様に、二次林文化の心を持たないマニアに掘り尽くされ、残念ながらこれらのランの仲間に出会うことも少なくなってしまった。五月上旬頃になると、ヤマのエゴノキが純白の美しい花を咲かせる(図I-7)。エゴノキの花は平地林の縁などでは目につきやすいが、林の中だと、白い五弁の花がたくさん地面に落ちていて始めて気づくことが多い。エゴの花は一週間ほどで終わってしまうが、「エゴが咲いたら、さつま床の苗を切る」といい、いよいよ武蔵野ではサツマイモの苗挿しの時期到来である。

初夏の五月上旬になると、サツマイモの「苗取り」と「苗挿し」が始まる。苗床の上にははしごを渡し、腰をかがめて良い苗を選び、「なぎなた」と呼ばれる小刀で注意深く一本ずつ切りとっていく。腰をかがめっぱなしの仕事なので大変な作業である。切りとった苗をすぐ畑に挿すのではなく、日陰の涼しいところにムシロや、藁《わら》をかけて一日くらい置いておくとかえって根付きがよくなる。あらかじめ麦の畝間《うねま》に「さつま肥」と呼んでいる堆肥を置いてから、苗を挿していった。麦はサツマイモの嫌う土中の窒素分を吸収するし、苗が活着するまでの優しい日除けにもなる。現在は、地温を上昇させるのと、雑草の防除にも役立つビニールマルチを施した畝に苗挿しをしている(図I-8)。

エゴノキのすぐ後には、ヤマグリ(山栗)とキリ(桐)の花が咲く。畑の境界木のウツギ(卯木)も、純白の美しい花を咲かせる(図I-8の下)。農民はこれを茶摘み時の目安にしていた。ウツギの

図Ⅰ-7　エゴノキの開花（上）はサツマイモの「苗取り」や「苗挿し」の合図であった．（下）はエゴの花の散った林内の小道（埼玉県三芳町上富地区）．

図Ⅰ−8　サツマイモの苗取り（左上）とサツマイモの苗挿し（右上）と畑の境界木のウツギ（ウノハナ：下）．サツマイモは栄養繁殖法で増えるので，苗を一本一本畝に挿して栽培する（埼玉県三芳町上富地区）．

花は「卯《う》の花の匂う垣根にホトトギス早も来鳴きて…」の歌で知られる純白の「卯の花」である。ウツギは茎の芯が中空になっていることから空木《うつぎ》と呼ばれるようになったという。

茶の木はウツギと同様に畑の境と防風をかねて畦《あぜ》に植えてあるが、自家用のお茶はこの畦畔茶《けいはんちゃ》を摘んで作った。梅雨に備えて畑の作物の消毒準備もそろそろ始める時である。

ヤマの夏

芽吹きとともに開花も一番遅いのがネムノキである。あのなんともいえない怪しげで、美しいネムの花が咲けばもう梅雨も終わりに近い。七、八月になるとヤマの木々は、夕立の雨も抜けないほどに葉を密に繁らす。その中は別世界のように涼しく、焼けつくような炎天下での畑作業の休憩の合言葉は「ヤマへ入るべー」であった。

夏、林縁に絡みついているツル植物をかき分けて、林の中に入ると、そこは何層にも重なる樹々の樹冠が広がり、林床には草が生い茂っている。まるで緑の海底に迷い込んでしまったようである。クヌギ・コナラ林といっても、クヌギとコナラだけの林ではなく、それらは代表種にすぎず、さまざまな種類の草木から成り立っている。武蔵野の平地林の高木層はコナラやクヌギ、クリ、アカシデ、イヌシデ、アカマツ、亜高木層はヤマザクラ、エゴノキ、ネムノキ、低木層はガマズミ、カマツカ、ヒサカキなどからなっている（**図Ⅰ-9**）。

樹高と樹形が違うさまざまな樹々たちは陽光を奪い合うかのように、なるべくお互いが重ならないように葉を繁らせている。植物は光合成によって太陽の光をエネルギーとして利用し、二酸化炭素

図Ｉ－9　武蔵野の平地林の階層構造（犬井，1993）.

（炭酸ガス）と水から、澱粉《でんぷん》やセルロースを生産し生長していく。したがってどのように光を得るかは植物にとって死活問題なのである。こうして樹々が何層にも葉を密に繁らすと、林床には直射日光はほとんど届かなくなる。だから、林床の草本類は、陰性植物といって弱い光でも光合成を行える特性をもっている。林縁をおおうクズやアケビ、ヤブカラシなどのツル植物や、ヌルデ、ハギ、タラノキなどの低木類、ススキなどの草本類は「マント群落」と呼ばれている。これらの植物は弱い陽光の下では、生長できないので林の中までは侵入できない。マント群落などの発達と木々の葉が密生した樹冠でおおわれているために、林の中には強い風も吹き込まない。また、木漏れ日以外注ぎ込まない林の中は、光不足の状態が保たれ、夏場でも安定した環境が維持されている。林の中のクヌギやコナラの木には樹液を求めるクワガタやカブトムシ、コガネムシなどが集まり、静かに宴会を楽しんでいる。

エゴの実

七月の下旬頃には木々の根元にベニタケ科のチチタケや、キシメジ科のカヤタケが顔を見せる。子供たちはヤマ遊びをしていてチチタケを見つけると、生のまま食べた。すると白い乳のような汁のほろ苦さが、口の中にいっぱいにひろがっていった。チチタケやカヤタケはナスといっしょに醤油で味付けをして、昼食のそうめんの「かて」（付け合わせ）として食卓にものぼった。きのこ料理にはナスを一緒に用いると、「きのこあたり（中毒）しない」と信じられていた。

夏の午後にはヤマではいろいろな蝉が暑さを増すように鳴く。それまで夕方に鳴いていたヒグラシが、朝早く鳴くようになるともう一年の折返し点が近くなる。その頃から日が日一日と短くなって、夜ヤマから聞こえて来る虫の音もだんだん大きくなってくる。

八月下旬にはエゴノキに小さな鈴のような実がなる（**図Ⅰ-10**）。エゴの実を集めて、果皮を割って水の中に入れてかき回すとたちまち白く泡立つ。だから子供たちは、エゴの木を「しゃぼんの木」とか「あぶくの木」と呼んでいた。男の子はこの白い泡立った水を小川に流して魚を採った。果皮に有毒なサポニンを含み、エグ味があるため、エゴノキという名になったという。サポニンは界面活性剤の働きをするのでよく泡立つ。実際、石鹸が手に入らなかった昔は洗濯にエゴの実を使ったという。女の子はエゴの実が熟して果皮がはじけて林床に落ちた茶色の硬い種子を拾い集めて、小豆《アズキ》の代わりにお手玉の中にいれて遊んだ。

夏から秋にかけて、生命力の強いサツマイモは、勢いよく蔓《つる》をのばして葉を繁らす。そのままにしておくと蔓が至るところで根付き、小芋をならせてしまう。これを防ぎ畝《うね》の中の芋を大きくさせるた

図 I-10　エゴの英名である「ジャパニーズ・スノーベル」を想起させる小さい鈴のようなエゴの実(上)と，割って洗剤の代わりに用いられたエゴの実（下）.

めに、六月中旬には蔓を北側に向け畝の陽当たりをよくするツルッカエシ（蔓返し）、七月中旬には蔓を株元に引くツルッピキ（蔓引き）、九月下旬になると蔓を引き上げるツルヒッタテの作業は除草をかねて行う。それでも、他の作物に比べれば、サツマイモは植えてしまえばほとんど手間がかからない作物だ。

秋の実り

夏のキノコが終わってから林床に目をやると、センブリが白い小さな花を咲かせているのに気づく。煎じて飲むと大変苦いが、胃病にはよく効く。採取して持ち帰り、軒下に吊して乾燥させてから保存しておいた（**図Ⅰ-11**）。コナラやクヌギもドングリの実をたくさんつける。コナラはスマートな砲弾型で、クヌギは丸くずんぐりとしている（**図Ⅰ-12**）。コナラは春に花が咲いてその年の秋に実をつけるが、クヌギは翌年の秋になってからようやくドングリをつける。九月下旬には山栗のイガが落ちて、栗が採れる。山栗の実は小さいが、焼いてもゆでても甘くてとてもおいしい。そしてハツタケやシメジなど、秋のキノコのシーズンになる。

「キノコが出たらさつま掘り」である。忙しいサツマイモの収穫期が始まる。とくに霜で山の木々が紅葉しはじめてくると、サツマイモや里芋の掘りあげも終盤戦で、どの家も猫の手を借りたいほど忙しい。芋は一霜でもかかると日もちがしない。だから霜に当らないうちに急いで掘りあげて、庭や屋敷地内に掘った地下の室《むろ》（穴蔵）に貯蔵しなければならない。また、昔は裏作に麦をつくっていたから、サツマイモを掘りあげたあとにはすぐに麦を播く。遅れると麦が「たっぺ」（霜柱）による凍

図Ⅰ-11　乾燥させて保存されたセンブリ.

図Ⅰ-12　コナラのドングリ（左）とクヌギのドングリ（右）.

上の被害を受けるので、さつま掘りは霜の降りる前の一〇月中旬から、遅くとも一一月上旬で終了させねばならなかった。収穫したサツマイモは一度に出荷せずに、室（サツマビツ）と呼ばれる地下式貯蔵庫に貯えられ（**図Ⅰ-13の上**）、翌年の春まで徐々に出荷していく。屋敷地内の竹薮の中に、地下三メートルぐらいの深さに関東ローム層を掘り抜いてつくられた天然の常温倉庫の穴蔵は、種芋の保存用にも使われる。

川越いもの名声

関東地方にサツマイモが伝えられたのは、一七三一（享保一六）年の飢饉がきっかけであった。一七三五（享保二〇）年、八代将軍徳川吉宗に仕える蘭学者青木昆陽《こんよう》はサツマイモが救荒《きゅうこう》作物として優れていることに着目し、江戸小石川御菜園（現、文京区にある東京大学小石川植物園）で試作を行ったところ、首尾よく栽培に成功した。こうして青木昆陽によってもたらされたサツマイモは、まもなく北武蔵野の入間《いるま》地方にも伝わってくる。一七五一（寛延四）年に南永井村（現所沢市）の名主吉田弥右衛門が、上総《かずさ》国志津村（現、千葉県市原市）の長十郎より苗を買い、サツマイモの試作に成功し、その後周辺の村々にも普及させたと伝えられている。また、川越《かわごえ》城主松平大和守が十代将軍徳川家治に川越地方でとれたサツマイモを献上したところ、色が美しく味も良かったことから「川越いも」の名が高まったといわれている。その後、農民たちは競ってサツマイモの生産に力を入れ、作付面積を増やし、文化文政期（一八〇四〜一八二九年）になると主要作物の地位を占めるようになった。

こうして落ち葉の苗床と堆肥で育てられたサツマイモは貴重な商品作物になり、大部分が江戸へ運ばれていった。また、一九世紀中頃の天保期になると江戸市中で「焼き芋」がはやりだし、その原料として需要が高まり、江戸・川越間の距離とかけて、「栗(九里)より(四里)うまい十三里半」といわれ、川越いもは名声を博した。

さつま団子

細すぎたり傷がついたりした芋は、売りものにならないので、納屋にしまっておき、ひまを見つけては切り干しにした。よく洗って薄く切り、庭のムシロの上に広げて干した。空っ風の吹くよく晴れた日が続くと、一週間か十日くらいでカラカラに乾燥し、真っ白く粉が吹く。昔はそれを立ち臼で荒つきしてから、石臼で挽いた。その粉をふるいにかけるのだが、「絹ぶるい」のように目が細かければ細かいほど、きめの細かい舌ざわりが優しくておいしい団子ができた。こうしてサツマイモも粉にしておけば、保存食としていつでも使える(**図Ⅰ-13の左下**)。どんな切れはしでもむだにせず、いざというときにいつでも使えるようにと考えた農民の生活の知恵であり、救荒作物として入ってきたサツマイモの元々の役割を想起させられる。

粉をぬるま湯で耳たぶくらいの柔らかさによくこねる。こね上がったら適当な大きさにちぎり、握り団子風にしてせいろで蒸した。すると、指のあとが付いたおもしろい形になってできあがる。粉の時は真っ白だが、ふかし上がると、みごとなくらい真っ黒になる(**図Ⅰ-13の右下**)。昔は、春先からの農作業の合間には「さつま団子」が必ずといってよいほどお茶受けとして出された。

サツマイモは低カロリーで、食物繊維やビタミンCを多く含んでいるので、最近、健康食や美容食

図Ⅰ-13　サツマビツに貯蔵されているサツマイモ（上）と，それを乾燥させて粉にしたもの（左下）と，その粉からつくった蒸かしあがったサツマ団子（右下）．白い粉で作った団子は蒸かすと真っ黒に変身する．

としても見直されている。またＮＡＳＡ（アメリカ航空宇宙局）は、繁殖力の旺盛さや葉にもビタミンが多いことから宇宙食としてサツマイモに着目して、研究を進めているという。一般の食べ方も焼き芋やふかし芋だけでなくイモ煎餅、イモ甘納豆などといった菓子や、イモ・アイスクリーム、サツマイモの地ビールまでも作られている。最近ではほとんど、さつま団子を作る家もなくなってしまった。しかしなんといっても、平地林の落ち葉に育まれたサツマイモの一かけらもむだにしないさつま団子は、武蔵野台地の風土の中で生まれた二次林文化の食の代表作である。

2◦伝統的なヤマ仕事と里山の利用法

ヤマ仕事の季節

一二月中旬頃「大根引き」（収穫）が終って一息つく。すると「明日からヤマにはいんべえや」という一家の主人のかけ声で「カヤ刈り」や、「落ち葉掃き」、「薪採《まき》り」などのヤマ仕事が始まる（図Ⅰ–14）。ヤマ仕事は旧正月（二月一日）の前まで毎日続いた。多くの農家がヤマ仕事に精を出していた昭和三〇年代までの武蔵野の農村では、このために正月は旧暦で迎えていたのである。このように、昔は人と農と平地林が一体化したサイクルで動いていた。ヤマ仕事は、まず、カヤ刈りから最初に始めた。カヤはススキやチガヤ等の総称であり、屋根葺《ふ》き材料として大切であった。そのため他の下草と混ざらないように先に刈って家に運び込んでおいた。屋根葺き材料としては小麦稈や稲藁《いなわら》も使ったが、小麦稈は五、六年、稲藁は二、三年しかもたないのに対し、カヤで葺くと南面では三〇年、北面でも二〇年間はもつ。

それ以外にもススキなどのカヤは、稲藁をもたない武蔵野の畑作農民にとって、なじみの深い素材

図Ｉ−14　高度経済成長期前のヤマの利用．カヤで葺かれた屋根，軒下に積まれた薪，醸熱材の落ち葉が入れられたサツマイモの苗床，堆肥材のために積まれた落ち葉など，ヤマとの結びつきが読みとれる．

図Ｉ−15　間伐．

であった。民芸品の逸品として知られる雑司谷鬼子母神《ぞうしがやきしぼじん》のススキミミズクも、武蔵野の農民が身近な素材として愛してきた証拠でもある。三富《さんとめ》史蹟保存会編の『三富開拓誌』には、「武蔵野の茅湯」という逸話が出てくる。一七世紀末の新田開発当初には水が乏しくて農民は入浴などできず、刈り取ったカヤを日陰で干して、これで体を拭って入浴に代えていたという。

しかし、一九六〇年代中頃（昭和四〇年代）になると農家の新築や改築ブームとなり、屋根もトタンやスレート葺に変わり、カヤを刈る農家も見られなくなった。

間伐と下刈り

カヤ刈りが終わると、落ち葉を掻き集めやすいように林の掃除と手入れをする。まず枯れ枝を落とし、立ち枯れた木を倒す。自分のヤマを持たない農家も「カリッコカキ」といって、他人のヤマ

図Ⅰ–16　下草刈り．現在はブッシュクリーナーを使うので，作業能率がよい（埼玉県所沢市中富地区）．

に入って長い竹の棒に草刈り鎌を縛りつけた道具で枯れ枝を取った。枯れ枝に限って、他人のヤマから採取することが黙認されていた。

樹木の密なところは、間引きのための間伐をする（図Ⅰ–15）。間伐は「堅木《かたぎ》」とよばれるコナラ・クヌギをなるべく残すようにして、「雑《ぞう》」とよばれるハンノキ、ネムノキ、エゴノキなどを伐るように心がけた。それから丈夫な「なた鎌」で林床の低木類や、草本類を刈り払う下草刈りを行う。いまなら発動機付きのブッシュクリーナーを使うのであっという間に終わってしまうが（図Ⅰ–16）、手作業の頃は腰の痛む重労働であった。武蔵野では林床の低木類やカヤ以外の草本類を「バヤ」とか「ボサ」とか呼び、下草刈りの作業を「バヤ刈り」、「ボサ刈り」と呼んでいる。間伐した木や刈り取られたバヤは、家で焚くために束ねて持って帰った。

自家用の燃料はこうしたバヤ類だけでなく、「物殻《ものがら》」と言って麦稈、小豆殻、雑穀殻とか、養蚕が盛んな頃は蚕に葉を食べさせた後の桑の枝など、燃せるものなら何でも焚いていたのである。

落ち葉の採取と消費量

武蔵野では、落ち葉の採取作業を「クズ掃《は》き」とか「ヤマ掃き」とよんでいる（**図I-17**）。熊手《くまで》で落ち葉を掻《か》き集め、「八本ばさみ」と呼ぶ大きな竹篭に詰め込む。樹種や林齢によっても多少違うが、平均すると平地林一〇アール（一反、一〇〇〇平方メートル）から、四五〇キロ（一二〇貫）の落ち葉を採取することができた。八本ばさみ一杯分の落ち葉の重量は五〇〜六〇キロである。

武蔵野ではこの時期が乾燥期であるから、落ち葉の採取がやりやすく、盛んに行われるようになった。しかし、雪は大敵で、雪が降ってしまうと落ち葉が湿ってぐずぐずになり、作業がとてもやりにくくなってしまう。関東でも旧正月を過ぎると雪の降ることが多くなるので、何としてもそれまでに落ち葉掃きを終えなければならなかった。採取した落ち葉の大部分は、堆厩肥《たいきゅうひ》の材料や苗床の醸熱材に用いられる。

高度経済成長期前まで、つまり化学肥料の使用が普及するまでは、一〇アールの陸稲《おかぼ》、小麦、大麦、芋類などを作付けるのに一トン前後（二〇〇〜三〇〇貫）の堆肥・厩肥が必要であった。平地林一〇アールから、約四五〇キロの落ち葉を採取できるので、一〇アールの作付けにはその倍前後、つまり二〇アール余りの広さの平地林が必要になる。それに加えて、サツマイモの苗床用にも多量の落ち葉

図 I-17 冬の風物詩になっている武蔵野の落ち葉掃き，熊手で大きな竹かごに落ち葉が集められる（上：埼玉県三芳町）．集められた落ち葉の山（下：埼玉県狭山市）．

が醸熱材として必要であった。一〇アールの畑に植えつけるサツマイモの苗を育てようとすると、苗床に踏み込む落ち葉の量は通常約一トン必要である。サツマイモは「苗七分作」あるいは「苗半作」などといわれ、いずれも苗床で健苗をいかに作るかが収量の多少を左右した。一〇アールの作付けに必要な落ち葉を採取するためには、苗床用と堆肥用を合わせて四〇〜六〇アール、おおざっぱにいって作付け面積の五倍前後の平地林が必要だったということである。このように畑地は平地林とセットになってはじめて農地として機能した。

台地上の畑作農民にとって、落ち葉なしに農業をやっていくことは不可能であったから、ヤマを持たない農民も親戚や知人を頼って、なんとかヤマを借りて落ち葉の採取ができるようにした。借料は現金による支払いは少なく、ヤマの管理をしたり、農繁期に手伝いにいったりといったいわば労働地代による支払いの方が多かった。だから第二次世界大戦後の農地改革の際にも、地主から畑地だけでなく平地林もいっしょに解放させた地域があった。

堆肥を求める土と作物

高度経済成長期前の武蔵野の畑作農村では、一般的に麦類、雑穀、陸稲、サツマイモ等の芋類、豆類などの栽培を中心として畑作を営なんできた。肥料は落ち葉を主材料とした堆肥がもっぱら使われていた。

堆肥は、腐植が少なく酸性で地力が低い土地にはぴったりの肥料である。そして、これらの作物はいずれも堆肥の施用効果のきわめて高い作物であった（**図I-18**）。堆肥はそれ自体すでに適当な割合

図Ⅰ-18　堆肥の撒布.

の肥料成分や微量要素などを含んでいる。同時に有機物の分解を担うバクテリアなどもたくさん含んでいるので肥料分を持続的に供給する効果があった。さらに堆肥をやることは腐植を供給することであるから、根の活動に不可欠の土壌の通気性を良くし、保水力を高め、土中の乾燥・過湿を緩和して土壌の団粒構造を発達させるので、冬季の「空っ風」による風蝕害も少なくなる。

平地林から採取してきた落ち葉は、堆肥置き場に野積みにされる。かつては四月まで毎朝、風呂に使用した水や、雑排水をかける「ドブかけ」の作業をして、適当な間隔をおいて切り返し（撹拌）を数回行って完熟させる。完熟した堆肥は作物に応じて、木灰や小糠を混ぜ合わせて畑に撒いた。

サツマイモ用の堆肥は特に「さつま肥《ごえ》」と呼ばれ、畑の土壌を団粒化し地中の芋に酸素を多く供給できるように、粒子の荒い堆肥や松葉を多く含んだものを使った。さつま肥は苗挿しをする所にだけ堆肥を置き全面撒布はしない。麦蒔きも点播《てんぱ》が一般的であったから、麦用の堆肥も同様に点播であった。クヌギ、コナラ等の広葉樹の落ち葉だけで作った堆肥よりは、アカマツの落ち葉が適度に混じった堆肥の方がよいという。アカマツの葉はリグニンの含有量が多く、また樹脂も多いので広葉樹の落ち葉より分解の速度が遅い。したがって、アカマツの落ち葉を適度に混ぜると、堆肥の熟成の度合をほどよく調節できるのだという。

落ち葉は豚、馬、牛などの家畜の敷料にも用いられた。畑作地帯での敷料には通常麦稈が用いられたが、落ち葉が豊富な冬・春季には代わりに敷き込まれた。敷き込まれた落ち葉は一〇日ぐらいしたら、掻き出して堆肥と混ぜられる。

アカマツの松葉を中心に、落ち葉の一部はかまどやいろりの焚きつけにも用いられた。いろりやかまどで燃えた後に残った木灰は蓄えておいて、堆肥と一緒に畑地に撒布された。すなわち、カリウムやリンなどの無機質養分の補給に役立ったのである。暖を採ったり炊事をしたり、家族団らんの場としていつも農家の中心的な存在であったいろりも、じつはこうした無機質肥料の生産の場でもあった（図I－19）。また、ワラビ等を食べるときのあくぬきにも灰は欠かせなかった。

どこの農家でもケヤキ（欅）などの屋敷林と、生け垣に囲まれて家が建てられている。農家の庭は、農産物の脱穀、穀物の干し場など、農作業場の広場として使われていた。冬、霜柱が立つと、この庭も昼間ぐちゃぐちゃにぬかるんでしまう。麦の棒打ちをはじめ農家の庭は農作業をする場になるので大切にした。ここに落ち葉を敷き詰めておくと、霜柱が立たないだけでなく、落ち葉の上を歩くとガ

図Ⅰ-19　いろり．いろりは暖をとったり，調理をしたりするだけでなく，灰という無機質肥料の生産の場でもある．

サッゴソッと音がして、夜間の防犯上も都合が良かったという。庭に敷き詰めた落ち葉も無駄にすることなく、春の彼岸ごろには再び掻き集められ、堆肥置き場に積み込まれて堆肥となった。

萌芽更新による再生

落ち葉の採取が終わると、伐期になった林を伐《き》る。クヌギやコナラは二五年以上も経つと樹勢が弱くなってくるので、農民は定期的に林を伐って更新させながら薪《まき》を採取していた。木を伐ると切り株から「孫生《ひこば》え」とよんでいる新しい萌芽枝をだして、そのまま生長していく樹種がある（**図Ⅰ-20**）。数年後に伸びて込み合ってきた孫生えの中から曲がったものや生育の悪いものを切って、数を二〜三本に減らす「もやかき」という作業を行う。新しく植林する必要がないうえに、元の木の根は大きく張ったままなので、この芽は育つのが早い。これを利用した林の再生は萌芽更新と呼ばれ、萌芽を出す力のつよいクヌギやコナラは、簡単に林の更新ができたのである。しかし萌芽更新をさせるためには、いつ伐木してもよいわけではない。伐ってよい時期は、樹木の生長休止期に入る一一月から翌年の二月下旬頃までで、三月に入ってしまうと樹木の萌芽力が低下するので、必ずそれまでに終えなければならない。

伐木する時期は林地の地形や土壌などによって異なるが、一五〜二〇年周期が一般的であった。しかし中には土壌の条件が良くて、わずか七年ぐらいで伐れるほど生長の早いヤマもあり、このような林は七五三の「帯解《と》きの祝い」になぞらえて「帯解きヤマ」と呼ばれ喜ばれていた。

萌芽更新によって再生した林はちょっと見ただけで、すぐにそれとわかる。つまり、根元からまっすぐ一本の幹で立っているものはなく、根元で数本がくっつき合ったり、ときにはそれが輪生したりして株立ちしているからだ。ただ、アカマツは萌芽力が弱くて「一代限り」なので、根元から樹冠まで一本の幹が通っている。ヤマの木を伐る時にまっすぐ伸びた姿のよいアカマツを切らずに母樹として一〇アール当たり一〇本前後残して、天然下種更新をおこなった。

また、萌芽更新をしていた頃は林内に巨木はなく、木の太さも高さも揃っていた。定期的に伐っていた頃の平地林なら、樹高は高くてもせいぜい一〇メートルぐらいであった。それが一九六〇年代になると「燃料革命」が全国的に進行し、薪炭材の需要がなくなって農村にまでプロパンガスや石油などが普及してくると、樹高が以前と比べるとずいぶん高くなった。人間社会だけでなく、平地林にも高齢化の波が押し寄せてきている。さまざまな動植物が生きていくためには、若い林も中年の林も年

図Ⅰ-20　萌芽更新（埼玉県三芳町上富地区）.

老いた林も、それぞれ適当な割合で存在する形が理想である。このまま平地林の樹木が利用されず萌芽更新もなされない状況が続いていけば、やがて年老いた林ばかりになり、生物の多様性も保持できなくなってしまう。

山師とキキリ

平地林を所有する農家は、この萌芽更新の時に自家用の薪を作った。堅木《かたぎ》のクヌギやコナラは割裂性《かつれつ》が高く、割れやすい樹木なので輪切りにしてナタをふるうと気持ちよい音を立てて割れる。

しかしこれは何年かに一度しか伐《き》れないので、堅《かた》木の太い薪などはやたらに燃すことはできなかった。お正月とか冠婚葬祭などの「人寄せ」の時に使うために大事にして、ふだんは次に伐り出せる時まで持ちつなげるように、軒下に積んで乾燥させておいた。

広い平地林を持っている農家なら、自家用の薪を作るだけでなく、「山師《やまし》」に木を売った。山師はヤマの木の生え方を見て、「このヤマは木足が遠いから坪二杷半か三杷だな」などと坪当たりの薪の量を見積もり、面積と樹種に合わせて値段をつける。山師に売る場合、農家は立木のままで売ってしまうので、手間がかからずにかなりの現金収入が入った。火持ちのよい「堅木」が多いヤマは高く売れた。

萌芽更新は三〜四回ぐらい繰り返すと、根株が膨らんで丸くなっていく。それ以上繰り返すと樹勢が落ちるので古い根はそのまま腐らせたり、掘り取って燃料に使ったりした。その後には、ドングリから発芽したコナラやクヌギの幼樹（実生《みしょう》）を見つけだし、掘りとって植えなおした。ヤマ持ちの地主はこれを繰り返して、しだいに「楢山《ならやま》」や「櫟山《くぬぎやま》」と呼ばれる堅木の純林に仕立てていった。

山師というのは、薪として伐り出せそうなヤマの持ち主と交渉して、ヤマの木を伐り、薪に仕上げて売りさばく職業である。「キキリ」（木切り）は山師の取引したヤマに入り、手間取り仕事として薪切りをする職人である。冬場の農閑期における農民の副業であった。

薪の生産は全国的に「燃料革命」が進行する以前の一九六〇年代前半（昭和三〇年代後半）までは行われていたが、武蔵野でも、それ以後、薪の生産を職業とする山師やキキリたちの姿は年々減少し、ついにはみられなくなってしまった。山師をしていた人たちは、当時、薪に限らず建築用材としての木々の伐採や加工、販売も行っていたためか、材木商に転業している人が多い。

ところで、山師というのは世間一般の通称で、キキリたちは「元締め」と呼んでいた。キキリは冬場が近づくと、元締めから薪切りの話がくるのを待つ。元締めは薪ヤマを買うとキキリのところに話を持っていくのだが、その話はまずキキリ仲間をまとめている「親方」に持ち込まれる。親方は自らも薪切りをしながら、元締めから受け負った仕事の一切を取り仕切る、いわば現場監督をも兼ねていた。薪切りは普通一ヶ所五〜一〇人のキキリで行うが、その手配と仕事の分担、ヤマノ神をまつること、切りあがった薪束数の帳簿つけなどとかなり忙しかった。キキリたちは薪切りの代金も、元締めから直接ではなく、親方を通して受け取った。

ヤマノ神への祈り

キキリたちが薪切りのヤマに最初に入る日を、ヤマ入りという。この日は、ヤマノ神をまつり、仕事の無事を祈った。

ヤマノ神は親方が薪ヤマから木を切ってつくった。ヤマノ神は太さ一寸（約三センチ）くらい、長さ一尺五寸（約四五センチ）くらいの素性のよい木を使い、中央に半紙を巻き藁縄《わらなわ》を使いクネ結びで三ヶ所を結んだものである。木の先端の方を杭《くい》のようにとがらせて、キキリが囲んでいる焚火の近くの皆が見えるところに立てて祭る。次に、親方は元締めから届けられた酒をヤマノ神に供え、ヤマの恵みを願うとともに、薪切りが無事終わるように祈願した。

私たち日本人は木や水や、大地など万物のすべてに神が宿っていると心の奥底で考えている。そして、植物や動物をむやみやたらに殺傷したり、破壊したりすると「タタリがある」と信じてきた。ヤマノ神への祈りもヤマとともに生きてきた人々の、林の中に神をみる自然観や世界観の現れなのであろう。そして自然物を神とみなし、敬い、恐れながら人間との間に循環的なシステムを確立し、大地とともに生きてきた人々が築いた二次林文化の一面を、ここにも見ることができる。

キキリたちは「木はシバツキ」（芝付き）といって、伐木の時に地際の苔の生えている辺を残すようにして伐ると、萌芽しやすくなることを経験的に知っている。すなわち、地面から薪の長さの半分、すなわち六寸（二〇センチ）くらいを目安にして切ったという。根元ぎりぎりから伐り倒したのでは、春に切り株から孫生《ひこば》えがでにくくなるのだ。このように、ヤマで生きるキキリたちは、林の生態系を巧みに自分たちの生活システムの中に取り入れているのである。

木を伐り倒すと、まず木の枝を払いそして幹の玉切りにかかる。玉切りの作業がすべて完了すると、薪割りを始めて薪束をつくっていく。薪の種類にはゴサイ薪、マルンボウ薪、それにソダ束などがあった。一本の成木から、これら合わせて二五束から三〇束くらいの薪束が取れた。ゴサイ薪とは四つ割あるいは、二つ割にした薪で、五本で一束になるような薪をいう。マルンボウ薪は、細い丸のまま束ねた薪である。薪束の規格は長さ一尺二寸（三六センチ）、周囲は二尺二寸（六七センチ）であった。キキリたちは巧みにこの規格に合うように、薪束をつくっていく。一人前のキキリになると、一日に一〇〇束から一二〇束くらいの薪束をこなした。

武蔵野では納屋《なや》を建てたり、ちょっとした改築などをしたりするのに必要な建築用材は、平地林のアカマツやクリ、クヌギなどの「地木《ぢぼく》」を必要に応じて伐り出して利用したが、木材生産を主な目的にしていない。あくまで農業経営や農家生活の基盤の一つとして、耕地と平衡を保ちながら存在してきた農用林野の里山である。それは自然のままの林野ではなく、萌芽更新や下草刈り、落ち葉採取など、常に農民の管理下にあった人工の二次林なのであり、その美しさはいわば「農の風景」としての美しさなのである。いいかえれば、「美しい雑木林」は自然のままの姿ではない。下草刈りや落ち葉掃き、萌芽更新を行って森林を遷移の途中のある段階に、人為的に足踏みさせているのである。

3◇岐路にたつ平地林

切れた関係

武蔵野におけるこうした平地林と農民との密接な関係は、一九五〇年代半ば（昭和三〇年代）から始まる高度経済成長期になるとしだいに切り離されていった。最初に切れた関係は、ヤマからの生活資材採取の面である。一九五〇年代末（昭和四〇年代）になると全国的に「燃料革命」が進み、農村にもプロパンガスや石油が普及して、ヤマから薪炭材を取ることはほとんどなくなった。屋根をカヤで葺く農家もなくなり、薬草のセンブリ、食料のキノコなどの採取も行われなくなってしまった。

都市化が進むにつれて営農形態が変化する一方、化学肥料をはじめとした購入肥料が普及して、とくに兼業化が進んだ地域では手間のかかる落ち葉の採取をしなくなった。その多くはかつての美しい平地林とはまったく様相を異にして、利用もされず、他の土地利用に転用されることもないままに荒廃している姿も目につく。下刈りなどもなされないままになっているので、アズマネザサや陰樹のヒサカキやシラカシなどが繁茂して、ジャングルのようになってしまっている。夏季には見通しが悪く

図Ⅰ-21　平地林の住宅地への転用（東京都東久留米市）.

なり、防犯上大きな問題になっているし、冬季の乾燥期には採取されぬままに堆積した多量の落ち葉からの出火の危険性も大きい。放置された平地林は、このままにしておけば、やがてはクヌギ・コナラ林からヒサカキやシラカシなど、この地域の元々の自然植生である照葉樹《しょうようじゅ》の暗い森林に遷移《せんい》してしまう。

こうしてヤマが農用林野として必要不可欠な存在ではなくなると、農家は屋敷の新築や改築などの大きな出費をきっかけとして次第にヤマを手放していく。その結果、平地林は畑地に先駆けて、住宅地や工場用地などに急激に転換されていった。東京西郊の武蔵野では既に、第二次世界大戦時に軍需産業の工場や軍施設の用地などに平地林が接収され、減少していった。戦後、東京二三区に近い郊外の住宅地化が急速に進み、狭山丘陵より南の地域の平地林はずいぶん減少してしまった（**図Ⅰ-21**）。とくに一九七

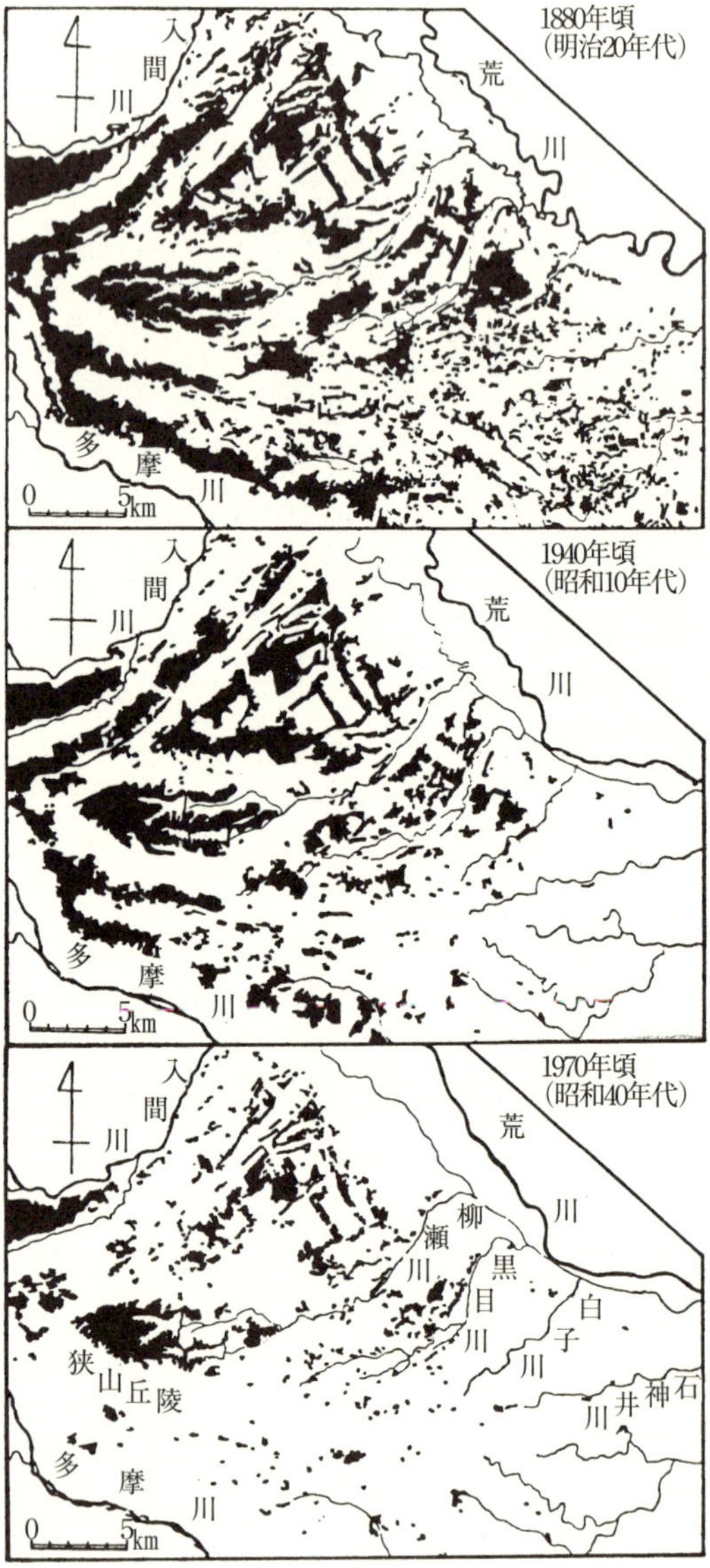

図Ⅰ−22　武蔵野台地の平地林の変化．黒塗りの部分が平地林（犬井，1992）．

○（昭和四五）年の「新都市計画法」によって市街化区域とされた地域では、地価が高騰して宅地化が進み、今や公園や社寺林以外の平地林はまったくみることができなくなってしまった（図Ⅰ−22）。

大規模開発の矛先

東京近郊よりさらに外縁部に位置する関東平野周辺部の平地林はどうであろうか。近郊地帯の平地林よりは量的に多く残存しているが、やはり病める姿が目につく。田地や牧草地、栗園や梨園などの農用地に転換されたほかに、不用になって売却されてしまった平地林も多い。大きな農家だけは家格維持のために平地林を備蓄財としてある程度所有している。しかしそれとても以前のような利用はまったくしていない。外材の輸入によって国内林業が低迷の底にある状況下では、農民もスギやヒノキといった針葉樹を造林する意欲もわかず、平地林は荒れるにまかされている。

農用林野としての役割を失った里山の広大な平地林は、土地として評価されることになる。那須野原扇状《せんじょう》地の扇央部に位置する栃木県塩原町の接骨木《にわとこ》は、かつて葉タバコの栽培を主体とした農家戸数四四戸、総面積四九〇ヘクタールの集落であるが、いまや地区内の農家が保有する平地林面積はわずかに地区面積の二割にも満たない（**図Ⅰ-23**）。まず栃木県の大規模公園や、国の那須野原総合農地開発事業の一環である農業用水調整池などの建設で、地区面積の約二割を占める広大な平地林が買収された。残りの多くは不動産業者が平地林を細分化して別荘地として売り出し（**図Ⅰ-24**）、投機目的で買った東京などの不在地主の手に渡っていた。したがって、実際に別荘を建てるものは少なく、さらなる細分化と転売が進み、不在地主は東京だけでなく全国にひろがり、地元でも正確な実態はつかめていない。

平地林は、一般に耕地に比較すると地価が安く、一筆当たりの土地区画の面積も広い。転用の法的規制も弱いし代替地も原則的に不要なために、一度に広大な面積の転用が可能となる。だから接骨木

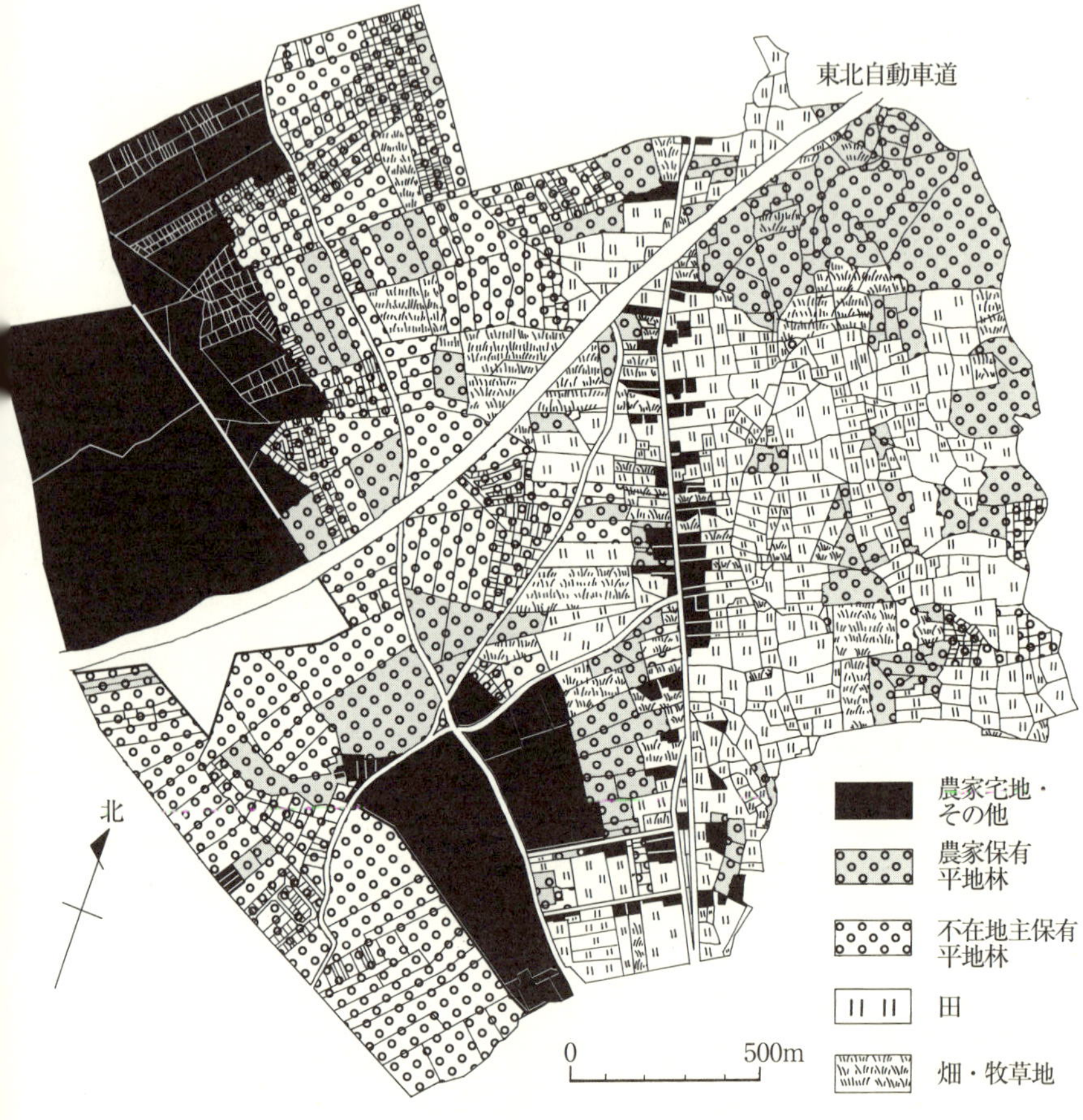

図 I -23　栃木県塩原町接骨木の平地林の変化．平地林に抱かれたかつてのたばこ作の集落は平地林が開かれ田や牧草地に変わった．公共用地や別荘地に転用されたものも多く，地元の農民が保有する平地林はわずかになってしまった（犬井，1988）．

図Ⅰ–24　別荘地への転用．栃木県西那須野町．

の例と同じように、筑波研究学園都市、成田の東京新国際空港、多摩ニュータウン、筑波科学万博会場など国家的規模の大型プロジェクト事業はいずれも平地林の多かったところに建設されている。一九六〇年代中頃（昭和四〇年代）以降にブームとなった北関東のゴルフ場も、大部分は里山の機能を失った平地林の転用によるものである。

相続税による破壊

近年は市街化調整区域に指定された近郊の畑作地帯の平地林内に、ある日突然「ミニ富士山」が出現したりする。土石類の材料置き場である（図Ⅰ–25）。ほかにもよく見ると廃棄物処理場や倉庫、霊園などといった施設がところどころにできている。いずれも市街化調整区域内で転用が法的に認められている施設である。

その原因は相続税である。現行の農地法では、

図Ⅰ-25
土石置き場（左上），廃棄物の捨て場（右上），ゴミ捨て場（左下）となった平地林．廃車になった自動車まで捨てられる（埼玉県三芳町）．

たとえ農業生産に必要な落ち葉を採取していても、平地林は農用地として認められていないので、農地と比べると桁違《けたちが》いに高額な固定資産税や相続税が課税されている。特に相続税は「農業資産相続特別法」による納税猶予などの適用が受けられず、一度に、億単位の高額な相続税を支払わなければ相続できない。

平地林を農用林野として実質的に利用している地区の平地林所有農家に対するアンケート調査によると、約四割の農家が「将来相続が発生したら平地林を売却せざるをえない」と答えている。まさに近郊地帯の平地林は、今や消失の岐路に立たされているのである。そして平地林を失う農家の農業経営も、また岐路に立たされている。

図Ⅰ−26　埼玉県川越市，狭山市，所沢市，三芳町にかかるくぬぎ山周辺の産業廃棄物処理場．集中した各種廃棄物処理場からの排煙によって，くぬぎ山周辺はダイオキシン汚染問題で揺れた．

ダイオキシン汚染問題

埼玉県川越市、狭山市、所沢市、三芳町にかかる「くぬぎやま」を中心としたわずか九キロ平方の地域（図Ⅰ−1参照）には、大小六〇ヶ所余りの焼却施設が集中し「産廃銀座」といわれていた。この地域は平地林と畑地からなる首都三〇〜四〇キロ圏の優良な生鮮食料基地で、平地林の落ち葉を使った安全な資源循環型の野菜作りでも知られている。そして、平地林や農地は、農業生産のみならず首都近郊の緑地として、生物の多様性の保全をはじめとしてさまざまな公益的機能も果たしている。しかし、農家に相続が発生すれば、農業収入では支払いがとうてい不可能なほど高額な相続税が平地林に課税されるので、平地林の売却を余儀なくされてしまう。相続税対策で売却された平地林は、市街化調整区域内でも合法的に転用できる倉庫や廃棄物処理場になっていく。いつのまにか生鮮食料生産地の中に、首都圏の各種廃棄物を処理する多くの焼却施設が、平地林の木立を目隠しのようにして集中してしまったのである（図Ⅰ−26）。

一九九九年二月一日にテレビ朝日の「ニュースステーション」

で「くぬぎやま周辺で生産された野菜は、廃棄物処理場から出るダイオキシンで汚染されている」という報道を行った。その結果、所沢産のホウレンソウをはじめとした埼玉県産の野菜が市場から締め出され、農民は大きな損害を被ってしまった。しかし、今回の「ダイオキシン汚染報道」は、確かに報道の仕方に正確さを欠くなど大きな欠陥はあったが、いくつかの重大な問題を提起している。

環境庁がリスト化している「環境ホルモン」七〇種余りの中でも、最も毒性の強いといわれているダイオキシン類に関しても未知の部分がいくつかある。どの農作物や、どこの環境がどのくらい汚染されているのかといったことや、一日にこれだけ体内に入っても大丈夫という耐容摂取量、次世代にどのような健康被害が生じるのかといった点などについては、未だ明確になっているとはいえない。そのため、農作物を生産し販売する側にとっても、消費者にとっても科学的なデータが不可欠である。現段階では的確な情報が不足しているため、パニックが起きてしまった。科学的データの蓄積とその公開が急務である。

調査の結果、今回は幸いにも汚染が基準値を越えていなかったが、生鮮食料を生産する農業振興地域に隣接して、これほどまで多くの廃棄物処理施設を認可してきた行政は、たんなる「安全宣言」で終わらせてはいけない。農家への補償問題や、平地林の保全など地域全体の環境を守ることこそ、本腰を入れて取り組まなければならない。ダイオキシン類の環境汚染が基準値を超えた場合、行政が焼却施設の操業停止や農産物の補償などをすみやかに行っているオランダや、ドイツなどの姿勢を学ぶことが大切である。また、私たち消費者も、メーカーとともに、各種廃棄物を減量して、やがてゼロエミッションの循環型社会へ移行する歩みを促進しなければならない。

4◇都市近郊里山の再生への取り組み

資源循環型農業の継承

市街化調整区域に指定された近郊の畑作地域の中には、今もいがいと多くの平地林が残っている。それらは、北武蔵野の三富《さんとめ》地区のように集約的な野菜の栽培を行っているところである（図Ⅰ―1参照）。そこではニンジン・大根・カブ・ホウレンソウ・小松菜などが多く生産されている（図Ⅰ―27）。これらの野菜は栽培期間が短いために、一年間に数回作付けができるので、せまい畑でも高収益が得られる。

こうした集約的な野菜栽培には、有機質肥料が不可欠である。化学肥料を使うと、最初は高収量が得られるが、使い続けていると、作物に必要な微量要素が不足したり、反対に不必要な成分が土に溜まったり、耕土はしだいに単粒化し固く締まってしまい良い野菜作りができなくなる。したがって化学肥料のみに依存して、同じ作物を同じ畑で連作していると、病虫害の発生や忌地《いやち》現象といった連作障害が起こり、作物の収量はしだいに低下してしまう。堆肥はバランスの取れた養分を与えるととも

図 I-27　大根の収穫（上）やにんじんの間引き（中）の畑作作業．これらの資源循環型農業を支えるのが堆肥（下）．向かって左側は1年前に作った堆肥で，右側は今年の堆肥用落ち葉を積んである（埼玉県狭山市）．

に、土の構造を水分や空気が保たれた団粒構造《だんりゅうこうぞう》にし、作物の根の生長に適した土に改良する。そのため、栄養分が豊かで、みずみずしい健康な作物ができる。

三富地区の農家は平地林から落ち葉を採取して有機質肥料の堆肥を作って施用している。サツマイ

図Ｉ−28　平地林内のほだ場．関東地方の里山では生シイタケの生産が盛んである（茨城県鉾田町）．

モを作る農家では今も、落ち葉を踏み込んだ苗床を使っている。このように三富地区では、化学肥料や農薬の使用をひかえめにした、落ち葉を供給する林と結びついた資源循環型農業をかたくなに守っている農家が多い。低農薬・低化学肥料の資源循環型農法による農作物を消費者が購入して、この農業を守り育てていけば、とりもなおさず平地林を保全していくことになる。農と食は環境とも緊密にリンクしている。

生シイタケ栽培のホダ木利用

平地林の荒廃が拡大している関東平野の外縁部で、最近平地林の経済価値を見直させるようになったのが椎茸《シイタケ》栽培（**図Ｉ−28**）の原木生産である。とくに一九六〇年代中頃（昭和四〇年代）から群馬県や茨城県が首都圏向けの生シイタケ生産で全国一位、二位の生産量を誇るようになってから、ホダ木の原木不足が深刻になってきた。

ホダ木には平地林に多いクヌギ・コナラが最適である。また平地林は当然のことながら原木の伐り出しや搬出条件などが山地より優れている。茨城県の林業試験場の試算によれば、平地林ではスギ・ヒノキの造林よりも、シイタケ原木用に一五年伐期の萌芽更新によるクヌギ・コナラを造林した方が短期間で高い収益が上がるという。放置されたままの平地林も、シイタケ原木生産によって「平地林起こし」ができるところが出てくるかもしれない。

原木の生産だけではなく、これまで主として山村で栽培されていたシイタケが、近年施設を用いることで平地でも周年栽培、周年出荷が可能になってきた。商品野菜の一つとして生シイタケの栽培が、農家に注目されるようになってきたのである。しかし、生シイタケ用のホダ木生産だけでは、とうてい、現存する平地林のすべてをまかなう農用林的利用にはならない。見捨てられた平地林の樹木を永続的に利用できるように、新たな平地林の利用策を考え出すことは重大な課題である。

親林活動のすすめ

生態学者の沼田眞氏は『都市の生態学』の中で、都市住民の新しい自然観に関して一つのエピソードを紹介している。新しくできた研究学園都市の、ある町内での集まりのことである。主婦たちの中から、「蛇がいたり虫がいたりして子供に危険なうえ、朝は野鳥の声がうるさくてゆっくり寝ていられないので、雑木林を切ってくれ」と要求があったという。これは笑い話などではなく実話だそうだ。自然を失った人工的な環境の中だけで生活する人々の中には、その環境になれてしまいついには自然豊かな環境をかえって苦痛と感じてしまうようになった人類が出現してきたのかもしれない。

都市化・工業化を進めた結果、確かに私達は繁栄の恩恵に浴することができた。道路は舗装され、流通網は整備され、家はプレハブやコンクリート、燃料は電気やガスと、理想的な環境が実現できたと思われた。しかし、職場ではテクノストレスをはじめとする人間性の疎外が、学校ではいじめや不登校などが重大な社会現象として現れるようになってきたのもその反動の一つなのではないだろうか。その結果、人工的環境のストレス解消のために郊外に出て行って、森林浴を行ったりして人間性の回復をはかったりすることが盛んになってきている。

森林との付き合い方がしだいに疎遠になった都市域の人々にとって、今や、頭の中だけでなく自然の中に分け入り、五感をすべて利用した森林との付き合い方を知る拠点が必要である。それには、首都三〇〜四〇キロ圏に位置する緑豊かな北武蔵野に残る平地林こそは、首都圏の都市住民にとって緑に親しむ「親林活動」の重要な拠点として最適であろう。

現在利用されていない平地林を借り受け、都市住民のボランティア活動と結びつけながら森林の手入れを行い、レクリエーションを兼ねながら森林作りをしたらどうだろうか。林床にアズマネザサが密生したり、落ち葉が堆積しすぎたりすると林床に落下した種子が発芽できなくなってしまう。ササを刈ったり、堆積した落ち葉を取り除く「かき起こし」の作業をしたりすれば、多くの植物が育ちやすい環境ができあがる。やがて、春には今や幻《まぼろし》となってしまったカタクリや、シュンランの咲き誇る平地林を再生することも可能になる。伐採しなくなって数十年になり幹が太く葉が生い茂った一見立派そうな林があちこちで見受けられる。それがよい自然で、手をつけるべきではないという人も多い。しかし、本来、里山の平地林は人が管理しなければ豊かな植生を維持できないもので、年をとった林

図Ｉ−29　市民参加の落ち葉掃き．都市近郊では，都市住民の落ち葉掃き体験が人気である（埼玉県所沢市）．

だけでは若い林で育っていた草花がみんな消えてしまう。里山の種の多様性は人とのかかわりがあってこそ保たれるのである。

冬には農家の人といっしょに平地林の落ち葉掃きをし、堆肥を作ったり、苗床を作ったりしながら有機質を用いた資源循環型農業のたいへんさと大切さを体得することができる（図Ｉ−29）。春にはサツマイモの苗を育て、植え付けそして秋には芋掘りをする。低農薬で有機質を多く使った野菜はみてくれは悪くても、すばらしい味を体験することができよう。さらに林産物を利用した木工や炭焼き、シイタケ栽培をすることなども考えられよう。また、さつま団子作りの実習と試食会などを行い、ものをだいじにする省資源的な生活方法を学びとることもできる。こうしたことが、ゆとりと思いやりある人間性回復の一歩になるであろう。こうして自然に親しみながら、自然に人間の生活がかかわってこそ、平地林を中心とした里山のあの美しい景観ができあがっていることが、都市生活者にも理解できるに違いない。

新しい学校林

大人以上に森林とのふれあいの機会を大切にすべきは、じつは二一世紀を生きる子供たちではないだろうか。それには都市近郊の学校では、クヌギやコナラの林を学校林として創設し、それを素材として地域文化の学習や環境教育を実践する場として積極的に活用する方策を考えてはどうだろうか。郷土の生活とかかわる森林を造成し、それを教材として利用しながら生活舞台としての自然の仕組みや、先人の知恵の二次林文化を楽しみながら学んでいくのである。かつて学校林といえば、山村などの学校がスギやヒノキを植林して撫育《ぶいく》していたものだったが、それは近年、年々減少している（図Ⅰ-30）。しかし近郊には今こそ新しいタイプの学校林が必要である。神奈川県厚木市の愛甲小学校では、一九八五年に開校一〇周年を記念して、「ふれあいの森」を作り、今も教材として落葉広葉樹林を活用し教育効果をあげている。

近郊の学校林ではクヌギやコナラの林を樹齢の異なる三つの部分、すなわち〇、六、一二年生で構成する森林を作ることを提案したい。そうすれば六年後には六、一二、一八年生となる。伐期を一八年に定めれば、児童たちは入学から卒業までの間に必ず一度は木を伐採する時期にぶつかることになる。その間、森林の生長過程や動物や林床の草花を含む森林の生態、落ち葉掃きや萌芽更新など先人

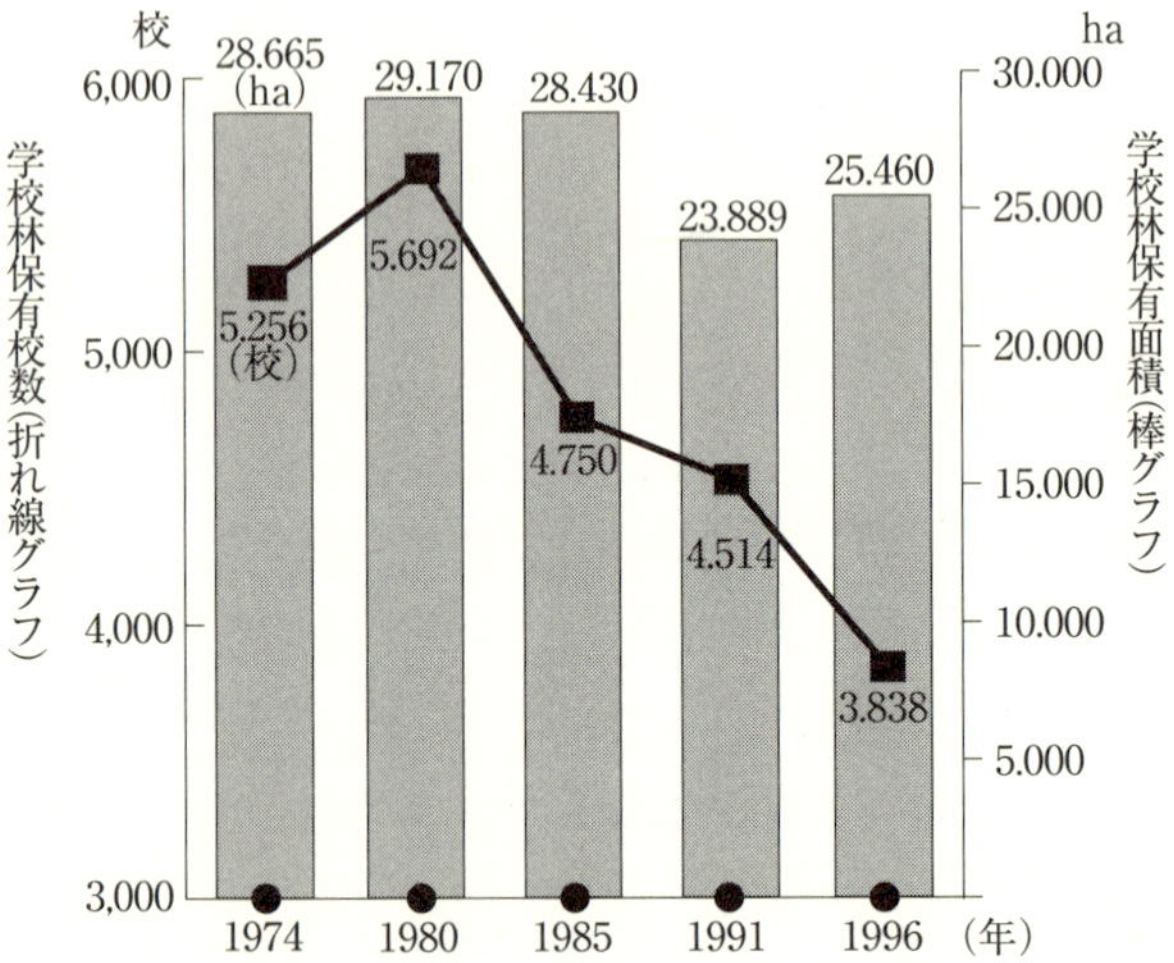

図 I-30 学校林の保有数と面積の変化（1974-96年．国土緑化推進機構『学校林現況調査報告書』1998年による）．

の知恵を、具体的にかつ総合的に学ぶことができる。さらに伐採した木を用いて、木工や椎茸栽培なども可能となる。物事の均質化や同質化が進む中で、いろいろな太さや硬さの不均質な素材を相手に、それぞれの良さを活かしながらもの作りをすることは、現代の子供達には大切なことに違いない。新たに小・中学校で始められる総合学習の中核的プログラムにもなりうる。学校林を作り子供の頃から循環的・永続的・省資源的な生活様式などを学びとっていく親林活動をすすめることは将来へのすばらしい財産となるに違いない（**図 I-31**）。

ピザを焼いて里山保全

見捨てられている里山の樹木を永続的に利用できれば、里山の保全につながっていく。もはや日常的には使われなくなった薪を新たに利用できる方策を考えていく必要があろう。イタリア生まれのピザは、最近、日本でも手軽なスナックとして人気が高い。このピザを石窯で薪を燃やし、地元の食材を使って焼く「里山レストラン」の建設などはどうであろうか。一軒のピザ窯で使う薪を、一日二〇キロとすると、一年間二〇〇日稼働すれば、四トンの薪が必要になる。『新編埼玉県史自然編』によると一三年生のコナラ林では一ヘクタール当たり木材として蓄積される有機物の量は乾燥重

図Ⅰ−31　「ふれあいの森」での学習活動．神奈川県厚木市立愛甲小学校では，馬場美保先生をはじめ新しい学校林を使って折に触れて，学習活動を行っている（馬場美保先生撮影）．

図Ⅰ–32　里山保全活動ででたバイオマスを燃料に使って，ドラム缶で作った窯でピザを焼いて楽しむ（右）．一方，竹を芯にして見事に焼きあがったバウムクーヘン（左）．神奈川県厚木市七沢にて．

量で、五トンであるという。すなわち一軒のピザ・レストランで使う一年間分の薪の量は一ヘクタールの森林で十分まかなうことができる計算になる。一五ヘクタールの森林を一五年周期で、毎年一ヘクタールずつ伐採して萌芽更新していけば、一軒のピザ・レストランの薪が確保できる。里山にある木質資源の具体的な利用法を考えて、里山や平地林から相応の利益が生み出されるように工夫することも、これから二次林を維持していくうえで大切な視点である。

ピザだけでなく石窯製のパンやバウムクーヘンなども考えられるし、薪を使った窯で本格的な陶芸を楽しむことも考えられる。「森でバウムクーヘンとピザを焼き、遊んで楽しく食べて森を守ろう」を合い言葉に、神奈川県自然環境保全センターの中川重年さんが中心になって「バウムクーヘン・ピザ普及連盟」（バーピ連）が結成されている。除伐材や間伐材を使ってピザやバウムクーヘンを焼いたり、根本の曲がった木で作ったアルプホルンの演奏会を開いたりするなどして、誰もが気軽に楽しく里山に入って保全に取り組めるような運動を展開している（**図Ⅰ–32**）。各地のリーダー、グループのネットワークができつつあり、年数回持ち回りの研修会を行っている。里山にノスタルジーを抱いている中高年だけではなく、若い世代にも楽しみながら里山の保全の大切さを訴えていく「バーピ連」のピザやバウムクーヘンを切り口にした保全活動は注目すべきである。多くの人が里山で集い、遊び、学び、働けるようにするさまざまなアイデアが必要である。

グランドワークおおたかの森

埼玉県所沢・狭山・川越・入間の四市と入間郡三芳・大井の二町付近には、点在する五〇〇ヘクタールあまりの平地林がある（図Ⅰ-1）。かつて一帯は平地林が連続しており、農用林野として大切に維持・管理され、利用されてきた。しかし、高度経済成長期以降、利用が低下してきた平地林や、相続の対象になった平地林などは農民の手を離れ、廃棄物処理場や土石置き場、倉庫、霊園などに転用され、各所で寸断されてきた。前述した各種廃棄物処理場が集中して有名になってしまった「くぬぎ山」もこの一角にある。

平地林の減少と環境の悪化が進む中で、この平地林には絶滅危惧種のオオタカが棲んでいることが確認された。これを機に、これ以上の環境悪化を進めてはならないと埼玉県生態系保護協会所沢支部が中心になって、一九九四年にグランドワーク「おおたかの森トラスト」が誕生した。おおたかの森では現在、四ペアのオオタカが確認されている。オオタカの一ペアが生活していくには、一〇〇～二〇〇ヘクタールの植物や小動物の豊富な自然が必要であるといわれている。オオタカを守るということは、とりもなおさず身近にある豊かな自然を保全していくことなのである。

グランドワークは身近な環境の改善に取り組む活動として、一九七〇年代にイギリスで始まった。地域の住民、企業、行政がパートナーシップを組み、環境改善の専門技能を持った組織のコーディネイトによって、地域の環境改善を進めていくボランティア活動である。おおたかの森トラストでは代表の足立圭子さんをはじめとした二〇人のメンバーだけでなく、毎年、延べ三〇〇〇人にも達するボランティアの参加で、一〇ヶ所計五・五ヘクタールの荒廃した平地林の手入れを行っている。炭焼きやシイタケ栽培なども行い、ボランティアが楽しみながら平地林とかかわり、身近な自然の保全に汗を流している（図I-33）。一九九九年には相続で売りに出された約一・五ヘクタールの平地林を、埼玉県と狭山市に働きかけ、三者で買い取り保全を行っている。緑地の減少を食い止めるために、公有地化をする例は、全国でみられるが、買い取りに自然保護団体が加わった事例は全国的にもめずらしい。市民やNGO、行政、企業など地域で生活するさまざまな人がパートナーシップを組み、今こそ、里山をみんなの力で保護する仕組みを創り出す時である。

公共財と緑地地代

里山である武蔵野の平地林は、台地上に畑作農民がつくりあげたもので、森林の持つ再生力の枠の中でさまざまな資源を利用してきた。そして、長い時間をかけて維持・管理してきた平地林ではあるが、農業の近代化や農村部の人口減少、生活水準の向上といった社会・経済の変化によって姿を変え、あるいは消えてしまった。とくに都市近郊に農業とともに残った昔ながらの平地林は、都市住民にとっても生物の多様性の保全や大気の浄化など近郊緑地として大きな意義を持っている（図I-34）。里山の公益的機能の受益者は不特定多数であり、有料化して個々人が得た便益に比例して料金を徴収することは実際上不可能である。こうした特徴を持つ財やサービスは、経済学的にいうと公共財とよばれている。公共財は社会的にきわめて重要な役割を果たしているが、料金を直接徴収することができないので、税金などでまかなっていかなければならない。里山を「公共財」として考え、それを支え

図Ⅰ–33　グランドワークおおたかの森の保全活動．ボランティアによる枯れたアカマツの伐出（上），埼玉県くぬぎ山周辺で解体されて捨てられていた小型トラックを林内から運び出し，行政に連絡して片付けるボランティア（中），また，炭焼きによる収益も身近な自然を保全する資金源の一つ（下）．

図 I–34　平地林内でのオカリナコンサート．市民参加の落ち葉掃きを終えコンサートを楽しむ（埼玉県三芳町上富地区）．

る仕組みを具体化していく必要がある。農林業の生産活動のみを通じて、里山を保全していく仕組みを、農民はもはや持っていない。

　消失の岐路に立たされた里山を救う抜本的な方策としては、農用林として利用されている平地林には「農地並の税制」が適用できるように税制改革をすることではないだろうか。それには財源的裏付けが必要になるが、緑地として公益的な便益を受けている一般市民も、「緑地地代」として、税負担を薄く広く負担する方向などを検討すべきであろう。水源林を支える費用を、水道料金に上乗せして水源林保護の費用を徴収する試みが、神奈川県、福岡県福岡市、愛知県豊田市、静岡県水窪町など各地で行われているが、近郊の里山を守る仕組みとしても、地域住民の合意形成をはかれば応用できるであろう。

落ち葉銀行構想

平地林を現在も農業の重要な生産手段として活用している近郊地域では、行政が平地林を農用地として認識し相続税など農地並の取り扱いをしていくことが、ぜひとも必要である。そうでなければ、廃棄物処理場などへの転用を食い止めたりするのも難しいし、この地域での資源循環型農法の継承や公益的機能を果たしている里山の役割自体を見捨てることになる。しかし、相続税は国税の範疇であるから、税制度を改革することはそうたやすいことではない。税制改革を待っている間にも、里山にあった履歴の重みは抹消され荒廃と転用が進められていく。

里山を公共財と考えれば、林の所有権はそのままにしておいて、所有権を越えて里山の公益的機能を十分発揮させるために、所有者とともに第三者が維持管理をサポートする新たな里山管理の仕組みを創り出すことが必要である。行政・企業・NGOやNPO・学校・農家・非農家が協働しながら里山を保全していく。里山保全活動における交流と連携を推進することにより、個々に行われてきた里山保全活動を充実させ、地域の活性化を図ることが期待できる。それには、まず、里山の資源・景観・文化を守り育てる原則になる「地域憲章」を、みんなで起草してコンセンサスを得ておく必要がある。そして「里山保全基金」を創設したり、里山を良好に保全して利用していこうとする農民を支援したりする「里山保全協定制度」などを整備していく必要がある。

こうした業務を行っていく受け皿として、特定公益増進法人の「落ち葉銀行」といった機関を創設したらどうだろうか。ふだんは里山保全協定制度により、ボランティアが登録農家の落ち葉掃きや、下草刈りなどを手伝い資源循環型農業を推進していく。落ち葉掃きなどに参加した都市住民は、優先的に地元の野菜を手に入れることができるようにしたり、平地林の中を散策したり、森林浴ができる「通行権」が補償されたりするようにする。また、平地林保有者がどうしても平地林を手放さなければならないときや、高額な相続税を納税しなければならないときなどに、里山保全基金が無利子で融資したり、一部減免したり、自治体などへの買い取りを斡旋したりする。さらに、特定公益増進法人であることを活かして、相続が発生したときに、相続人が相続発生後一〇ヶ月以内に平地林を落ち葉銀行に公共利用の目的で寄付をすれば、「租税特別措置法」の適用によって相続税が非課税になるというメリットも使える。地域全体の土地利用なども、地域憲章に沿って策定していけば、廃棄物処理場といった施設の集中なども避けられる。将来は、落ち葉銀行の里山保全業務を公益的な多方面に拡大し、ＬＥＴＳ（Local Exchange Trading System、地域限定通貨——たとえば「おちば」という通貨単位はどうだろうか）によって、さまざまなボランティア活動がやり取りできるようにすれば、地域のさらなる活性化も期待できる。農用林的機能を中核としながらも、さまざまな公益的機能をもった里山をみんなで支えながら、次世代とも里山の恵みを共有できるような仕組みを、一日でも早く実現させたいものである。

第Ⅱ章——谷津田《やつだ》のある里山

1◇谷津田と稲作

稲作の開始

日本に水稲が伝播して水田稲作が始まったのは、二五〇〇年ないし三〇〇〇年ほど前のことであると考えられている。この水田稲作の伝播は、日本を西から縄文文化から弥生文化へと急速に変えていった。ただし、水田稲作が伝播した当初から、博物館を訪れたときによく目にするジオラマのような見渡す限りの大水田地帯ができあがっていたわけではなかった。イネには十分な水が必要なので、大河の流域の広い平野や河口の三角州《さんかくす》地帯で始まったと思う人が多いが、おそらく、そうしたところは洪水の危険性が大きかったであろう。当初は水を引いたり止めたりしやすい台地や丘陵の端の小さな谷間や、山の谷あいの小さな田で始められたに違いない。それに田植や草取り、病害虫の防除、収穫などを考えれば、大面積の田を管理するのは容易なことではない。農学者の佐藤洋一郎氏は「当時の水田は森や湿原などの間に、キメラ状に転々と分布していたのではないか」と想定している。その後、二〇〇〇年の間に水田稲作は日本列島を猛烈なスピードで東進し、さらに北進して、平野部での森林

図Ⅱ－1　里山が見られない大水田地帯．大水田地帯では，化学肥料を用いているために里山は不要になっている．秋田県大潟村．

は伐《き》り開かれ、ほとんど水田にとって代わられた。
　本来、水田の灌漑《かんがい》用水は河川から引かれてくるので、灌漑水自体と上流域から運ばれてきたシルトと呼ばれる細かい土によって、たえずイネに栄養分を補給している。さらに水を満たした水田の土壌は酸素不足の還元状態なので、イネの必須元素の一つである土壌中のリンが、鉄やアルミニウムとの結合を解かれて水に溶け出し、イネが吸収可能な状態になっている。また、稲藁《いなわら》といった有機質の副産物も多量に得られるので、畑作ほど肥料供給源として森林に頼る必要がない。森林から得られる刈敷《かりしき》や堆肥《たいひ》は、大豆の〆粕《しめかす》や干鰯《ほしか》などの金肥、そして大正時代になると速効性で手間のかからない硫《りゅう》安《あん》といった化学肥料にとって代わられたために、水田には肥料供給源として森林が付随している必要がなくなってしまったのである。さらに、水が張られている水田は、好気性の土壌線虫の活動が制約されるために、たとえ化学肥料に依存していても畑作で起こるような連作障害も発生しないので、同じ場所で非常に長期にわたって稲作を続けることを可能にしているのだ。

大水田地帯では現在ほとんど里山は見ることができないが（**図Ⅱ-1**）、台地や丘陵地にある谷津田《やつだ》には、水田と里山のかかわりの原型が今も残されている。しかし、生産性が低いために谷津田も、近年、耕作が放棄されたり、住宅地やゴルフ場の開発によって潰されたり、また水田での農薬散布や用水路の三面コンクリート張りや、林の放置などによってすっかり様相が変わってきてしまった。

谷津田

谷津《やつ》というのは台地や丘陵地に、人の手や木の枝のように、細かく入り組んだ谷のことである（**図Ⅱ-2**）。縄文時代の晩期から弥生時代にかけてのおよそ二〇〇〇～三〇〇〇年前に、海が退き入江は陸地になって、谷津の姿がこの頃から見られるようになる。ちょうど、日本に水稲と水田稲作が入ってきた時期である。台地や丘陵が八割を占める関東平野には、台地や丘陵地の縁にこの谷津が多くみられる。場所によっては谷戸《やと》あるいは、谷地《やち》とも呼ばれている。

谷津の最奥地の木々に囲まれた谷頭《こくとう》には「根垂水《ねだれ》」と呼ばれている泉の湧き出し口がある。台地や丘陵の縁からしぼりだされるようなこのわき水は、いくつかの生まれたばかりの流れを集めて谷底をえぐる小さな流れになっていく。こうしたいくつかの流れがさらに集合して、水はけの良くないじめ

図Ⅱ－2　空から見た千葉県下総台地の谷津地形．黒く見える部分は台地上や斜面の森林で，灰色に見える部分が谷津田である．1997年国土地理院撮影.

図Ⅱ－3　谷津田の風景．木々に囲まれた谷津の谷に，古くから小さな水田が開かれていた．ゆるやかではあるが傾斜地なので，畦は丈夫に造られている（茨城県岩井市）．

じめとした湿地をつくっていく。そうした所を水田にしてきたので、それを谷津田《やつだ》と呼んでいる。落ち葉が分解してできたミネラルがたっぷり含まれた土をくぐってきた水が灌漑水に使われるので、ミネラル豊かな米を育てることができる。そして、このような場所は水害の危険性が低いだけでなく、谷津田の近くには林や採草地があり、水田や畑に入れる刈敷や緑肥《りょくひ》としての生草や屋根葺《ふ》き材料のカヤ、田畑を耕すための牛馬の餌料である秣《まぐさ》などを採るのにも便利だった。こうしたことから、最も早くから水田がつくられ水稲作が続けられてきたところは、里山地域の谷津田ではないかと考えられている（図Ⅱ－3）。

谷津田と同じように、古くからつくられた水田に山間地の棚田《たなだ》があるが、日本の棚田は、新潟県の東頸城《ひがしくびき》丘陵に代表される地すべり地帯に多い。地すべりによってつくられた保水性に富む斜面が、ひな壇状の水田をつくるのに適していて、小さな沢や山腹の湧水から水田に水を引いている。谷津田に比べれば急な傾斜地につくられた棚田は、平野が少なく開発の歴史が古い西日本では鎌倉時代に増えたと『日本の棚田』の著者、中島峰広氏が明らかにしている。

田圃《たんぼ》には一年中水を張った湿田と、秋に水を抜くことができる乾田とがある。谷津田は、谷から一年中絞りでてくる湧き水を使っているため、田圃から完全に水を抜くことができず、湿田が多いのが特徴である。谷津田は谷が細長く入り組んでいるところにあるために、田圃の排水や水路の整備が進まなかったので、現在でも乾田になっているところが少ない。湿田は一年中水を張っているので、秋に落水して土地を休ませる乾田より、生産力が落ちてしまう。

水はけの良い台地は畑として、谷の斜面は水源涵養の役目も果たす落葉広葉樹《らくようこうようじゅ》の林になっている。このようにいろいろな要素で構成されている谷津の地形は、人々が生活する上でもとても便利な場所であったにちがいない。人々はそこにムラをつくり、谷津の谷頭にある根垂水の吹き出し口近くに日照りが続いたときでも水が充分得られるようにため池をつくったり、水源を守っている林が荒れないように手入れをしたりするなど自然を管理してきた。

畦《あぜ》の草刈り

谷津田はゆるく傾斜した谷に作るので、畦は平地の田圃より段差があるし、曲がりくねっているので、丈夫に作らなければならない。田植前に作り終えた畦には、すぐに草の種が飛んできてさまざまな草が生えるので、一段と丈夫になる。畦の草は刈敷とともに、田圃にすき込む緑肥にしたり、農作業に使われていた牛馬の飼料や敷料にも使ったりするので、大切な資源であった。谷津田をもっている農家の人たちは、畦の草刈りと、田圃が影にならないように田圃に接する斜面に生えている低木の刈り込を頻繁に行っていた。

東北地方では春が遅いので、林の若葉が充分に生長していないから刈敷は使わず、夏の間にせっせと草を刈って牛馬に踏ませ、厩肥《きゅうひ》にしてから田畑に入れていた。したがって、東北地方の農村では、どのようにして採草地を確保することができるかが大きな問題であった。

第二次世界大戦前までは、日本の農村の多くは耕耘や運搬は畜力に頼っていたので、たいていの農家は牛や馬を飼っていた。牛馬一頭を養うためには、一ヘクタール前後の草地が必要であるという。そのため秋までの期間、草刈りが毎日必要であった。この作業を多くの地域では「朝草刈り」といって早朝に行っており、農民にとっては、まさに朝飯前にやり終えなければならない仕事だった。集落全体で使える広い秣場《まぐさば》をもっていないところでは、みんながいたる所で草を刈るので、草が不足して困ったくらいである。だから、谷津田の畦も林も農道も農民にとっては重要な採草地なのだ。林の中も夏の間に草刈りされていたので、冬の落ち葉掃きのときに、林床にはじゃまな草はすっかりなくなっていたところもあったという。

畦《あぜ》は満鮮要素の草原

少し前まで畦にはキキョウやワレモコウなどがみられたが、これらの植物はその起源をたどっていくと朝鮮半島や中国の東北地方（旧満州）の「満鮮要素の草原」にたどりつくという。田圃の畦は一見すると幅が狭いようだが、畦は畦につながりかなりの面積になる草原である。満鮮要素の植物は氷河期になると日本列島が今よりずっと乾燥していたので、落葉広葉樹林の中を通じて日本列島に定着してきたのではないかと、植物生態学者の田端英雄氏は推定している。

氷河期には北アメリカやヨーロッパ北部には大陸氷河ができて、その分だけ海面が低下した。現在より一三〇センチぐらい下がったと考えられており、北海道はサハリン（樺太）とつながり、ユーラシア大陸の半島になってしまう。瀬戸内海や東京湾はなくなり、屋久島や種子島、対馬《つしま》は九州につながり隠岐島《おきのしま》も本州につながり、日本列島がかなりふくらんでいた（図Ⅱ-4）。そして、対馬海峡が閉じ、日本はユーラシア大陸と陸続きという状況であった。つまり、日本海は大きな湖のようになっていて、暖流の対馬海流も日本海には入ってこなかったので、日本列島の積雪量も、現在の四割ぐらいに減少したと推定されている。日本列島は全体として乾燥し、中国地方から能登半島あたりまでが、現在の中国や朝鮮半島と同じ程度に乾燥していたことになる。

氷河期の日本の古植生を調べてみると、北海道は氷河および高山の裸地とハイマツがあるような草地もしくは疎林になっていた。北海道の西部から東北の北部・本州の中部くらいまで亜寒帯針葉樹林で、関東や北陸から中国地方・瀬戸内までが落葉広葉樹でシデ類やクヌギ・ミズナラ類であった。それより南が照葉樹林《しょうようじゅりん》帯であった。したがって、朝鮮半島を経由して、落葉広葉樹林を介して乾燥気候

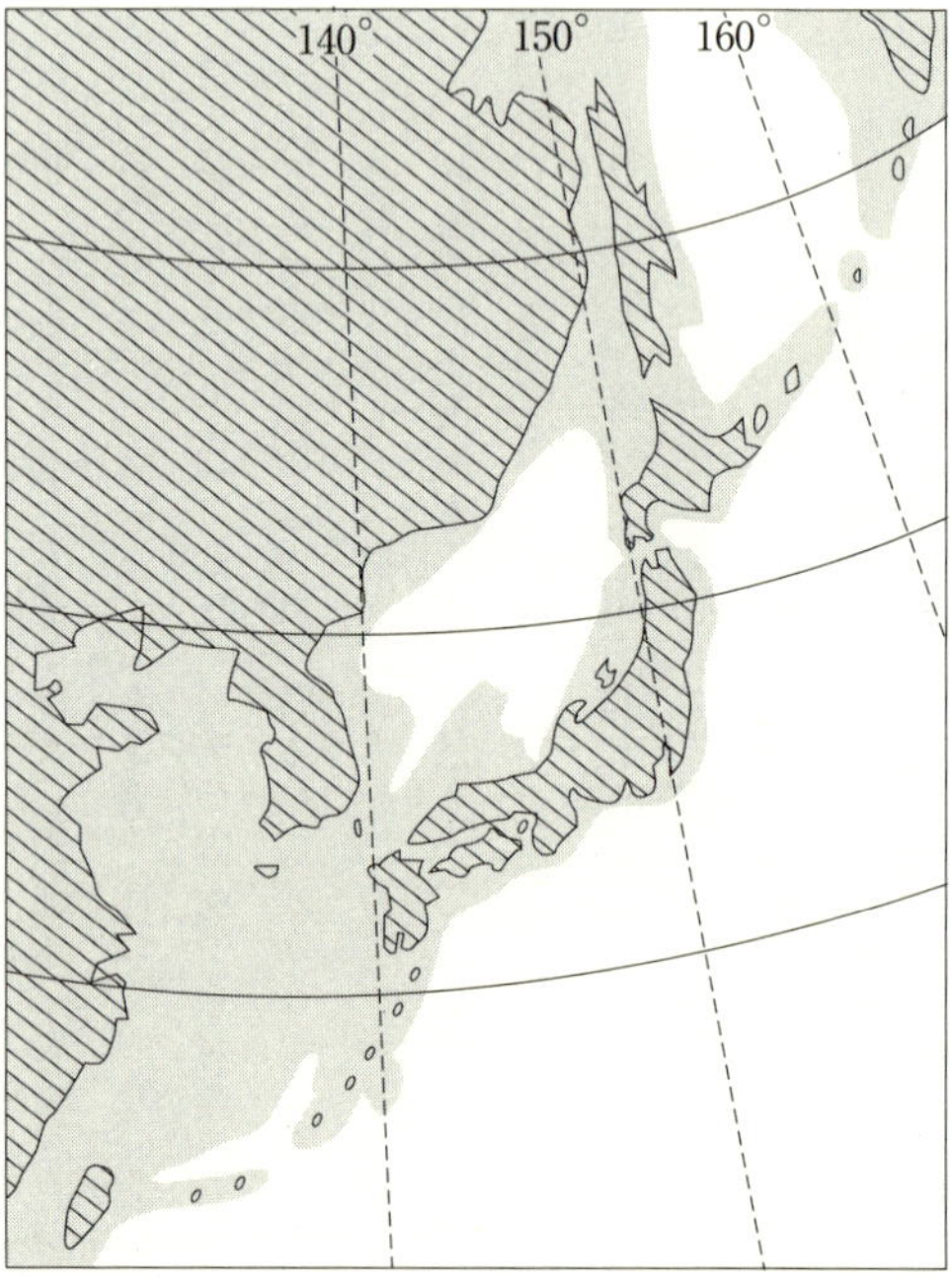

図Ⅱ－4
最終氷期（約２万年前）の日本列島の様子．アミの部分が最大の陸地の範囲を示している（日本第四紀学会，1987年の図を一部改変）．

に適したいろいろな動植物が入ってきたのではないかというのである。

　このようにして満鮮要素の草原が氷河期に日本にやってきたのだが、それは縄文時代のすこし前で日本列島にはもう人が住んでいた。縄文時代になると人が森林に火入れをしたり、焼き畑を行ったりして自然の植生を壊し始め、その結果、草原がひろがっていく。そして弥生時代になると人が谷津田のようなところで水田稲作を始め、それにともなって畦や土手などができてくる。畦の満鮮要素の草は人に刈られたりするので、ススキやクズなどの生長の早い多年生の植物などに覆いつくされてしまうことなく、生き長らえることができたのである。（図Ⅱ－5）

　こうした草はキキョウ、ワレモコウ、

図Ⅱ－5　きれいに草刈りされている谷津田の畦（茨城県岩井市）.

リンドウ、シオン、クララ、オキナグサ、ホタルブクロ、シロヤマギク、カワラマツバ、イカリソウ、ソバナ、ゲンノショウコ、ヨモギ類などである。朝鮮半島や中国の草原的な植物たちが、日本の畦や土手で新しい生息域を見つけたのである。

ところが、畦が採草地として使われなくなると除草剤で駆除されだした。さらに畦をコンクリートにして、除草や畦塗りの手間を省くところが多くなってきた。谷津田が休耕田となると、畦の草刈りも行われなくなり、畦はクズやススキに瞬く間に覆われてしまう。このような畦は非常に暗く湿度も高い状態になり、満鮮要素の大半の植物は生き残ることができなくなってしまう。かつて里山には、草地性の植物を食草とする蝶がいた。マメ科のクララという草を食べるオオルリシジミや、スミレを食草とするオオウラギンヒョウモンなどが、そういった蝶である。畦の満鮮要素の草地が姿を消すにつれて、こうした蝶たちも絶滅が危惧《きぐ》されている。

つまり、キキョウやリンドウをはじめとする満鮮要素の植物は草刈りが必須であり、「草刈りによって栽培されてきた」と言っても過言ではないほど、里山地域の農作業や農村生活に依存してきた種なのである。里山地域の動植物の保全は自然の成り行きに任せていてはできない。長い歴史の中で、農作業やイネとの共存に適応したさまざまな種は、こうした人為的環境下でしか生き長らえないことを理解すべきである。

畦豆《あぜまめ》とヒガンバナ

畦には野草だけでなく、しばしば大豆も植えられていた。これを人々は畦豆と呼んだ（図II–6）。除草剤を使ったり、畦のコンクリート化が進んだりして、畦豆も近年見られなくなり、知っている人も少なくなってしまった。

畦豆を植えることにはいくつかの効果がある。第一の効果は生態的効果である。マメ科の植物は、空中窒素を固定するという不思議な力をもっている根瘤《こんりゅう》バクテリアを根に共生させている。大気の八〇パーセントを占める窒素を吸収・固定する根瘤バクテリアから窒素肥料の一部を譲り受けるのである。田を囲む畦にぐるりと大豆を植えておけば、イネにもわずかといえども窒素肥料分が供給できるのである。畦豆の二番目の効用は豆を植えておくことで生態系の中の多様性が保たれるということで

図Ⅱ－6
畦豆．草刈りされた畦の縁に大豆が植えられている（上）．大豆の根瘤バクテリアによって固定された窒素が，白い玉状の窒素化合物になって根に付着している．

である。おいしい枝豆として食べる畦豆を植えているのであれば、除草剤は使えないし、コンクリートで塗り固められることもないので、他の植物も生えてくることができる。

畦豆の第三の効用は、マメの育ち具合を見たり収穫したりと農民が頻繁に田圃に足を運んだことではないだろうか。その際に畦が崩れてないか、田の水の過不足があるか、雑草が出ていないか、イネに病虫害が発生していないかなどもたちどころにわかり、対処も早くできる。イネが良く育つかどうかはなによりも「頻繁な農民の足音」である。

畦豆とともに、最近すっかり畦で見られなくなったのは、九月頃になるとかがり火をともしたように咲くヒガンバナ（彼岸花）である。マンジュシャゲ（曼珠沙華）とも呼ばれるが、これは梵語《ぼんご》の「赤い花」の意からきているという。この独特な花は中国南部が原産で、水稲と共に中国から渡来したものではないかと考えられている。田の畦や土手に多いのは、球根に毒性の強いリコリンと呼ぶ物質が含まれているので、野ネズミやモグラが穴をあけるのを毒性のある球根で防いでいた。また、ヒガンバナの球根は、そのままでは食べられないが、球根は簡単に掘り採れるので、すり下ろして何回も水で晒《さら》してやれば、毒が抜けて良質の澱粉が得られる。つまり、米がとれない飢饉の時などの、「救荒食《きゅうこうしょく》」としても畦に植えられてきたのだという。第二次世界大戦後の食糧難の時にもヒガンバナの球根のお世話になった人も少なくなかったという。ヒガンバナの球根をすりつぶしたものは、漢方ではヒガンバナの中国名である石蒜（せきさん）とよばれており、はれ物、打ち身、むくみなどの貼り薬として用いられている。

図Ⅱ－7　谷津の谷頭近くに造られたため池（埼玉県比企郡玉川村）.

水路の管理

台地や丘陵の縁から絞りでるように出てきた根垂水《ねだれ》と降雨の天水に頼って、谷津田では米が作られる。林に囲まれた丘陵の斜面からわき出る根垂水は、一年中同じくらいの水温で、冬は暖かく感じるが、イネを作るにはつめたすぎる。そのため、農家は根垂水を直接水田に入れないように田圃の周りに、溝を掘り、湧き出した水がその水路を一回りして温まってから水口《みなくち》から入れるようにしている。この溝も動植物の宝庫になっている。メダカ、ドジョウ、アカガエル、イモリなどが棲んでいる。ヘビやトビも餌を求めてやってくる。水の中にはクロモ、スブタ、ミズオオバコなどの水草が生え、土手の近辺にはミソハギ、アギナシ、ワレモコウ、タコノアシなどが生える。山菜となるゼンマイやギボウシ、ツリガネニンジン、クサボケ、アケビなどの生育地でもある。

水田稲作にとってだいじな用水を確保するために、土に溝を掘ってつくられた泥の用水路は、毎年、田圃に水を入れる前に整備される。湧き水から常に流れてくる水はかなりの土を削り、運び、水路の底に堆積させる。田に水を張る前にこの土をさらい、水が流れやすくしてやる。水路の途中に土が崩落しているところがあれば、笹や、木の小枝の粗朶を使って土崩れが起きないように補修してやらなければならない。

泥のままの水路は水草やセリなどの水生植物が根を下ろすことができる。こうした植物が生えているところは水の流れがゆるやかになり、魚やザリガニのかくれ場所や小魚の産卵場所になったりする。田圃と田圃をくまなく通る水路は水生植物にとっては重要な生活の場であったり、水生昆虫や魚やカエルは水路を移動し安全な場所を探して生活したりするための重要な回廊なのである。

雨の少ない地方では根垂水《ねだれ》と水田を水路によって結びつけるだけでなく、ため池もつくられているところが多くみられる（**図Ⅱ-7**）。ため池の集水域には水源を守るための木が育てられ、ため池にはヒシやジュンサイをはじめとした水草が生育している。ため池で繁殖したコイやフナは、農民の貴重なタンパク源となった。土手には水神様の祠《ほこら》がまつられ、村の人々が共同出役をしてため池を管理してきた。

2◇谷津の環境は自然の宝庫

ヤマの中の春植物たち

谷津田《やつだ》を奥に進むとヤマに突き当たる。谷津田を囲むヤマは、日照り続きの時も水が涸《か》れないように農民たちが維持管理してきた二次林である。そして、ヤマの樹木は刈敷や生草や落ち葉など農業の再生産に用いる資材や、薪炭材や建材など農村生活を維持するための資材などを得るために都合のよいクヌギやコナラなどの落葉広葉樹やアカマツが多くみられた。早春のこのヤマの中では、木々が葉を茂らす前の束の間に、カタクリやキツネノカミソリ、イチリンソウ、ニリンソウなどが葉をひろげ、花を咲かせている。これらの植物は早春にだけ姿を現すので、「春植物」あるいは「スプリング・エフェメラル」（春の短い命）と呼ばれている。落葉広葉樹の木々が葉をひろげる五月になると、葉を落し、翌春まで土の中で眠っている。

カタクリはヤマの中の木々が葉をひろげる前の期間にだけ、地面に当たる光で、一年分の栄養を光合成によって得る植物である（**図Ⅱ-8**）。カタクリをはじめとした春植物たちも、畦《あぜ》の草原植物たちと同様に氷河期に落葉広葉樹林の中で分布域をひろげていたものである。氷河期が終わって気候が暖かくなると、西南日本は照葉樹林帯に変わってしまったが、カタクリは一年中暗い常緑樹林の中では暮らしていけない。五〇〇〇年くらい前に落葉広葉樹林が関東地方から関西地方にかけて平野をまだ覆っていた頃に、縄文人が焼き畑《やはた》農業を始めた。焼き畑の後に、遷移《せんい》によってクヌギやコナラの二次林ができたのである。谷津田で水田を始め、台地上で畑を耕作するようになると、刈敷を使ったり、落ち葉や生草を取って緑肥にしたり、木を伐って薪《まき》や炭《すみ》にするために、二次林を維持し続けてきた。こうして、氷河期に生えていたカタクリが今も生き続けているのだ。カタクリの種子はアリが喜んで食べる部分がついていて、種がこぼれるとアリが巣へ運ぶ。アリがカタクリの種子を運ぶ距離はせいぜい五メートルほどで、種子は芽生えてから花が咲くまでに七〜八年かかる。カタクリが落葉広葉樹とともに、北へ逃げようとしても、氷河期が終わった一万年前から現在までの間に五〜六キロぐらいしか北上できない計算になる。「人の手が入らなければ、一年中暗い常緑広葉樹《じょうりょくこうようじゅ》林の中では生き続けることはできなかったであろう」と農林水産省農業環境技術研究所の守山弘氏は言っている。カタクリが落葉広葉樹林の中でも北向きの斜面でしか見られないのも、こうした氷河期の遺存種であることを物語っているかのようである。

ヤマの木々が葉をひろげ終わると林床《りんしょう》はたちまち薄暗くなってしまう。夏でも葉をつけているチゴユリやナルコユリ、タチツボスミレ、マムシグサなどは弱い光を効率よく利用するために、葉を薄く大きくひろげている。また、ヤブランやジャノヒゲ、シュンランなどの常緑の植物は、厚くて丈夫な葉をだいじに長く使うことで、夏の厳しい光条件に耐えながら、葉を落とした冬の落葉樹林の豊富な

図Ⅱ－8　氷河期の遺存種といわれるカタクリの群落（岩手県北部平庭高原）.

直射光を利用している。

カタクリをはじめスミレやカンアオイなどの種子は、アリの力を借りて、次の世代の芽生えを確実にする「アリ撒布種子」である。薄暗がりの林床に見られるヤブランやジャノヒゲ、マムシグサなどや、低木のガマズミ、ムラサキシキブ、マユミなどは紫や赤などの色鮮やかな実をつける。これらの植物はヒヨドリやムクドリに実を食べてもらうことで、種子を運んでもらっている。種子は固い皮に包まれているので消化されることはなく、鳥の移動先で糞とともに排出される。これが「鳥撒布種子」の仕組みである。

春から夏の谷津田の農作業

関東の谷津では春になると、ヤマや土手などで、ハリギリやタラノキの芽、ヤマウド、クサソテツ、ノビル、ワラビなどの山菜が採れ、精進揚げやおひたしなどにして農家の食卓をにぎわしてきた。一九六〇年頃（昭和三〇年代の中頃）までは、こうした山菜が採れる頃になると谷津田の米作りの作業が始められた。

谷津田での米作りは、山すその草や低木を刈り払っておく「刈りあげ」という作業から始められる。その後、冷たい根垂水《ねだれ》が直接水田に入らないようにする溝を、田圃のまわりに掘り回しておかなければならなかった。そして、家から近くて水の便がよい田圃に、苗代《なわしろ》をつくり四月一五日頃に種籾《たねもみ》を蒔《ま》く。その上にとっておいた前年の籾殻《もみがら》を焼いて作った、燻炭《くんたん》状の真っ黒な籾殻灰を、びっしりと掛けて油紙で覆っておく。

苗代の苗が大きくなって油紙をはがす時期になると、田圃や水路にはドジョウや田螺《タニシ》がいっぱいいた。「ドジョウは夜七時〜一〇時頃まで寝て動かなくなる」ので、その頃を見計らって松の根っこを燃やして灯りにしながらヤスをもって、ドジョウ捕りに出かけた。捕まえたドジョウは一昼夜おいて、泥を吐かせてから、ニラを一緒に入れてドジョウのみそ汁にしたり、卵とじの柳川風にしたりして食べた。タニシ拾いは子供よりも大人の仕事で、集めたタニシはゆでて食べたり、油で炒めて味噌で絡めた「油味噌」にしたりして食べた。

田圃の耕起は牛馬を使って二度行った。四月中頃にまず、「カベタ起こし」といって刈り跡の稲株をひっくり返す「荒起こし」をする。その後二度目の「うないかえし」をして、昔は基肥として山から採取した刈敷や生草を踏み込んだ。人糞尿も入れながら、土の固まりをさらに小さく、柔らかくした。春に芽吹いたヤマの木々の新梢葉を緑肥にするのが刈敷《かりしき》であるが、魚肥や海藻の豊富な海岸地域

図Ⅱ－9　千葉県下総台地の谷津田の田植え．谷津田の多くは田植機などが入れないので，田植えや稲刈りを手作業でやっている．

を除けば、古代から全国的に水田の施肥として利用されてきた。しかし、関東の谷津田のある里山地域では、刈敷は第二次世界大戦前から、肥料商で買ってきた大豆の〆粕《しめかす》や干鰯《ほしか》、化学肥料の硫安などの購入肥料に代わっていった。それでも戦後の肥料不足の時には、しばらく刈敷が復活していた。

谷津田における田植準備の最後の仕事は、水が漏れないように畦に泥を塗る「畦（クロ）塗り」であった。前年に土壁のように塗ったところを鍬《くわ》や鋤《すき》で切り取り、その面をカケヤで打ち固め、水漏れを防ぐように締めるとともに、新たに泥を塗りやすくする。あらかじめ泥をこねて準備したものを鍬で畦際《あぜぎわ》に土壁状に斜めに塗っていく。この「畦塗り」の作業はケラ、モグラ、ネズミなどに壊されて水漏れが起きないようにする大切なものである。そして六月一〇日前後に代掻《しろか》きをして、六月二〇日頃に田植をしていた（**図Ⅱ-9**）。田植の時期は、現在より一ヶ月半は遅かった。田植と稲刈りが早くなったのは、戦後の保温折衷苗代《ほおんせっちゅうなわしろ》の発明や品種改良などによって、「早蒔き・早植え・早刈り」が可能になったからである。

田植の作業は、おおよそ一人五アール（一日五畝）をこなすのが精一杯だった。自分の家の田植が早く終わると、近所の家に手伝に行く「結《ゆ》い」という互助制度があった。田植の後、三度の中耕・除草を行った。一回目は六月の末に、二回目は七月の二〇日頃、三回目は八月上旬頃だった。夏の暑い直射日光を避けるために蓑《みの》を着て、さらにイネの葉で皮膚が切れるのを防ぐために腕をおおう「手さし」をつけて、かがみ込みながらの過酷な重労働だった。その間、干ばつで灌漑水が少なくなると、水の取り合いが始まり、夜通し水の番をしたこともあったという。

このころ台地の畑では麦刈りと、サツマイモ畑の草取りの仕事もあった。土用の頃に、ヤマに接した畑では、篠竹《しのたけ》が畑に入ってこないように、ヤマと畑の間に溝を掘った。これを「藪《やぶ》切り」と呼んだ。8月になると、乾田化した田圃では水を一時落水して、「中干《なかぼ》し」という作業を行った。土中の根に酸素を供給し、根を丈夫に発達させるためである。

早春の谷津田の生き物たち

里山に春が来て田圃で耕起、代掻き、施肥といった作業が進んで田植が行われる頃、田の水の栄養塩類濃度が極度に高まり、植物プランクトンが異常繁殖する。すると、それを食べる動物プランクトンが異常繁殖する。プランクトンがいる間は小魚や若い水生昆虫が豊富な餌を食べて育っていく。四〜五月頃に田圃で起きるこの現象を「スプリングブルーム」というそうだ。栄養塩類が消費尽くされるとプランクトンは急激に減少し、六〜七月ごろはスプリングブルームが終息する。その後は、イネの上で生活するウンカ、ヨコバイ、クモなど昆虫や小動物が水面に落下して、水生動物たちの重要な餌になる。

まだ春浅い時期に谷津田の中を、目を凝らしてのぞいてみると、アキアカネの小さなヤゴが動き回っているのに気づく。赤トンボとしてなじみ深いアキアカネは、夏は高い山で過ごしているが、秋になると平地に降りてきて、稲刈りの終わった後でも水が残っている湿田の谷津田に産卵する。谷津田に産み落とされた卵は、来年、幼虫のヤゴになる。アキアカネの卵は一〇度以上になると孵化してしまうそうだ。卵は凍った水の中で越冬できるが、ヤゴは水が凍ると死んでしまうので、卵が孵化する心配がなくなる秋も深まった頃、山地から下りて産卵するという。アキアカネも氷河期に、大陸から日本に渡ってきたものである。アキアカネでも高山にすむものは夏になって孵化し、すぐに産卵する。氷河期に渡ってきた頃はそうした生活をしていたのだが、温暖化してきてからそれに適応するために山地と人里とを往復する生活が始まったものと考えられている。

アキアカネの卵が孵化する春先、やはり氷河期に大陸から渡ってきたニホンアカガエル、ヤマアカガエル、サンショウウオ類などの両生類《りょうせいるい》も湿田で産卵をする。こうした両生類の卵は水温が高すぎると死んでしまう。最近では生産力が高くなるように乾田化が進められてきたため、ニホンアカガエルやトウキョウサンショウウオなどの産卵場所が少なくなっている。春先に田圃が出産ラッシュになるのは、水の張られた田圃は適度な温度で、プランクトンが豊富であること、流れがないこと、それに外敵が少ないためであろう。カエルは昔の田植時期であった六月までに、オタマジャクシの時代を終える。オタマジャクシからカエルになって畦にはい上がり、畦にいるコオロギの幼虫が手頃な餌になる。そして夏には、涼しく湿ったヤマの中で暮らしている。生き物もまた、谷津田の農作業やイネとの共存に適応しながら、谷津の人為生態系の中で生活のリズムを刻んでいる。

谷津田・ため池・ヤマはセット

田圃を潤した水は水路に落ち、やがて下流の川に流れ込む。田圃の水は下流の大きな川ともつながっている。五月になって田圃に水を張ると、田圃で温められた水が水路を伝って大きな川に流れ込む。すると大きな川からコイやフナやナマズが水路や、田圃の中に入ってきて産卵する。産卵を終えた親魚はすぐに大きな川に戻るが、生まれた稚魚は流れに逆らって泳げるくらいになるまで田圃をゆりかごのようにして暮らす。たくさんのカエルやドジョウがいるので、それを餌とするヤマカガシをはじめとした蛇や、サギ、モズ、サシバなどの鳥類も谷津では多く見られる。

ため池に棲んでいるゲンゴロウ、タイコウチ、ミズカマキリなどは、田植が終わった田圃に飛んできて畦などに産卵をする。その飛行距離は一〜一・五キロにもなるという。孵化した幼虫は、浅くて暖かい田圃の水の中で、魚の子供やオタマジャクシなど豊富にある餌を食べて発育していく。田圃で成長した幼虫は八月頃に成虫になると、ため池に飛んで帰り、そこで生活し、越冬する。八月頃に乾田では田圃の水を落水して、「中干《なかぼ》し」という作業を行うが、まるでゲンゴロウは乾田に水がなくなってしまうこの作業を心得ているかのようなタイミングである。

谷津田を囲む自然は、水田稲作の始まった弥生時代から引き継がれてきた。何千年という時代をかけて住み着いたこうした多様な生物は、田圃に水を張る時期や田植、中干し、畦の草刈りなどの農事暦を知り尽くし、それにあわせて繁殖をしてきたかのようである。そして、谷津ほどの小さな面積でこれほど多様な要素を持つ環境を作り出すことは難しい。

ニホンノウサギは林の中をすみかとしているが、餌場は田圃の畦やため池の土手や台地上の畑などである。ニホンイシガメも里山地域の複数の異なった自然環境を行き来しながら生きているという。このように里山の生物には、二つ以上の違った環境がなければ繁殖できない種《しゅ》が多い。生物に限らず農業にしても田圃・畦・水路・ため池・ヤマはそれぞれの役割があり、一つ欠けても成り立たなかった。谷津田を囲む環境はセットとして考えなければいけない。

谷津の秋そして冬

秋になるとハツタケやアミタケ、シメジなどのキノコがヤマで採れた。子供たちは学校から帰るとザルの小さいのをもって、ヤマに採りに出かけた。春のタケノコは他人の竹林で勝手に採ることは許されなかったが、秋のキノコ類はどの家のヤマでとってもよかったという。ヤマでは蜂の子とりも行われていた。クロスズメバチなどの蜂の子とりは、一度やると楽しくてとりこになる者が多かった。一〇月になると、杉葉や鎌、弁当などを入れた蜂とり篭を背負って早朝ヤマに入る。朝の冷気を破って蜂が盛んに飛び交っているのに出くわしたら、その近くの地面を注意深く見ると、蜂の巣の出入口を必ず見つけることができる。蜂は黒いものをめがけて攻撃してくるので、髪の毛を隠すために手拭で頬かぶりしてから、杉葉に点火し、巣の出入口に突っ込む。煙で蜂の動きが鈍くなったところで、鎌を使って手早く巣を掘り出してしまう。親蜂を払い落として巣を篭にいれて持ち帰る。一つの巣からおよそ二キロ弱（五〇〇匁）もの蜂の子がとれたという。

稲刈りは、今よりずいぶん遅く、一一月一〇日前後だった。湿田の谷津田では田下駄を履いて冷たい水に足がもぐらないようにしたり、ヒル除けの袋をはいたりして稲刈りをした。そして、刈ったイネを田圃の中に組んだハザ（稲架）に、穂を下にして掛けて乾燥させた（**図Ⅱ-10**）。ハザの横に渡す長い棒は、アカマツのまっすぐな材やモウソウチクをヤマから伐り出して使った。晴天が続けば、一週間ぐらいでイネは乾燥するが、雨が続いたりすると一ヶ月も干さなければならないときもあった。その後、脱穀《だっこく》と籾《もみ》すりの仕事が続く。米はふつう谷津田一〇アール（一反歩）から七、八俵（一俵は六〇キログラム前後）ぐらいとれた。六俵供出して残りを自家飯米用にとっておいた。脱穀をすませた稲藁《いなわら》は、田圃に積み上げられて「ワラボッチ」をつくり、しばらく乾燥させておいた。地方によってワラボッチの形はさまざまであるが、稲の刈り口を外側にして束ねて積み重ねていく。ワラボッチの中は暖かいので蛇や虫たちの隠れ家になる。それから藁を屋敷地内の藁小屋に運んで、大切に保存しておいた。藁は薪を焚きつけるときに使ったり、わらじや米俵を編んだり、縄をなったり、落ち葉と混ぜて堆肥に使ったりするので、いわば生活必需品であった。しかし現在は藁を使わなくなったので、コンバインで脱穀しながら藁を小さく刻んで田圃にまいている。

図Ⅱ-10　稲架掛け．谷津田の奥の家の前に稲架が造られ，刈り取られた稲が干してある（茨城県常陸台地）．

農作業が一段落し、ヤマの木々が黄葉し落葉すると、カヤ刈りや落ち葉掃《は》きが一家総出で始められた（図Ⅱ-11）。そして、ヤマもちは山師《やまし》に頼んで薪《まき》切りを始め、萌芽更新《ほうがこうしん》の作業を始めた。ヤマを所有していない農民は、ヤマもちに交渉して伐採した松の木の根っこを掘らせてもらって、家に運び乾燥させて燃料として大切に使った。どのくらいの量の薪や粗朶《そだ》が、一年間で使われていたのだろうか。茨城県林業経営指導所が行った一九五八（昭和三三）年の調査によると、常陸《ひたち》台地では農家一戸当たりの薪の年間平均消費量は一七八束（一束一〇キロ）で、粗朶《そだ》が五五段（一段六〇キロ）であった。今からほんの四〇年くらい前の調査であるが、当時、年間五トン近い薪や粗朶が一軒の農家で使われていたことがわかる。第二次世界大戦前はもちろんのこと、戦後しばらくの間の燃料が不足した時期

図Ⅱ-11　12月になると一家総出で落ち葉掃きが行われている（茨城県常陸台地）.

に、薪は相当な現金収入源になったので、ヤマもちは他人が入って薪を取るなど荒らされてはいけないので、ヤマを夜通し見回る「ヤマ番」を頼んだりしていた。

「ヤマイモ掘り」は冬季の楽しみの一つだ。自然芋《じねんじょ》のヤマイモは、枯れた葉が落ちずに蔓《つる》についているうちが探しやすかった。イモの上部を少し残して、下のほうを掘り採ると、残った部分からまた生長していく。一冬に二〇〜三〇本は採れたという。「根絶やしにしない」二次林文化の一面をここにもかいま見ることができる。すり下ろしたトロロに卵を混ぜて、暖かい麦飯にかけて食べるとおいしくて食がすすんだものだ。

3◇谷津田のある里山地域の変化と保全

谷津田の変化

入り組んだ谷津《やつ》の最奥地に足を運ぶと、階段状の地形のところに比較的若い杉林や桧林《ひのき》があることに気づく。かつて、谷津の奥まで開田されていたが、高度経済成長期以降、農業が衰退し農業従事者の高齢化と後継者難のために、不便で生産性の上がらない谷津田の農耕を放棄するケースが増えてきた。谷津田の米作りは後継者がいなくなると年寄りだけでは重労働のため、集落から遠い谷津田から順次放棄され、そのときにスギやヒノキが植えられたところが多い。したがって、谷津の最奥地で見かける杉林や桧林の林齢も、四〇年そこそこの若さである。愛着を持って管理してきた水田の耕作放棄をするときに、ただ放棄しておくのがしのびなく経済的に価値あるものとしてスギやヒノキを植林したのだが、日本林業の構造的不況と「減反《げんたん》政策」を進める農政の中で、現在は休耕田や耕作放棄が目立っている。耕作放棄された湿田の谷津田には、アシやガマ、クズなどが侵入し、急速に遷移《せんい》が進行している（**図Ⅱ-12**）。また、少し広い谷津田では生産力を上げるために灌漑施設が整えられたり、

図Ⅱ-12　耕作放棄されている谷津田．またたく間にガマやヨシなどが侵入してくる．（茨城県岩井市）

乾田化が進められたり、機械化のために水田一枚の大きさが大規模になり、用水路のコンクリート化やパイプライン化なども進められてきた。そして、化学肥料とともに、病虫害の防除のための農薬や、暑いさなかの過酷なまでの重労働であった草取りを軽減できる除草剤などが多投されたことによって、これまでの農業生態系がすっかり変わってきた。

三面コンクリート張りの用水路

毎年繰り返される水路を管理する作業は、谷津田で米作りをする年寄りにとってはかなりの重労働である。そのため、泥の水路をコンクリート製のU字溝にしたり、補助金を受けて三面コンクリート張りの水路に変えてしまったりしたところが多い。

コンクリート化された水路では、産卵場

所や休憩場となる植物が生えることができなくなってしまうので、メダカなどの魚は生息できない。水底が泥でできていないためにドジョウ類やマツカサガイのような二枚貝も生息できなくなってしまう。その結果マツカサガイに卵を産むタナゴ類も生息できなくなってしまう。

垂直に切り立ったコンクリート製の水路と畦《あぜ》との高さがありすぎて、水路に落ちたカエルやカメなどが上がれなくなってしまい、力はてた姿を目にすることが多い。泥の水路だったら側壁に草が生えていたので、たとえ水路に落ちても、草にしがみついてはい上がれるため、水田からため池、ヤマへと自由に移動ができた。直線的で流れが速くなったコンクリートの水路でも、吸盤のようにくっつくことができるカワニナは生息することができたが、それも田圃で農薬が撒布されると生きていくことができない。カワニナがいなくなるということは、夏、私たちの目を楽しませてくれた蛍の幼虫の餌がなくなってしまうことにつながっているし、当然蛍の幼虫自身も農薬によって生きてはいけない。

水路のコンクリート化や農薬撒布は、メダカをはじめ「昔はよく見かけたが、今はほとんどみることができない」多くの生物を激減させたり、絶滅させたりしてきた。

粗朶沈床と里山保全

谷地の用水路だけでなく、それより下流域のどんな河川でも、治水工事によりコンクリート化が進んできた。しかし近年、コンクリート化全盛だった河川工事も、粗朶《そだ》を使う伝統工法が採用されるなど、少しずつ変化が見られるようになってきた。谷津などの小さい川の護岸は、クヌギやコナラなどの萌芽枝である粗朶（**図Ⅱ-13**）を編んだ柵を護岸壁にする「粗朶柵工《さくこう》」や「連柴柵工」が行われだ

図Ⅱ-13　粗朶にするコナラの萌芽枝．伐採して10〜12年すると，自然淘汰され5〜6本の萌芽枝が残るので，それを粗朶として採取する（新潟県新発田市）．

した。下流の大きな河川では「粗朶沈床《そだちんしょう》」が施工されている。粗朶沈床というのは聞き慣れない言葉であるが、粗朶を束ねて作った「マット」を、川底に沈める伝統工法である。川底が浸食されるのを防ぐためのものである。生態系への配慮などが盛り込まれた「河川法改正」を追い風に、各地の河川で近年復活している。粗朶を供給する里山の再生や海への栄養分の供給の面でも注目が集まっている（**図Ⅱ-14**）。

里山から切り出したクヌギやコナラなどの小枝を一五本ほど重ねて、およそ一〇メートル四方の枠を組み、中を二メートル四方にコマ割りして、一枚のマットを作る。これに重しのための石を敷き詰めて安定させたものを川底に沈める（**図Ⅱ-15**）。これが粗朶沈床である。これまでは、コンクリート製の消波ブロックを川に沈めてきたが、粗朶沈床は、粗朶や石といった自然素材でできているので、藻類や植物プランク

図Ⅱ-14　粗朶山（新潟県新発田市）．正面の山の上部に，今年の冬伐採して結束した粗朶束が置いてある．その周辺は１～２年前に伐採された場所で，萌芽枝が生長している．

トンに欠かせない栄養分を作りだす。宮城県河北町の北上大堰《せき》の周辺では一九九八年八月の洪水で、最大約六メートルも川底がえぐられた。修復のために建設省東北地方建設局は粗朶沈床を採用した。二〇〇〇年の秋に完成したが、事業費は一八〇億円を要し、コンクリート製の消波ブロックを入れる工法より一五パーセントほど割高になり、工期も長めにかかったという。重さ五トンの消波ブロックでさえ転がす水流に対しても、粗朶沈床は川底に吸い付き安定しているという。なによりも流域への波及効果が大きい。宮城県の登米《とよま》町森林組合はこの工事のために、約四万束の粗朶を供給した。粗朶の切り出しで、流域の里山の手入れが進み、販売収入を植林地の間伐費に回している。

この粗朶沈床や粗朶で編んで作った蛇篭《じゃかご》のようなものを使った工法は、伝統工法といわれているが、じつは日本にそんなに古くからあったものではない。明治の初めに、日本のお雇い外国人技師であったオランダ人のエッセル・デ・レーケによって日本に伝えられたものだそうだ。私もオランダを旅したときに、堤防や河畔には必ずといっていいほど、台木仕立てのヤナギが植えられており、台木から小枝が萌芽している河畔林があることに気がついた。オランダでは萌芽力の強いヤナギの小枝が使われている。そして、この粗朶を用いる工法は、大正期（一九一二年以降）になると全国にひろまっていった。しかし、高度経済成長期のコンクリート護岸万能時代になると見向きもされなくなった。

高度経済成長期以降も、この技法で細々と治水工事を続けていたのは新潟県を流れる信濃川くらいで、全国的にみてもここだけであったという。新潟県新発田《しばた》市にある小さな土建会社の若月建設と、県内各地で粗朶を生産していた業者の新潟県粗朶業協同組合がこの伝統工法を継承していたのだ（**図Ⅱ-16**）。川底の粗朶に魚が産卵し、生息地になり、堤防の粗朶に虫があつまり、鳥が戻り、水辺の木が育つ。荒れ放題の里山に手が入るから、里山の保全にもなる。里山と水辺の生態系を守りながら川づくりをする多自然型の治水工事の中心技法として粗朶工法が注目された。一九九七年の河川法改正によって、それまで「治水・利水」とされてきた整備目標に「環境整備・保全」が加わる追い風も吹いた。国土交通省によると一九九八年度は全国の河川工事総延長距離の四四パーセントが多自然型の川づくりで施工された。工事箇所は一九九五〜九七年の二倍強になったという。新潟県粗朶業協同組合と若月建設は産地ごとにバラバラだった粗朶束の長さを二・七メートルに、格子状に組んだマットの大きさを八メートル×一六メートルにそろえた規格品を普及、定着させた。これによって産地ごとに長さが違っていたものを、そろえたので伝統工法の汎用性が増し、粗朶材を使った工事が全国的に

図Ⅱ-15　新潟県新津市の阿賀野川に設置された粗朶沈床（若月学氏撮影）.

図Ⅱ-16　採取した粗朶の加工（新潟県新発田市）.

普及するのに一役かってきた。同組合の作業員は現在三〇〇人で、年間売上高は約七八〇〇万円である。全国の河川に粗朶工法が普及していったが、環境第一の工法なので、河川工事が行われている地元の粗朶を使うのが建前になっている。そのため、全国に普及はしたものの新潟県粗朶業協同組合の売上高は増加していないという。また、粗朶の刈り取り作業が雪の積もらない厳寒期のわずかな期間にやり終えなければならないことや、労働者の高齢化と労働力不足、施工発注の浮き沈みが激しく計画的に生産することができないことなど悩みも多い。それでも、組合員は「里山と水辺の生態系を守ってきたのはわしらだ」と意気軒昂《いきけんこう》である。若月建設専務の若月学さんは、これまでの経験を生かして地元の新発田市を流れる加治川に多様な水辺空間と豊かな里山を取り戻そうと、流域市町村の有志六〇人あまりで「加治川ネット21」をつくって活動している。

ヤマの高齢化と進む転用

第二次世界大戦後の全国的な「燃料革命」は、谷津田のある里山地域にも容赦なく波及し、薪や木炭が使われなくなり、ヤマの萌芽更新《ほうがこうしん》が行われなくなった。また、化学肥料が普及し、刈敷の投入や、落ち葉堆肥といった手間のかかる伝統的な肥料が使われなくなった。ヤマの木は薪炭生産のために、萌芽更新によって一五〜二〇年周期で伐採されてきた。今年伐ったところ、一〇年前に伐ったところ、一五年前に伐ったところといったように異なった環境がモザイク状になっていた。それが四〇年にもわたって伐採されることもなく放置されてきたので、林床には笹がびっしりと生い茂って、草本の植物が生活できなくなってしまう。また、陰樹が成長して、どこも似たうっそうとした状態の林になってきて、環境の多様性を失うことになってしまった。そのことは言い換えれば、生物がすむ場所の多様性が失われたことを意味し、結果的に生物の多様性を失うことになるのである。

放棄された谷津の自然は、いったん変わってしまえば元には戻ることができない都市的土地利用の波に洗われている。住宅地や工場用地に転用が進んでいるのだ。特に台地上は住宅地として開発されやすいし、谷津のような小さな谷もブルドーザーなどの重機でまたたく間に埋められてしまう。たとえ谷津田が残っていても、住宅地からの生活排水が川に流れ込むなどの環境の悪化が見られる。また、大規模にゴルフ場に変えられたところも多い。森林伐採をして、芝生を張ったゴルフ場は雨が降っても表流水を増大させて、降雨をゆっくり地下にしみ込ませることができなくなってしまう。芝生に除草剤を使っているところでは、用水の汚染が心配される。

木立やアズマネザサなどで目隠しのようになっている谷津の谷は産業廃棄物や残土の投棄場所として利用されやすく、違法な投棄も後を絶たない。投棄された場所を水源とする谷津田は水源が汚染され、稲作ができなくなってしまったところも多くある。

先に見てきたように、ヤマにすむ動物はヤマに隣接している農業的自然、つまり田圃や畦、用水路がないと生活史が完結しない。逆に田圃や畦《あぜ》、ため池にすんでいる生き物の中に、ヤマの中に入り込んでくるものもいる。したがって、谷津田、ため池、水路、畦、ヤマのどれ一つがなくなったり変化したりしても、里山地域の生き物たちは暮らしていけなくなる。谷津田のある里山地域で、身近な生き物たちが次々に姿を消しているのは、すみ場所の多様性が失われているからである。

メダカの学校

谷津田のある里山地域は、水田稲作を中心とした農業と深くかかわってきた。しかし、化学化や機械化により農業自体が大きく変化し、また社会・経済の変化により農民の高齢化や後継者難、米の自由化などにより、水田の耕作放棄や他の土地利用への転換などが進んでいる。

千葉県佐原市の日本不耕起栽培普及会（会長岩沢信夫さん）は、水田でいっさいの耕起を行わずにイネを栽培する「不耕起栽培《ふこうきさいばい》」を始めた。佐原市でも谷津田そのものが少なくなるとともに、耕作放棄や休耕田が目に付く。そして、基盤整備の事業によって小さな田圃が交換分合され、機械化・化学化に対応した大規模な水田に変わり、コンクリートの水路整備が進んだ。その結果メダカやドジョウ、タニシなども姿を消し、水田はただの「米作り工場」のようになってしまった。岩沢さんたちは、こうした米作りの反省に立ち、「自然耕」である不耕起栽培を実践しだした。

不耕起栽培は前年のイネの切り株や雑草もそのままで、田起こしや代掻きをいっさいしないし、前年の稲藁を切ってまくだけで無農薬、無化学肥料でイネを育てる農法である。切り株や藁が柔らかい堆肥になるので、他の肥料もいっさい用いていない。イネは耕されていない硬い土の中に根を伸ばすのに渾身の力をふりしぼり、通常よりも二〜三倍も長くて太い根ができるという。イネにとって厳しい環境で育つために、野生のイネに近い丈夫なものに育つので、強風が吹いても簡単には倒伏しないし、農薬なしでも病虫害に負けないほどである。

春、田圃に溝を切り、そこに二〇センチくらいの五枚の葉をつけた成苗《せいびょう》をまばらに植えていく（図

図Ⅱ-17　田植え後の不耕起栽培水田の消費者による観察会．千葉県佐原市．

Ⅱ-17）。田圃に水を入れると土中深く眠っていたり、休眠卵として冬を過ごしていたりした生き物たちが目を覚まし、プランクトンが繁殖し、それを餌にする生き物が食物連鎖で繁殖する。また、窒素を固定する藻類も、水面を隠すほど大発生する。こうして昔の水田の生態系が回復していく。不耕起栽培の水田には、メダカもドジョウもトンボも驚くほど増えていくという。そして米の収量も、一般のやり方の水田に比べて勝るとも劣らないという。

ここ一〇数年来、佐原市の不耕起栽培普及会の会員を中心としてこの農法に取り組んできたが、一般の水田稲作のやり方と隔たりも大きいので全国的な普及はまだまだである。そんな中、メダカが絶滅危惧種になったことに危機感を抱いた岩沢さんは、「かつての田圃は子供たちが生き物とふれあう環境教育の場であったし、メダカが住める不耕起栽培の田圃にはいろんな環

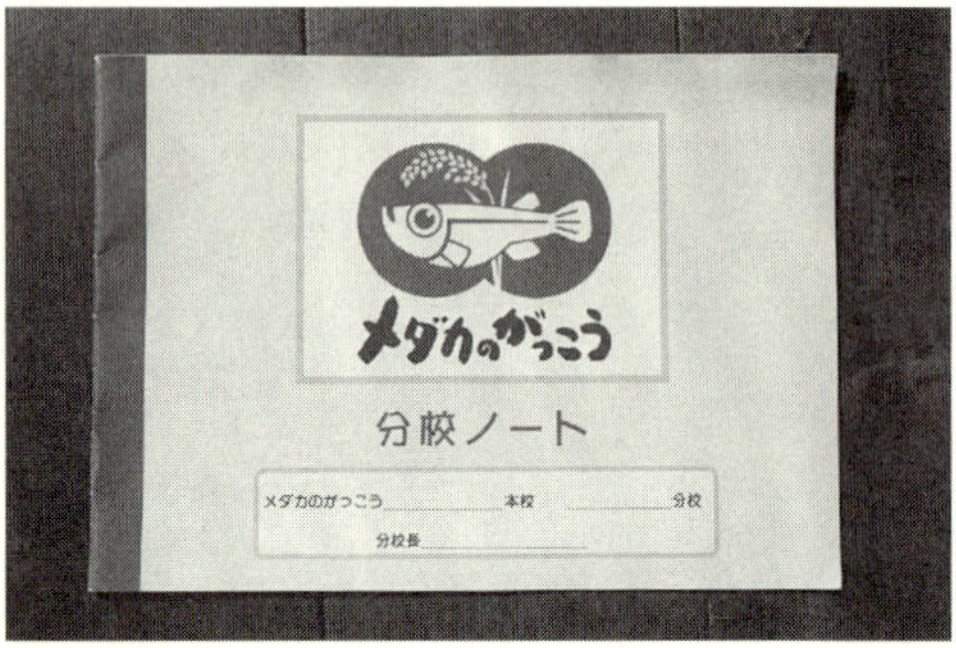

図Ⅱ-18
メダカの学校分校ノート．メダカの生態，ミニ田圃でのイネとメダカの育て方，本来の水田生態系の仕組みなどがわかりやすく記されている．

境教育の素材がある」ことに気づき、「メダカの学校」を二〇〇一年三月に始めた。不耕起水田にあったイネの古株と土三〇〇グラム、苗四、五本とメダカ三匹を、メダカの学校の分校になる小学校や希望者に無償配布するという活動だ。分校希望者は五〇〇〇名にも達した。分校希望者は適当な大きさの発泡スチロールの箱と、一五リットルの土と、一リットルの水を用意しておく。箱に届けられてきた古株や土、水などを入れて「ミニ水田」を作り、苗を植えて育てているうちに、メダカも自然に繁殖するという。「メダカが増えていくのを見て子供たちは、きっとびっくりするはずだ。子供たちが本来の水田生態系のすばらしさを感じてくれたら」とメダカの学校では期待している（**図Ⅱ-18**）。

谷津田は台地や丘陵地における自然環境がすべて組み合わさった扇の要《かなめ》的な役割を果たしている。谷津田を囲む自然は、水田稲作が始まった弥生時代から引き継がれてきた。何千年という時代をかけて住み着いた多様な生物は田圃へ水を張る時期や田植、草刈りなどの人間のサイクルを知っている。そしてそれにあわせて繁殖をしてきた。生物にとっても、人為的に作られた谷津の自然が、すばらしい生活域になってきた。しかし、今、谷津田のある里山の自然は瀕死の状態である。その自然を保全するために、昔のままの谷津田での米作りや、炭や薪を使った農村生活に回帰することはできないので、新たな社会的価値や教育的価値と結びつけていくことが望ましい。

関東平野の谷津田がある里山地域では、不耕起栽培や除草剤を使わずにアイガモに雑草を食べてもらう「合鴨農法」といった環境保全型農業をやって、都市部の消費者とタイアップして、おいしいお米を食べてもらう試みがされてきた。インターネットでホームページを開設したり、「田圃のオーナ制度」をはじめたりする農家も、年々増えている。谷津田のおいしいお米がもっと食べられるようになれば、こうした農家の経営に多少なりとも貢献できるので、耕作放棄も少なくなっていくことが期待できる。

都市生活者は過去四〇~五〇年の間、里山に背を向け、自然と共生した暮らしから遠ざかってきたが、近年、人と自然のコミュニティスペースとして多くの人が里山地域に集まり、市民活動を始めている。メダカの学校のような民間団体や、学校、博物館、自治体などが中心になって、谷津田を含む里山地域の調査や保全活動が行われている。利用されなくなったヤマの手入れや、炭焼き体験、蔓《つる》や竹を使ってのクラフト作り、谷津田での古代米作り、身近な自然体験や観察などの場になっている。自分なりのやり方で、谷津の自然とふれあい、親しむことが谷津を保全する大きな力になっていく。

第Ⅲ章——中山間地域の里山：信州・安曇野《あずみの》

1◇山国信州の里山

日本の屋根の平地林

「日本の屋根」と称されている信州長野県は、山地が多いので、森林の多くはもちろん山林で、平地林はごくわずかしかない。一九九〇年の『世界農林業センサス』によれば、長野県の森林面積は約一〇二万ヘクタールで、県土の七五パーセントに達している。しかし、現在、長野県にどのくらいの面積の平地林があるのかは統計上不明である。現在、平地林は山林とともに森林の中に含まれており、統計上独自に表記されていないからである。

明治二〇年代（一八八〇年代末）の『長野県統計書』や『長野県勧業年報』を調べてみると、長野県全体で官有林が七八万九〇〇〇町歩、民有林が三七万五〇〇〇町歩、草山が一六万二〇〇〇町歩、合計一一六万五〇〇〇町歩（約一一七万ヘクタール）余りの林野が存在していた。そのうち、一万三〇〇〇町歩の民有平地林が存在していたが、それは長野県の全林野面積の約一パーセントを占めるにすぎなかった。

図Ⅲ－1　長野県・松本盆地の安曇野.

平地林が最も多くみられた郡は、上伊那《いな》郡で一九三三町歩、次いで北佐久《さく》郡一七九〇町歩、東筑摩《ちくま》郡一七八〇町歩、南安曇《あずみ》郡一四八〇町歩、北安曇郡一二六九町歩、諏訪《すわ》郡一〇九一町歩とつづく。このように平地林が多く分布する郡には、必ず大きな盆地が存在している。盆地内の平地農業地域から山間地につながる中山間地に里山の多くが存在している。ところで中山間地というのは農林統計上の用語で、耕地率が二〇パーセント以上で平坦な耕地が中心の市町村を「平地農業地域」、林野率八〇パーセント以上で耕地率一〇パーセント未満の市町村を「山間農業地域」と定義している。その中間を「中間農業地域」という。この山間と中間を合わせた地域を「中山間地域」と呼んでいる。

松本盆地の扇状地群

松本盆地は日本を横に切る大陥没帯であるフォッサ・マグナの西の縁にあたる糸魚川《いといがわ》―静岡線（塩尻《しおじり》線）に沿い、南北に細長く発達する盆地で、南・北安曇郡と東筑摩郡にかかるので、信州の中でも最も多くの平地林が存在している。盆地の東側は、東筑摩郡の二〇〇万年以上前にできたという第三紀層の地すべり地帯の低い山地があり、西側には、燕岳《つばくろ》から大天井岳、常念岳に続く北アルプスの高山が連峰をなし、梓川《あずさ》、黒沢川、烏川《からす》、中房川、足間川、乳川《ち》、その他小河川が盆地に流れ出し、見事な扇状地群を形成している。梓川は松本市街地の下流で奈良井川と合流して犀川となり、扇状地群の発達におされ、山地の山麓に沿って、盆地の東端を北流する。松本盆地の中で、北アルプス山麓の大町以南から梓川以北の地を安曇野とよんでいる（**図Ⅲ**-1、2）。

扇状地群の背後に峰を連ねる山地の地質は、中房川流域がほとんど花崗岩《かこうがん》でできており、それ以北は高瀬川まで花崗岩地帯が続いている。これに対し烏川流域から南は、二億五〇〇〇万年以上前に形成されたという古い古生層が発達している。すなわち中房川と烏川の分水嶺を境にして北は花崗岩で、南は古生層でできた山地である。花崗岩地帯を刻む中房川は乳川《ち》と合流して、有明《ありあけ》地区を南下し、やがて古生層地帯を流下してくる烏川と合し、穂高《ほだか》川となる。そして、さらに万水《よろずい》川や高瀬川とともに、犀《さい》川に合流する。乳川という河川名のように、これらの川の河床には花崗岩を主とする白色系の砂礫《れき》が多い。一方、流域が古生層山地からなっている烏川の方は、名前通り全体に黒っぽい礫が多い。烏川と乳川という名称も、このような両河川における砂礫の色の違いによって命名されたのであろう。

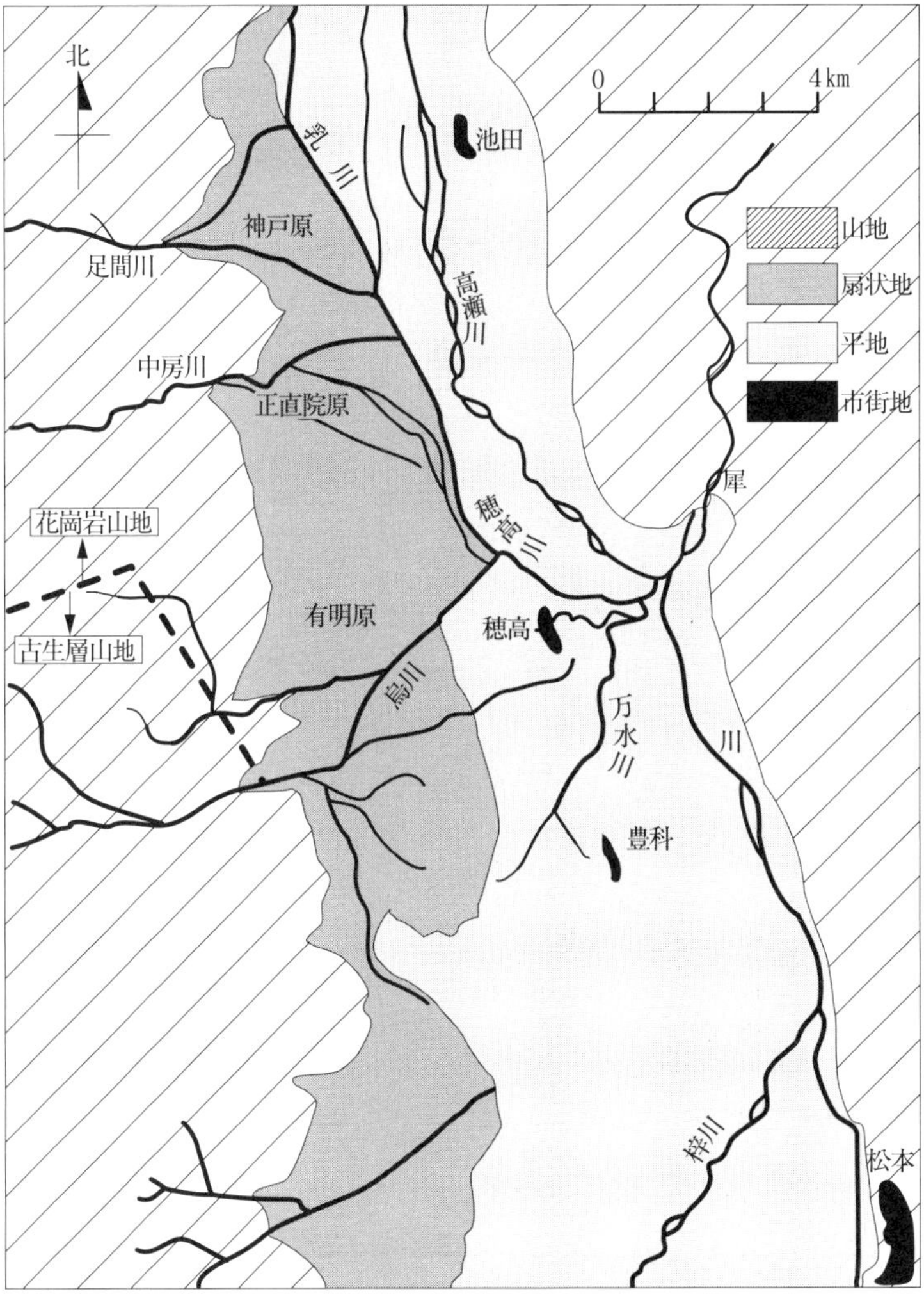

図Ⅲ－2　本章の舞台となる信州・安曇野の地勢図.

土地利用の異なる二つの扇状地

中房川より北の乳川上流と足間川扇状地の扇面は、神戸原《ごうどはら》と呼ばれ一面針葉樹林になっている。扇端に近い標高六三〇メートル以下のところに普通畑が開発され、乳川流域とそれ以東に水田が開け、扇面に集落の発達は見られない。中房川の南側には北川原、正真院原《しょうしんいん》がひろく分布し、扇頂付近には有明原と清水原がみられる。このように花崗岩を流域山地とする扇状地の扇面の大部分は、第二次世界大戦直後まで、集落や耕地の形成はほとんどみられず山林原野がひろがっていた。花崗岩は大きな岩の塊になって崩れるか、砂のような細粒にくずれるかのどちらかで、中間の礫、砂利などは少ない。したがって、中房川扇状地は扇頂から扇央にかけては岩塊が多いので急な勾配になり、扇央から扇端にかけては砂が多くなるので緩傾斜になっている。

花崗岩の風化した土壌をマサ土というが、この土は地力がないばかりか、粒子が粗いので漏水するし、鉄分が不足しているのでイネを栽培した場合、いわゆる「秋落《あきお》ち現象」を起しやすい。したがって、耕地として利用されずに、いまだに平地林になっているところも少なくない。ところが第二次世界大戦後、農業用水路が建設され、漏水や秋落ちを防止するために鉄分を含んだ粘土が客土《きゃくど》されて、水田が造成されたところもみられるようになった。

烏川扇状地とその南に続く古生層山地の扇状地群の中で、梓川扇状地は松本盆地では異例な存在で、勾配が緩やかであることと、梓川の流量が多いことから、農業用水の開発が早くから進み、扇央の一部を除き、扇面はほとんど水田に利用されている。黒沢川扇状地は扇頂にわずかの水田と二、三の集落が分布するほか、扇端部以下に集落がみられ水田地帯がひろがっている。水田はまったくみられない扇面があっても、土地利用はよくすすみ、ほぼ全面に桑を植え、一部に果樹の栽培もみられる。

このように古生層の扇状地では集落が良く発達し、大部分は田畑に利用されており、山林原野はほとんどみられない。古生層の岩屑は砂岩と頁岩《けつ》を主としている。砂岩は拳大《こぶし》からそれより小さな礫に崩れやすいし、粘土が板状に固まってできた頁岩は砂利や粘土といった細かい風化物になりやすい。したがって、古生層の扇状地では礫から粘土までのさまざまな大きさのものを含んでおり、花崗岩を母岩とする扇状地に比べると、耕地にするのに、はるかに適している。

刈敷《かりしき》林からワサビ畑へ

中房川や烏川にできた扇状地の中央部で地下に伏流していた水は、扇状地の末端部で湧水し水が得られるので、それより低い部分では水田稲作ができる。この水田地帯に接する扇端部には大正時代（一九一二〜二六年）まで、コナラやクヌギ、ハンノキなどの刈敷林が仕立てられていた。刈敷林は高刈りの桑のように台木仕立てにしていたので、木の先端が幹より太くなっているので、まるでげんこつを天に突き上げているような格好の特異な景観であった。春になると、台木の先端から若い枝葉がのびてくるので、それを刈り取って水田にすき込んで、緑肥として使用するのである。地域によって刈敷山、刈敷林、柴山などともいわれているが、秣山《まぐさ》と異なり、比較的個人所有地が多かった。そこで水田を小作に出す場合、刈敷林をいっしょにつけて出すのが一般的な慣行であったところが多くみられた。

伝統的な有機質肥料源であった刈敷林は、一九一〇年代初めの大正時代以降、金肥や化学肥料の普及により、重要性が失われて放棄され、しだいにワサビ畑に変わっていった。一九六五（昭和四〇）年代になると、「保温折衷苗代《ほおんせっちゅうなわしろ》」などの育苗技術の普及で、田植期が約一ヶ月も早くなったために、刈敷の新芽が充分に成長しないうちに田植えを始めるようになった。そのため安曇野だけでなく、全国的にも刈敷の利用はまったくみられなくなってしまった。

水田地帯に接するこの刈敷林がみられた場所は松本盆地の最低部で、海抜高度は五二〇〜五四〇メートルである。

地表から一〜二メートル掘り下げれば、黒い色をした古生層の礫や白っぽい色の花崗岩の砂礫層から年間を通して一〇〜一五度の多量の地下水が湧出する。

この地下水を利用して、穂高町では大正時代からワサビ（山葵）栽培が始められた。ワサビはアブラナ科に属し半陰性で、夏でも涼しく、冷たい湧水の中で生育し、水温が一八度を越えると腐敗してしまう。学名はワサビア・ジャポニカ（*Wasabia japonica*）といい、四月上旬に白い花を咲かせる多年生であるが、根茎が無限に大きくなるのではなく、二年半位たつと、親株は腐敗し子芽が生育するので、二年以上はおかない。伏流水《ふくりゅうすい》が湧出する深さに地表面を掘り下げて畑を作り、真夏の日光をさえぎるために周囲に樹高の高いポプラやハリエンジュを植えてワサビを栽培している。畝間《うねま》灌漑を行い、畝の両側の水際に株分けしたワサビを植え付けている。畑作のような形態になるので、穂高町では「ワサビ畑」とよんでいる。古生層山地を水源地とする扇状地の扇端付近では、拳大より小さな黒色の礫による畝を作って栽培する「石（礫）つくり」法が行われている（**図Ⅲ-3**）。

花崗岩山地を背景とする扇状地の扇端では、花崗岩の白い砂を盛り上げて畝を作って栽培する「砂

図Ⅲ－3　長野県穂高町のワサビ畑．丸い礫が見えるので，古生層の礫を使った石つくり法のワサビ畑であることがわかる．

つくり」法が行われている。静岡県の伊豆地方も日本有数のワサビ生産地であるが、そこでは「ワサビ田」で栽培が行われている。安山岩の粗く大きな礫を敷き詰めて、全面に水を張り田植えと同じような形でワサビを栽培しているのでワサビ畑ではなく、ワサビ田と呼ばれている。

穂高町の湧水帯に近接したかつての刈敷林の独特な景観は、現在はまったくみられなくなって、ワサビ栽培とともに生産量日本一を誇るニジマスの養殖池に変わっている。

2◇安曇野の山繭飼育林

穂高町の森林

安曇野《あずみの》の中央部を占める穂高町《ほたか》には、現在、一万ヘクタール弱の森林が存在する。これらの森林を所有形態別に区分すると、町の東部の平地から西部の山地に向けて、私有林、公有林、国有林の順に配列している。

穂高町の私有林は現在約一六〇〇ヘクタールであり、ほとんどが平地林で、標高約五七〇〜七〇〇メートルの扇央部分から扇頂部にかけて分布している。ここはゆるやかな傾斜地であるが、水利の便が悪く花崗岩の風化土壌のマサ土で土地がやせているため、現在では生長不良のアカマツの矮生林《わいせい》が多く、一部にクヌギやコナラ林がみられる。ところが、一九一〇（明治四三）年測図の地形図をみると、かつてこのあたりは、一面が広葉樹林であったことがわかる（**図Ⅲ-4**）。まさに、里山として人々の利用が行われていたところでクヌギやコナラの落葉広葉樹林《らくようこうようじゅりん》であった。このようなクヌギ・コナラ林からアカマツ林への変化は、里山と人間のかかわり合いの履歴と深くかかわっている。また、

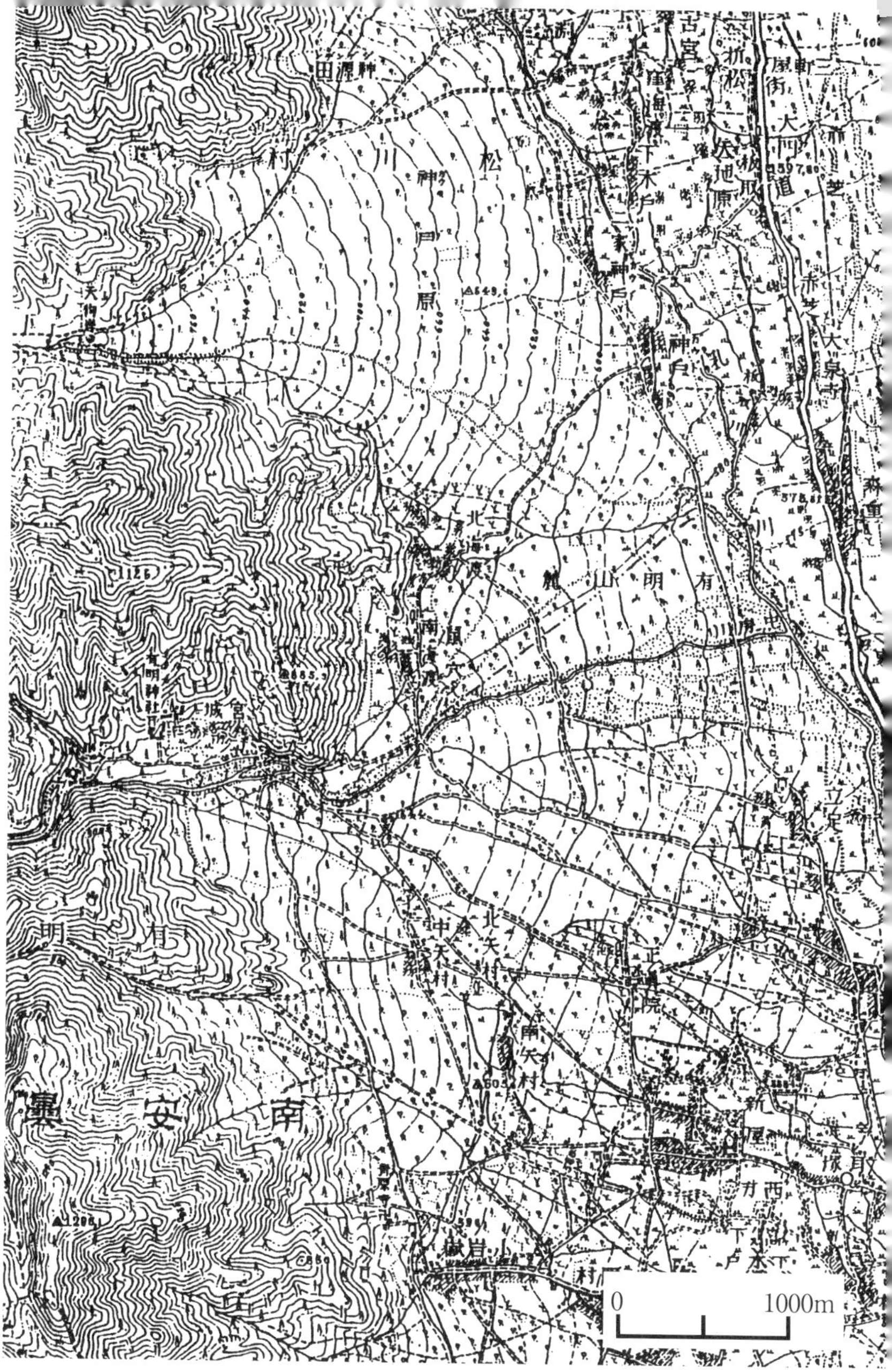

図Ⅲ－4　長野県穂高町有明付近の複合扇状地．扇状地の扇面が里山になっていたことが読みとれる（大日本帝国陸地測量部による1910（明治43）年測図の地形図）．

平地林内には近年の拡大造林に伴い、人工的にアカマツやカラマツ、スギ、ヒノキなどの針葉樹を植林した場所がみられる。

私有林と国有林にはさまれた標高七〇〇メートル以上の急傾斜地には、財産区と森林管理組合に所有される旧入会地《いりあいち》の公有林がある。盆地中央部の多くの農業集落では、集落近くに農用林としての平地林がなかったので、山麓に入会地をもち、ここから秣《まぐさ》、刈敷、薪炭《しんたん》などを得ていた。すなわち、ここも盆地中央部の平地林のない集落の里山であった。面積は、一八〇〇ヘクタールで、耕地と平地林に隣接して立地している。公有林の樹種構成をみると、天然林ではクヌギ・コナラ・クリなどの落葉広葉樹と、カラマツやスギ・ヒノキなどの針葉樹がほぼ半々程度の混交林《こんこうりん》となっているが、人工林地域ではカラマツやヒノキ、アカマツなどの針葉樹が多くみられる。

国有林は中房国有林、常念国有林、唐沢国有林の三ヶ所からなり、総面積は六五八五ヘクタールにおよぶ。このうち面積の小さな唐沢国有林だけは公有林と同じように里山部に位置するが、残りの国有林は山岳地にあり、施業林地の割合が少ないのが特徴となっている。樹種構成をみると、人工林地ではカラマツやヒノキを中心に、スギ・モミなどの針葉樹で構成されているが、人工林地以外ではブナ林帯特有の落葉広葉樹林になっている。

山繭糸と高級織物

穂高町有明地区の平地林では、江戸時代の天明年間（一七八一～八九）から、昭和時代初期にかけて、天蚕《てんさん》（*Antheraea Yamamai*）や柞蚕《さくさん》（*Antheraea pernyi*）が飼育されていた。農家で一般に屋

図Ⅲ－5　天蚕．クヌギの葉を食べ，五齢級に育った緑色の天蚕．

内で飼われている純白の繭の見慣れた蚕は家蚕《かさん》というが、それに対して、それ以外の絹糸虫を総称して野蚕《やさん》とよぶ。天蚕と柞蚕はこの野蚕類に属し、この地方では「やままゆ（山繭）」とか「やまこ」（山蚕）などと呼ばれている。天蚕の呼称は、明治政府が設立した天蚕会社の関係者が、山繭に代わって天蚕の使用を意図的に奨励した結果であるといわれている。一九九七年七月二二日、皇居で「初繭掻《はつまゆがき》」の儀式が行われたことを新聞が報じていた。これは皇居内の紅葉山御蚕所で、飼育した天蚕の繭のついたクヌギの葉を切り取る行事である。今でも皇室は天蚕を飼育し続けている。

　天蚕は日本を原産とする大型の野蚕の一種で（図Ⅲ－5）、柞蚕は本来中国大陸やアムール地方の野生種が明治になって日本に輸入されたものである。いずれも、鱗翅目《りんしもく》天蚕蛾《が》科に属し、クヌギやコナラ、カシワ、クリ、カシなどの里山の木々の葉を餌として生長する。天蚕は一年に一回だけ孵化《ふか》する一化性で収量が少ない。一方、柞蚕は糸質が天蚕より劣るものの一般に二化性で、虫が堅強なために、天蚕同様古くから飼育されてきた。

天蚕はライトグリーンの美しい繭《まゆ》を、柞蚕はセピア色の繭を作る（図Ⅲ-6）。天蚕の幼虫は家蚕に比べて大きく体重で約二倍に生長し、体色が緑色なので「あおやまこ」ともよばれていた。天蚕の繭一粒は約七グラムで、長さ六〇〇〜七〇〇メートル、重さ〇・二〜〇・三グラムの繭糸が生産される。緑色の繭から製糸された天蚕糸には生糸《きいと》と紬糸《つむぎいと》の二種類があり、座繰機《ざくりばた》から操糸する生糸と、真綿《まわた》から紡《つむ》ぐ紬糸が織糸として使用されている。その生糸は優雅な淡緑色をし、同好家の間では超高級な野生絹として珍重されており、「繊維のダイヤモンド」、「黄金の糸」などと呼ばれ家蚕糸の数十倍の価格で売買されている。

山繭糸の特色は、光沢が強い不染性の繊維であることだ（図Ⅲ-7）。その染色されにくい特色は郷土民謡の安曇節に「安曇娘とヤマコの糸は、やぼな色には、染まりゃせぬ」と謡われているほどである。天蚕糸に次いでは信州柞蚕糸、中国柞蚕糸の順に染色が困難である。しかも、糸自体は弾力性と強靭性に優れており、家蚕の絹織物よりも丈夫で、皺になりにくいのもその特色の一つである。これは「天蚕三代」という言葉が物語っているように、天蚕の織物は、親・子・孫の三代にわたって使用できるほど耐久性に優れている。

一八九七（明治三〇）年頃から京都府下の丹後地方や京都西陣をはじめ、新潟県十日町《とうかまち》や群馬県桐生《きりゅう》などの機業地に送られ、天蚕糸を用いた高級織物の生産が盛んになった。第二次世界大戦前、国産の天蚕糸は丹後で五割、西陣で二割ほど消費されていたという。天蚕糸は単独で織物にされること

図Ⅲ－6　セピア色をした柞蚕の繭.

図Ⅲ－7　光沢のある天蚕糸.

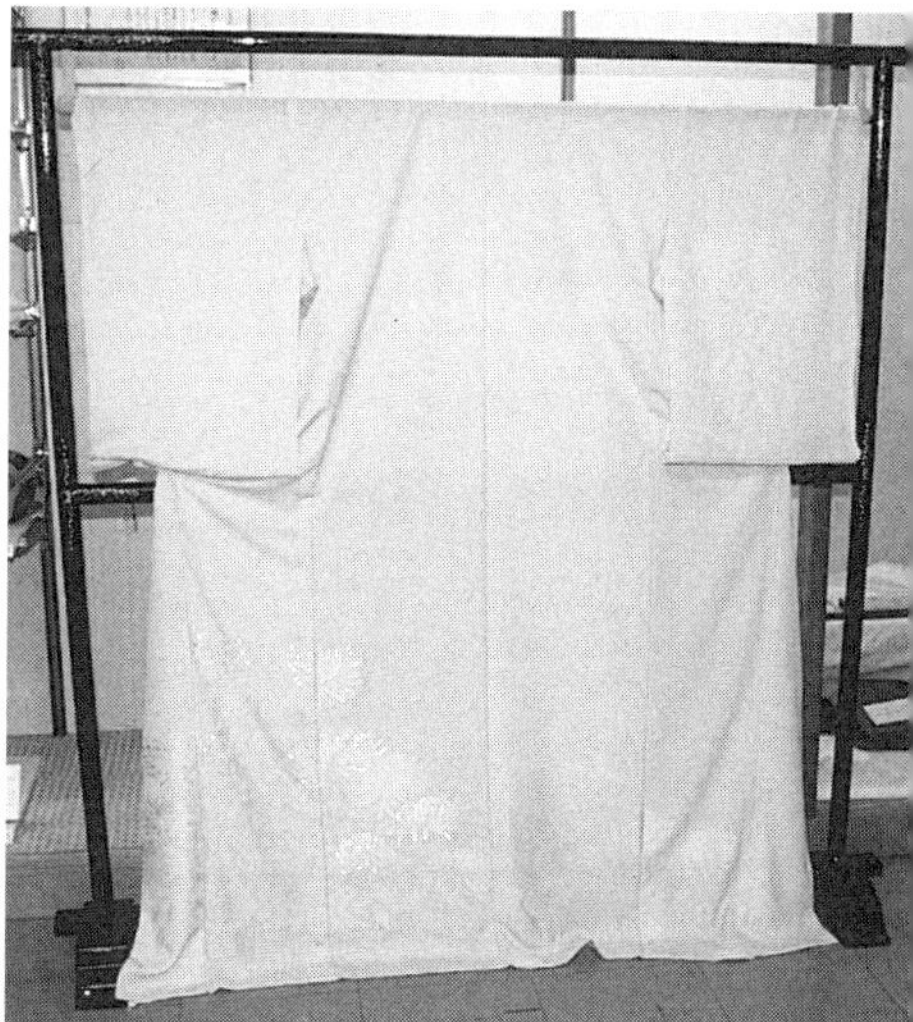

図Ⅲ－8　西陣の超高級織物「天蚕総通し承華縮緬」（長野県穂高町郷土資料館所蔵）.

はない。家蚕糸（生糸）と交織して縮緬《ちりめん》、帯地、縞織《しまおり》、刺繍《ししゅう》など高級絹織物には欠かせない材料になっている。京都西陣の特殊織物「天蚕総通し承華《しょうか》縮緬」では、天蚕糸の不染性を利用して、天蚕糸の模様を織り込んで後染めし、白く模様を浮き出させている（図Ⅲ-8）。穂高町有明では、縦糸の所々に天蚕の紬糸を交織した「有明紬」が細々ながら織り継がれている。やはり、白く光った天蚕糸が浮き出て、味わいのある織物になっている。

しかし、幕末から明治にかけて全国の農家はこぞって家蚕を飼育するようになり、その結果、一九五〇年代中頃まで全国各地の里山で飼われていた山繭は、今や過去のものとなってしまった。ただし、浄土真宗を篤《あつ》く信仰している地域では、養蚕業が振るわず代わりに山繭が飼育された。一般の製糸は蚕が作った繭の中の蛹《さなぎ》を殺して、絹糸をつむぐので、浄土真宗が戒めている殺生にあたると考えられた。しかし、山繭製糸は古くは蛾が出てからの繭を採集していたので、殺生にあたらなかったという。

山繭の飼育林

里山に生えているクヌギやコナラ、カシワなどの葉を食べる天蚕・柞蚕にはハチ、アリ、クモ、カマキリなどの昆虫や、スズメ、ムクドリ、モズ、オナガドリ、カラス、ホオジロといった鳥などの天敵が多い。天蚕の幼虫の体色は一～二齢時に頭部が褐色であるが、しだいに身体全体が緑色に変わって生長していく。天蚕は孵化《ふか》してから五〇～六〇日くらいで営繭する。その後七～八日くらいで蛹になるので、収繭する。収繭のときには葉が付いたままとり、乾燥させてから葉を手でこすり落とす。繭の色も、幼虫の体色とともに緑なので、クヌギなどの木の葉の色とまったく同じで、一見しただけ

図Ⅲ－9
山繭の飼育から収穫・選別作業まで．中央の防鳥ネットを張った所が飼育林（左上），山繭飼育林内での作業（右上），山付けされた天蚕種（中左），葉にくるまれたままで収繭された天蚕の繭（中右），集められた天蚕繭の選別作業（下）．長野県穂高町にて．

では区別がつきにくい。これは保護色で、天敵から身を護るための防衛手段になっている。昭和の初め頃は、害鳥を追い払う「威銃」のバーン・バーンという音が安曇野一帯に響き渡っていたという。また、山繭は「照り虫」ともいわれ、乾燥した気候を好むという。雨が多いと、家蚕と同様に微粒子病、膿病、軟化病や蠁蛆《きょうそ》などといった蚕の病気が蔓延する危険がある。蠁蛆というのは最も恐ろしい蚕病の一つで、蚕にウジが寄生するものである。

天敵や蚕病を防ぐためにも、山繭を飼育する林の管理は最も大切である。すなわち毎年秋から春にかけて行われる枝払いや整枝、あるいは飼育林を背丈ほど（約一・五メートル）の高さに刈り込む作業である。こうして新梢葉を芽吹かせるとともに、日射や風通しを良くして、収繭の便をはかった。また、四月頃には下草刈りを兼ねて火入れを行い、病害虫の巣となる雑草や落ち葉を焼き払った。さらに「やまこせ」といい、天蚕の林は約五年、柞蚕の林は一〇年くらいの周期で、根元から伐って台木仕立てにして、切り株からの萌芽更新《ほうがこうしん》によって、葉質の向上と病害虫の駆除を行っていた。このように飼育林の維持管理に多大な注意と労力を必要とするために、農家の居住地に隣接する里山で、しかも緩傾斜ゆえに作業が楽な平地林にもっぱら造成されていた。最近では防鳥ネットで覆われたトンネル型パイプハウス内にクヌギの飼育林をつくって天敵から守っている。防鳥ネットを用いる前の収繭率は四〇パーセントくらいであったが、現在の収繭率は六〇〜七〇パーセントと高くなっている（図Ⅲ－9）。

飼育林の整備は四月までに行い、「戻り霜」がなくなった五月の二〇日前後には「山付け」が行われる。役場から配布された蚕種を、ワラビ粉と柿渋で作った糊で、和紙に約一五粒ずつ糊付けして、それをクヌギの木一本に約二枚、およそ三〇粒を目安に山付けをする。生育期間中は害虫駆除や整地、虫を葉のあるところへ移す「切り換し」の作業が行われる。そして七月末から八月五日頃までに、順次、営繭の早かったものから「繭かき」（収繭）作業を行い、約一五日後には役場に出荷する。

山繭生産の産業化と里山の変化

山繭生産の長い歴史の中で、一八六八（明治元）年から一九〇一（明治三四）年に至る明治時代前・中期は、まさに山繭飼育の全盛時代であった。『府県物産表』によれば、大蔵省天蚕飼育奨励の布達がでた直後の一八七四（明治七）年には、筑摩《ちくま》県における山繭の収繭量は四八五万七〇〇五粒（一万三五八八一円五五銭）、山繭の蚕種生産量は一一・〇石（一万四五一一五円）であった。それが、一八九二（明治二五）年には年間七〇〇万粒の生産をあげるまでに生長している。さらに、一八七九（明治一二）年に本地域に導入され飼育が開始された柞蚕は収繭量を徐々に増やし、一八九六（明治二九）年頃を中心に生産の最盛期を迎えている（**図Ⅲ-10**）。

飼育最盛期の特徴は飼育林の分布にも顕著に反映している。この時期には扇状地の扇央部から扇頂部にかけて分布するクヌギ・コナラ林は刈敷《かりしき》や薪炭材《しんたんざい》を採取するといった農用林野である里山本来の姿はなくなり、多額の現金収入をもたらす山繭の飼育林にことごとく利用されるようになった。とりわけ旧有明村を中心に中房川や天満沢川などの諸河川が作る扇状地に飼育林が広がっていった。また、山繭生産の発展が急速であった明治時代前期には、飼育林不足を理由に他県への出張飼育まで行われていた。一八七四（明治七）年には、山梨県巨摩《こま》郡徳永村、茨城県真壁郡大国玉村、一八七八（明治一二）年には栃木県都賀郡桑村の平地林に出むく、いわゆる「出作《でづくり》」（出張飼育）まで行われていた。こうして山繭生産の産業化にともない、一八九七（明治三〇）年頃までに、正真院原の約六〇〇ヘクタール、牧の原の約二〇〇〇ヘクタールを中心に、本来の里山から山繭飼育専用の林に変わり、その総面積は三〇〇〇ヘクタールにもおよんだ。

一方、扇形のみごとな姿の烏川扇状地でも、本来の里山ではなく天蚕・柞蚕の飼育林に変わったものが多かったが、桑園の分布もかなり見られた。小石混じりの砂礫地が分布する烏川本流沿いは、桑葉の生長が悪く、農家で飼育採取する繭用の桑園には向かなかったが、「歩桑《ぶくわ》桑園」には適していた。蚕種製造にとって、最も重要な条件は健全な種繭を生産することにあった。それは蚕病の中で最も恐れられている蠁蛆病のもとになるウジバエの卵が産み付けられていない桑葉が、蚕種製造には不可欠である。この桑葉を与えた原蚕は、蛾の発生する率すなわち歩止りが良いということから、「歩桑」とよばれた。蠁蛆卵が付着するのを防ぐには、人家や森林から離れた場所で栽培することであり、扇央部は適地であった。そのうえ、烏川扇状地は、毎日、日中は谷から山頂に向かって吹き上げる「谷風」が、夜間には山頂から吹き下ろす「山風」が吹き、桑葉を絶えず揺すっているために蠁蛆卵を付着させにくいので、歩桑桑園に最適であった。一八九三（明治二六）年、ここに歩桑桑園が開かれ、夏秋蚕用の蚕種を製造して以来、蚕種製造地域として急速に発展していった。

山繭の豊凶

しかし、一九〇二（明治三五）年に山繭に蚕病が蔓延し、収繭量は一九〇四（明治三七）年まで著

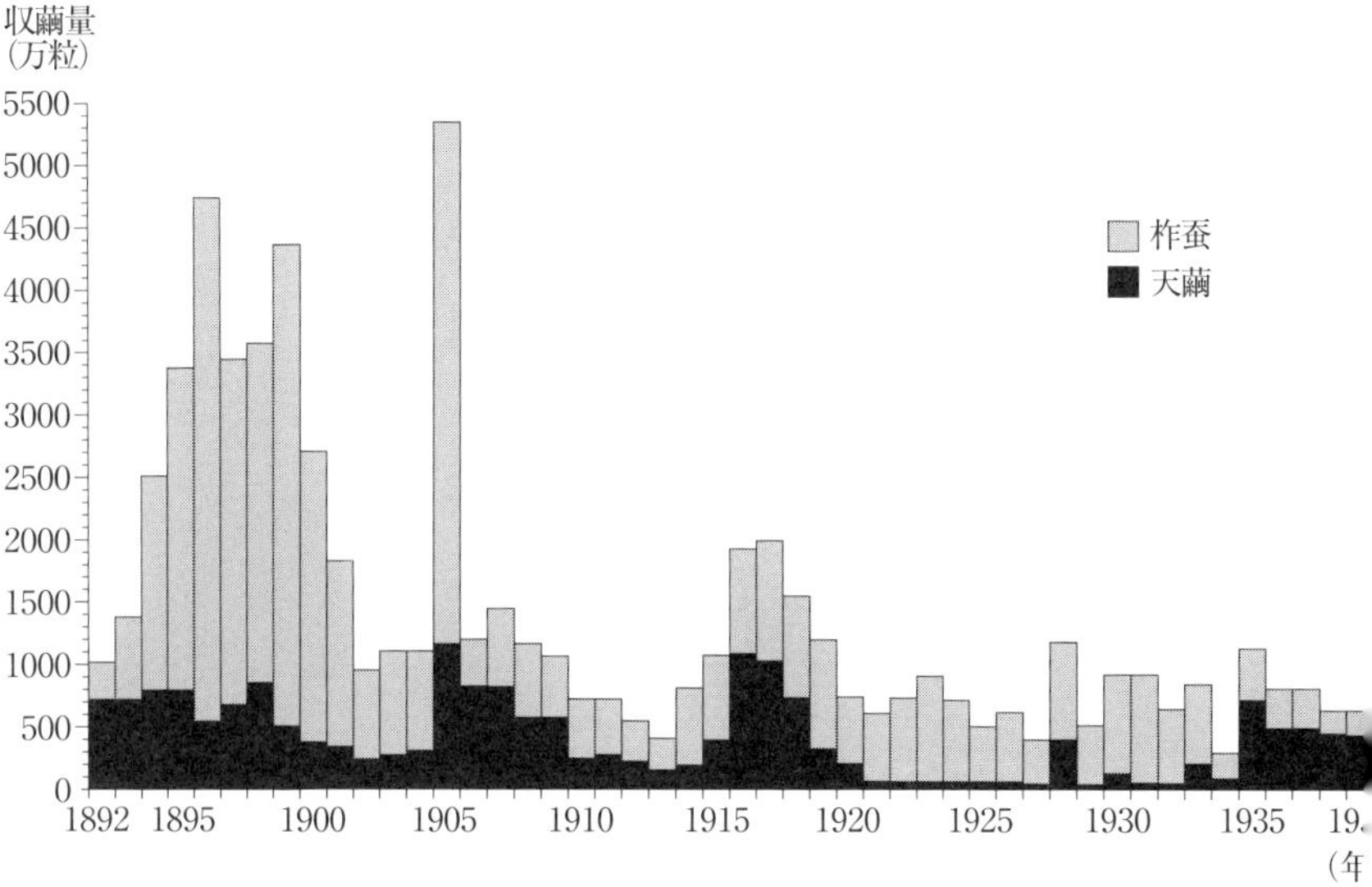

図Ⅲ-10　山繭収繭量の変化（1892～1939年）（穂高町誌編纂委員会，1991から作成）．

しい減少をみた。翌年には生産量が急増し、一時的に立ち直りをみせたものの、その後は再び生産量が落ち込み、さらに一九〇八（明治四一）年には、焼岳《やけだけ》大噴火による降灰で大きな被害を受けた。こうして、一九一三（大正二）年に至るまで、収繭量は減少を続けた。この時期には、飼育林も、とりわけ烏川沿岸の牧の原において著しい減少をみている。ここでは、山繭飼育の不振が蚕種製造業の発展に拍車をかけ、歩桑桑園が急増した。いわゆる烏川歩桑桑園の全盛時代であり、一九〇九（明治四二）年頃までにその面積は約一〇〇〇ヘクタールにも及んだという。また、一九一一（明治四四）年には、日露戦争以後の軍備拡張政策により、南部の飼育林約一五〇〇ヘクタールが陸軍歩兵松本五〇連隊演習地として買収された。さらに牧《まき》地区を中心として一部の飼育林が「牧大根」の畑に転換されるなど、衰退期にあっては飼育林の減少も顕著であった。牧地区は地味もよく、土壌が深いために、大根の栽培に適していた。牧大根というのは干し大根種で、お盆過ぎに播種し、秋に収穫してから一週間くらい干して、一一月中旬頃には糠《ぬか》で漬け込みタクワンを作った。

大正時代に入ると、山繭の生産に再び復興の兆しがみえた。収繭量は一九一四（大正三）年以降、徐々に増加を見せ、一九一六、一七（大正五、六）年には、天蚕収繭量年産約一〇〇〇万粒と未曾有の生産高を経験し、柞蚕収繭量とあわせて年産二〇〇〇万粒の生産をあげている（**図Ⅲ-10**）。これは第一次世界大戦に伴う経済の好況を反映するとともに、天柞蚕業の振興と増産を目指し、一九一三（大正二）年に設立された組合員二〇〇人からなる「長野県南北安曇郡天柞蚕同業組合」の努力によるところが大きかった。しかし、一九一八（大正七）年以降は、収繭量・飼育農家数ともに減少をきたし、一九二〇（大正九）年頃を境に復興の成果はみられなくなってしまった。一九二三（大正一二）年刊行の『有明村誌』によると、この時期には中房川沿岸のクヌギ・コナラ林を中心に、有明村内の飼育林は約五〇〇ヘクタールに縮小していたという。

山繭の低迷と飼育林の転用

一九二一（大正一〇）年から、飼育が中止された一九四〇（昭和一五）年頃までは、山繭の生産は再び減少した。収繭量はとりわけ天蚕繭を中心に、一九三四（昭和九）年まで大きく落ち込んだまま低迷しており、特に金融恐慌を迎える一九二七（昭和二）年の収繭量は激減した。飼育林面積の方は農商務省の統計によれば、一九二一（大正一〇）年から一九二九（昭和四）年までは五〇〇～六〇〇

図Ⅲ-11　長野県穂高町有明天柞蚕試験地.

ヘクタールの間を変動している。ところが、一九三〇（昭和五）年から一九三三（昭和八）年にかけて、飼育林が再び増加し、約八〇〇～一〇〇〇ヘクタールに拡張されている。これにともない飼育者数も増加しているが、生産量は伸び悩んでいる。一九三三（昭和八）年以降は多少の変動はあるものの、ほぼ五〇〇～七〇〇ヘクタールの面積で推移している。一九三五（昭和一〇）年以降、依然として総生産量は低いものの、天蚕に関しては収繭量の伸びをみせている。これは一つに経済不況打開策として有明村が、山繭の再興と出荷組合等の整備統一をはかったことによる。しかし結局は持続的な復興をみないままに、一九四一（昭和一六）年太平洋戦争が勃発し、奢侈《しゃし》禁止令とともに、山繭の生産は行われなくなってしまった。陸軍演習地がこの頃、さらに拡張されて飼育林面積は三〇〇ヘクタールに減小してしまった。戦争が激化する中で、山繭の飼育はついに中止され、クヌギを中心とした飼育林は、薪炭林や刈敷を採取する里山本来の農用林の姿に帰っていった。

第二次世界大戦後は食料増産と戦災復興が推進され、農地改革により、自作農の推進がはかられた。陸軍演習地の跡地をはじめ、戦後の緊急開拓地に当てられ畑地が造成されたところは、戦前の山繭飼育林であった。一九五五（昭和三〇）年以降は電気揚水機の急速な普及に伴い、これらの畑地は掘下げられてポンプで汲み上げた地下水を灌漑水にする田圃《たんぼ》へと姿をかえた。こうして、山繭飼育林や農用林野としての落葉広葉樹林は減少した。しかし、地場産業の育成をめざす町の施策、並びに県蚕業試験場の指導成果によって、一九七三（昭和四八）年に天蚕は再び復活した。一九七七（昭和五二）年に穂高町は天蚕センターを設立し、天蚕の歴史と伝統、天蚕種から織物までの生産過程を展示している。穂高町における一九八三（昭和五八）年の飼育農家は、八戸であり、飼育林面積は約〇・六ヘクタール、収繭量は四万五七八一粒であった。一九九九年現在、穂高町での山繭生産農家は一一戸で、飼育林面積四ヘクタール、収繭量は約七万粒である。現在、町では商工観光課特産係が中心となり、農家に天蚕種を配布し、収穫した繭をそっくり買い上げて、糸繰り加工、天蚕紬の手機織り、天蚕紬製品の販売に取り組んでいる。しかし、一九三六（昭和一一）年に有明に設置され、第二次世界大戦中に廃止され、一九四九（昭和二四）年に再開された長野県蚕業試験場松本支場の有明天柞蚕試験地も（**図Ⅲ-11**）、一九九七年についに廃止されてしまった。一九七七（昭和五二）年には長野県下一四市町村の一〇四戸の農家に約四〇万粒の天蚕種を配布して収繭していたが、近年、飼育農家も減少してその役目を終えたという。今、穂高町に残る山繭生産は特産振興というよりも、伝統産業としてかろうじて維持されているという状況である。

3◇里山の伝統的な利用形態

刈敷・採草地としての利用

明治時代の農業が「刈敷農業《かりしき》」ともよばれ、「刈敷百姓」という言葉まであることを考えあわせると、刈敷を得るための落葉広葉樹林は農業生産には不可欠のものであったことがわかる。この地域では一般に大正時代まで刈敷が肥料とされており、とりわけ明治中頃が最盛期であった。ただし、一部の農家は昭和一〇年代の一九三〇年代中頃まで使われ、第二次世界大戦中は肥料不足で、刈敷や採草で水田肥料を補う農家も少なくなかった。当時、屋敷地に近いクヌギ・コナラ林は、もっぱら現金収入をもたらす山繭の飼育専用になっていたために、刈敷は主に、旧入会地であった共有の里山から採取されていた。ただし、共有林から遠く離れた集落の人々は、自分の田圃の畦《あぜ》に直接クヌギやハンノキを植たり、河岸沖積低地に多く自生するハンノキやヤナギなどの新梢葉を採取して刈敷としていた。現在でも万水川《よろずい》の河畔には、かつて刈敷を採取していたとみられるハンノキが残っている。また、「下草小作」により、小作農は山林地主の平地林からも下草や落ち葉を入手し、肥料にしていたのである。

八十八夜を迎え、北アルプスの爺ヶ岳に「種まき爺さん」の雪形が現れると、農民は「苗代しめ」を行い、畑に野菜の種を播いた。そして里山の刈敷林が芽吹く五月下旬から六月にかけて、共有林の山の口が開き、刈敷刈りが解禁となった。山の口開けの日は、馬を引いて日の出前に家を立ち、夜明けとともに競うようにして刈敷を刈った。里山での幾日にも及ぶ刈敷の採取はたいへんな重労働のため主に男の仕事で、コナラ、クヌギ、クリ、ハンノキなどの新梢葉を中心に刃の分厚い鎌で刈った。一方、刈敷を運ぶのは女衆の仕事であった。人の背に背負ったり、縄で束ねて馬の背にのせたりして「刈敷道」を通って、田圃になんども運びこまれた。遅くとも六月上旬頃までに刈敷は刈り取られ、山の口は閉められた。

刈敷農業とコンペト車

馬の背には両脇に、長さ二～三尺（約六〇～九〇センチ）の枝を三束ずつ計六束が振り分けられて積まれたが、これを一駄（約一一〇キログラム）と呼んでいる。水田の畦まで運ばれた刈敷は、裏作に大麦が作られた水田を中心に、荒代が掻《か》かれた泥田に若葉や小枝がついたまま撒かれ、踏み込まれた。その投入量は一〇アール（一反歩）当たり、一・七～三・九トン（一五～三五駄）にも達したという。刈敷踏み（田踏み）は、婦女子の仕事でもあり、素足のままあるいは田下駄や大足を足につけて田に入り、刈敷を踏み込んだ。水田の表面に枝がでないようによく踏み込まなければならないので、「秋になってトンボがとまらないように」と子供たちは親からよく注意されたそうだ。素足での作業

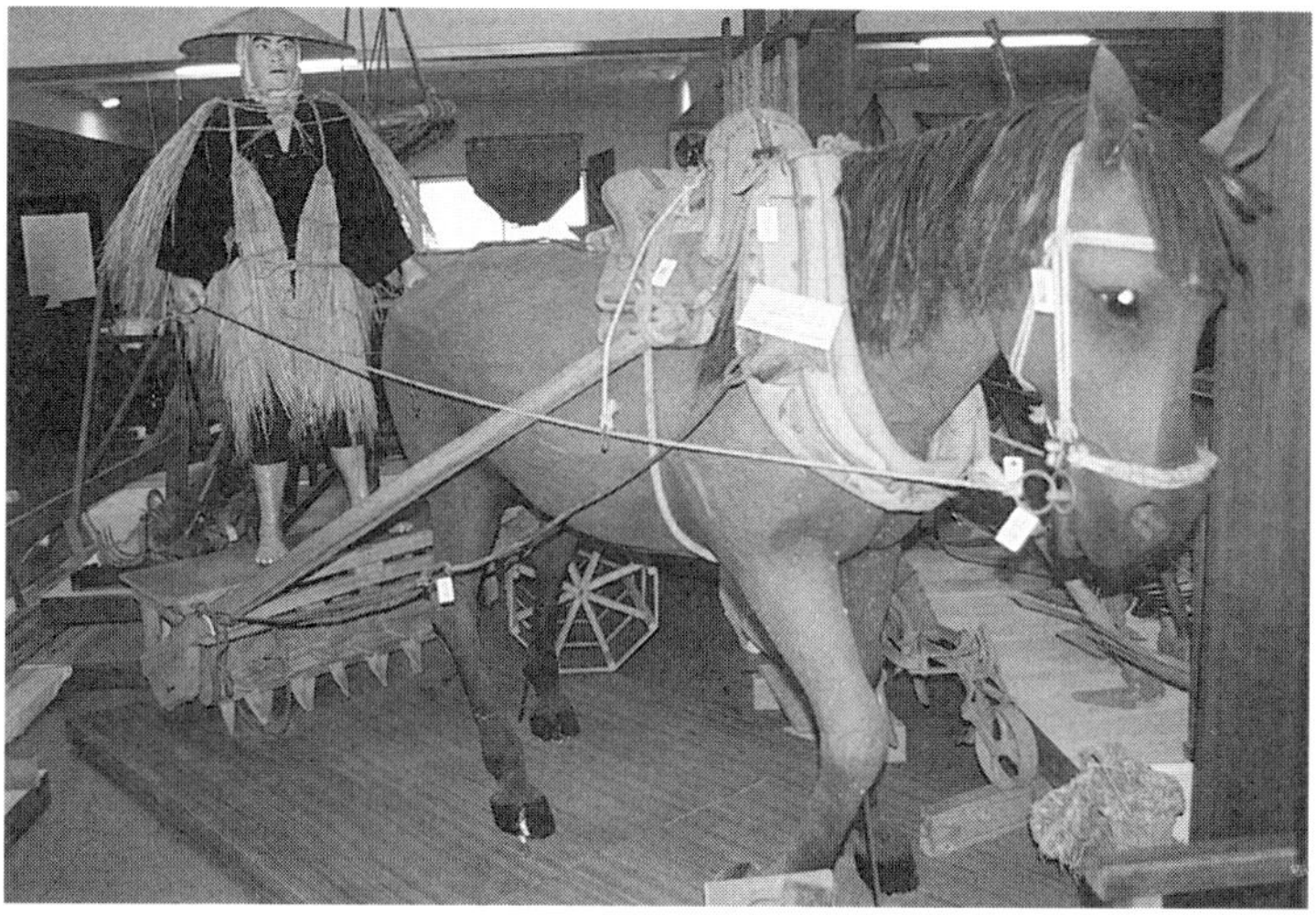

図Ⅲ-12　コンペト車に乗って代掻き（長野県穂高町郷土資料館所蔵）．

はどうしても足の裏を傷つけるので、その際、破傷風《はしょうふう》にならないように、家に帰るとすぐにいろりの火で傷口を焼いたという。

また、馬を所有している人は、「馬まわし」といい、鼻輪に六尺ほどの棒を結びつけた「踏馬」を田に入れ、泥田の中を引き回したり、馬に「代車」や「コンペト車」を引かせたりして、「刈敷踏み」や「荒くれ（土塊）壊し」を行った。コンペト車というのは、丸太材に五〇枚くらいのケヤキ製の歯を打ち込んだもので、その上に人間が乗る板の台を取り付けて馬に引かせたものである（**図Ⅲ-12**）。歯が「金平糖」の突起に似ていたのでこの名が付いたという。荒くれの多い安曇野地方で発明された農機具で、一九四〇年代中頃（昭和二〇年代）まで使われていた。

こうして、緑肥として刈敷が踏み込まれて本代が掻かれた水田に、六月中旬から下旬にかけて田植えが行われた。田植えは「早乙女《そうとめ》」らが中心となり、結《ゆ》いによりお互いに手間を借り合いながら順番に行われた。踏み込まれた若枝や葉が、上昇する水温によって徐々に腐熟し、稲はその肥料分を吸収し、刈敷が腐熟するときに出す醸熱によって暖められて生育した。一年間では腐らない大きめの枝は、翌年の田起しの際に掘り出して、捨てずに乾燥させてとっておき燃料に使った。

貸馬・借馬慣行

このように刈敷農業の時代には、刈敷の運搬や踏み込み・代掻きなどの諸作業に馬が果たした役割は大きかった。しかし、山間地と異なり一部の地主を除けば、馬を所有している農家は少なかった。そこで馬を調達するために、上水内郡や北安曇郡などの山間地の馬産地から、農繁期にだけ、馬を借りてくる貸馬・借馬慣行があった。この慣行は江戸時代中頃に成立したといわれているが、この地域では第二次世界大戦前まで盛んに行われていた。刈敷刈りの始まる少し前の五月中旬頃、一二・一五・一八・二二日に現在の大町市借馬（旧借馬村）に馬市が立った。市の日には「作馬」を借りに、有明から北へ二〇キロを歩いて出かけた。貸借期間は一般に五月中旬から田植えの完了する六月中旬頃までの一ヶ月間であった。馬の貸借料はその馬の能力に応じていろいろであったが、「上げ取り」といって、決済は「上げ馬」のとき、すなわち仕事が終わって馬を返すときに支払うのが慣しであった。また、水稲収穫後の一〇月一〇日に支払う「一〇日夜取り」という決済の仕方も見られた。貸借料は、米一駄に少々の金子《きんす》を加えるなど物納がほとんどであった。また、馬を返すときにワサビや稲藁を、土産としていっしょに馬に付けたりもした。

図Ⅲ-13　ゲンゲ畑（長野県穂高町）．

旧穂高町の水田地帯の馬もち農家は、農繁期が過ぎると馬を美ヶ原《うつくしがはら》牧場に山上げしたり、里山に近い牧集落の農家に預けたりしていた。このように当時農業経営に必要であった馬は、明治初年の一八六八年には一〇二九頭を数えたが、昭和の初めの一九三〇年には四五五頭、そして一九七〇（昭和四五）年には一一頭に減ってしまった。

ゲンゲと金肥

一八九〇年代末頃の明治三〇年代になると、刈敷や落葉、稲藁、堆肥・厩肥、木灰などの自給肥料に加え、大豆粕やイワシやニシンの〆粕といった魚肥、骨粉、チリ硝石、生石灰などの金肥が普及してきた。さらに、一九〇七（明治四〇）年頃からはゲンゲ（紫雲英）栽培が安曇野一帯に急速に広まり、大正時代を最盛期に一九六五（昭和四〇）年頃まで栽培されていた。ゲンゲは中国原産で、多年草のマメ科の植物で、紅紫色で白い斑紋のある蝶の形をした花を八～一〇個つける。春、ゲンゲが咲くと、田一面、紅紫の絨毯《じゅうたん》を敷き詰めたようになる（図Ⅲ–13）。「レンゲソウ（蓮華草）」というのは、この花を蓮の花に見たてたよび名である。ゲンゲの種子は美濃（岐阜県産）から購入されていた。この地域におけるゲンゲ栽培の普及は、松山犂《すき》の開発に伴う牛馬耕の普及によるところが大きい。ゲンゲの種を蒔《ま》くのは八月下旬の水田の落水後から始まり、九月下旬が適期とされ、裏作物として生育越冬させる。そして翌年の五月下旬に開花とともに馬を田に入れ、犂を引かせてゲンゲをすき込んだ。ゲンゲはマメ科植物なので、根に根瘤《こんりゅう》バクテリアが付着して大気中の八割を占める窒素を土中に固定する。一年間に固定する窒素の量は一〇アール当たり七～九キログラムといわれている。後から植えるイネの肥料になるし、ゲンゲを蒔くと、その根が土中深く潜り込むために、土を深耕したときと同じように空気を通いやすくする効果がある。ゲンゲは明治時代末期から化学肥料が出回る前まで、効き目が優れた緑肥として、金肥とともに主要な肥料になっていた。だから春になると水田は、一面のゲンゲ畑になったのである。このため、里山から刈りだしていた重労働が伴う刈敷は、しだいにその重要性を減じていった。

　大正時代になると窒素肥料の工場生産が盛んになり、豆粕や魚の〆粕、骨粉などの有機質肥料から無機質の化学肥料への移行が急速に進行していった。硫安や石灰窒素《せっかいちっそ》、過燐酸石灰《かりんさんせっかい》、硫酸カリといった化学肥料が、大正から昭和時代にかけて全国的に普及した。さらに第二次世界大戦後になると、配合肥料や合成肥料も一般的になってきたので、ゲンゲを栽培する農家はしだいに少なくなっていった。ゲンゲや刈敷、堆肥などの伝統的な肥料は、効果が持続する代わりに、遅効性なのと、効果が現れる時期をコントロールするのが難しいのが難点であった。従って速効性の化学肥料があれば、勘に頼ったり、手間がかかる伝統的な施肥法に依存したりする必要性がなくなる。

第二次世界大戦後の農業の機械化、化学化とともに、農用林野や緑肥の重要性が失われ、その多くが放棄されたり、姿を消し刈敷林やゲンゲ畑自体がみられなくなってしまったりしているのは残念なことである。

木炭と薪の生産

薪《まき》や粗朶《そだ》、木炭が主要な燃料であった一九五〇年代中頃までは、薪炭材の生産のためにも里山は重要であった。第二次世界大戦前までは、家の近くのクヌギ・コナラ林は山繭の飼育林になっていたので、刈敷と同様、薪炭材も共有林の里山に求めていた。刈敷や採草を目的とする里山の春の口開けに対して、薪炭材の伐木は冬の山の口開けによって始められる。それは、ちょうど初雪を迎える直後の一一月下旬から一二月初旬の頃であった。炭焼には、炭の消火に雪が必要なので、冬の山の口開けは雪の降り具合に左右されていた。つまり降雪が早いときには、山の口開けも早くなった。口開けが宣言されると、人々は先を争うように共有林に入山し、薪や粗朶を伐り、木炭を焼いた。

多くの農民が焼いたのは製炭技術が最も簡単な「灰炭《はいずみ》」であった。まず山肌を削って窪みをつくり、落ち葉や松葉などの焚きつけを一番下に置く。その上に下刈りをして採取した粗朶を井桁《いげた》状に組み、焚きつけに火を入れる。粗朶が半ば以上燃えた頃に、三尺ぐらい（約九〇センチ）に切ったコナラやクヌギなどをその上にならべて炭化をまつ。外側まで木が燃えてきたら、「あお」（青）と呼ぶヒノキやサワラなどの常緑樹の生葉をかぶせて、蒸し焼きにする。あおに火が移りある程度燃えてきたら、雪をかけて消火する。焼きあがった灰炭は軽い炭で、かさで売買された。一俵四斗（七二リットル）といった規格に合うよう俵《たわら》づめされた灰炭は、旧穂高町の町場の人に個人的に売買されたり、自家消費用となったりした。灰炭は、ふつう、一日当たり一石二斗（二一六リットル）から、一石三斗（二三四リットル）くらい焼くことができたので、冬場の農閑期としては良い収入になった。

一方、より高度な製炭技術を要する白炭はごく少数の専門家に限られ、炭焼が最も盛んであった牧集落でも、製炭者は四、五人であった。この白炭の窯は「日がま」とよばれているが、それは朝に火をつければ、晩には炭化が終わるからである。一日に二、三俵焼く程度の小さな窯が一般的であった。間口四尺（約一・二メートル）、奥行き六尺（約一・八メートル）、高さ四尺くらいの卵型が標準である。地元では「ネラシをかける」といっているが、炭化が終わってから空気を吹き入れて一〇〇〇度を超す高温をだして精錬をするために、白炭用の炭窯は耐火性の岩石や粘土を用いた丈夫なものが築かれた。高級炭として最も有名な紀州（和歌山県）の「備長炭《びんちょうたん》」もこの白炭である（図Ⅲ-14）。コナラやクヌギ、カシ、クリなどが焼かれ、特にコナラの炭が一等級で最も高く売れた。一日で炭化が終わり、翌日ネラシをかけて、窯口から掻き出された木炭には、「ご灰」と呼ばれる消粉がかけられる。消火後は一俵八貫（三〇キロ）の規格に合うよう俵詰めされた。一日三俵の割合で生産された白炭は、馬や人の背で担ぎ出され、地元だけでなく、東京などにも移出されていた。なお、この地方は多雪寒冷地で密閉形の家屋が多い為に、農家の自家用の灰炭以外は一酸化炭素のガスが多く出る黒炭は、ほとんど生産されなかった。

図Ⅲ-14
白炭である備長炭の生産．炭窯は1200℃もの高温で焼かれるため，堅牢である（左上）．「白炭」と言われるように，焼きあがった炭は掻き出され消粉がかけられるので，炭の表面が白くなっている（右上）．窯に入れられる前の原料のウバメガシと焼きあがった備長炭（いずれも和歌山県南部川村）．

薪《まき》は、前述したように「山こせ」によって五～一〇年周期で伐採される山藺の飼育林からも得られた。一九三五（昭和一〇）年以降に山藺飼育が衰退すると、飼育林は薪の生産をする里山本来の姿に戻った。薪は、場売りで、「一山いくら」というように薪材の生えている場所を仲買人に売った。売買が成立すると仲買人は、人夫を雇って薪を切らせ、それを販売した。長さ約一・二メートル、胴回り約三〇～四〇センチ、重さ約三〇キロで、針金のタガで束ねられた薪は馬や人の背によって山から担ぎおろされ、注文を受けた商人や戦前には松本五〇連隊演習地にも売却されていた。薪や木炭は昭和恐慌による経済更正策や、戦争に伴う軍需資財の需要の伸びに刺激され、昭和初期から戦後にかけて、大きく生産が伸び、里山の薪炭林としての機能は、この時期が最盛期であった。しかし、一九六〇年代以降は石炭、石油、ガスなどの化石燃料が普及するいわゆる「燃料革命」が全国的に進展し、薪炭材供給の機能はなくなってしまった。

4◇里山の変化と再生へのアジェンダ

里山の用材林化と別荘地開発

全国的な燃料革命が進行する一九六〇年代になると、旧入会地であった安曇野の共有林の里山は山の口開けが行われなくなった。代わって急速に建築材やパルプのチップとしての用材林化がすすめられた。落葉広葉樹は低質広葉樹と決めつけられ「前生樹処理」のために伐採され、経済性の高いヒノキやスギなどの針葉樹《しんようじゅ》が植林されていった。国や県、公団・公社、町などと分収林契約を結び、拡大造林がすすめられた。このような拡大造林は、共有の里山だけでなく、かつて山繭の飼育林として使われていた集落に近い私有の平地林の里山も、同様の傾向が見られる。カラマツやアカマツ、ヒノキ、スギなどの人工造林があちらこちらで行われた。また、天然林においても、戦前に卓越していたクヌギ・コナラ林はごくわずかになってしまい、その多くはアカマツ林へと遷移している。

高度経済成長期を迎える頃になると、用材林の増加に加え、扇状地の扇頂部に位置する森林、とりわけ里山の山麓線よりも東側の高度の低い平地林は、「学者村」をはじめとした別荘地の分譲や、ゴルフ場用地として売却されるようになった。まず、学者村と呼ばれている別荘地の分譲計画が一九六三（昭和三八）年頃に始まり、医者や大学教授、公務員などの比較的社会的地位の高い人々にねらいを定めて五〇〇〇万平方メートル分譲が開始された。これまでに六つの学者村が、造成され総計九九二区画が建設されている。一九七〇年代（昭和四〇年代中頃）になると、中房温泉引湯事業が軌道に乗りだし、学者村に続き「温泉付き別荘」を売り物にした別荘地開発が飛躍的な進展をみた（**図Ⅲ-15**）。これまでに分譲された別荘地は二四地区で、造成区画総数は二八二七区画に及んでいる。これら別荘に提供される温泉の引湯権は、一九六九（昭和四四）年に穂高町と民間企業が半官半民で設立した穂高町温泉開発公社が所有している。別荘購入者は約三割が松本市を中心とする地元で、二割がそれ以外の県内の人々、約三割が名古屋や大阪などの関西方面で、残りの二割が東京など関東方面からの人である。「上信越道」と「中央高速道」がつながり、バブル期には斬新な別荘が次々に建設され、東京で発行されている別荘の建築雑誌には、新しく建設された穂高町の別荘が毎月のように紙面を賑わしていた。

リゾート地への転用

別荘地だけでなく、一九七三（昭和四八）年以降は東京を中心とした外部資本による旅館やペンション、ホテル、テニスコートなども増加しており、扇状地上のかつての山繭飼育林であった平地林を含む里山は、リゾート地として大きく姿を変えた。それでも、北アルプス山麓の安曇野の中央部を占める穂高町には、ゲンゲ（レンゲ草）畑やそば畑、ワサビ畑が広がるのどかなたたずまいを残してい

図Ⅲ－15　別荘地に変わった長野県穂高町の里山.

る。そうした田園風景は、大正時代に作られた安曇野の遅い春を待ちわびる気持ちを歌った「早春譜」の世界へと訪れる人々をいざなう。また、安曇野には良縁、出産、夫婦円満、五穀豊穣《ごこくほうじょう》など昔の人々が願いを込めて作った約八〇〇基の道祖《どうそ》神《じん》があり、そのうちの一二七基が穂高町の路傍にひっそりとたたずんでいる。歴史の重みを感じさせる古墳群や穂高神社、満願寺などの史跡や文化の香りが息づき「日本のまほろば」とも称されている。良質な温泉とともに、「荻原碌山《おぎわらろくざん》美術館」をはじめとした美術館やアートギャラリー、ペンションなどが山麓線に軒を並べており、夏休みなどは多くの家族連れや若者たちで賑わいを見せている（図Ⅲ－16）。

山繭の飼育が中断し、刈敷や薪炭が

図Ⅲ−16
荻原碌山美術館（長野県穂高町）.

人々の日常生活で不用になると、里山は農用林野からもっぱら用材や、パルプ材を供給する経済林へと姿を変えた。さらに別荘地やゴルフ場などのレジャー用地として転用がすすめられ、その姿を変えてきた。安曇野の里山は、もはや地元の人の手を離れてしまったものが多くみられる。

薪《まき》ストーブクラブの結成を

スギやヒノキを植えた集落から遠い山林や里山では、間伐材《かんばつざい》が安すぎるために間伐が適切に行われなくなり、おびただしい量の中小径木を抱え込んでいる。また手入れをしていないので、曲がり材や風倒木などの端材も多く見られる。こうした間伐材を中心とした中小径木や、曲がり材などの端材はうち捨てられたまま

図Ⅲ-17　ペンションで薪ストーブの火を囲む.

で、落葉広葉樹林のクヌギ・コナラ林と同様に、ほとんど利用がなされていない。リゾート地化した安曇野の里山には、多くの別荘地が造成されている。現在はこの別荘地の住人と、里山とは何の交渉もないのが大部分である。大都市から遠く離れているので、都市住民のボランティアで里山を継続的に保全する方法も難しい。中山間地の山林や里山に眠る資源と、別荘地の人々とを結びつけていく策をなんとか考え出す必要がある。別荘地で薪ストーブを普及させることができれば、里山の最大の資源である樹木の永続的利用をはかるのに大いに期待できる（**図Ⅲ-17**）。

薪ストーブは、多少の贅沢志向や自然志向で近年見直されている。インターネット上でも、外国産や国産の薪ストーブを扱っている店をすぐに見つけることができる。しかし、薪をどのように入手するかについての情報は少ない。一年間で使う薪の量は、最低でも二〇〇〜三〇〇束、少し大きな薪ストーブや、たくさん焚く人の場合は四〇〇～五〇〇束くらい必要である。したがって、ペンションが経営者や別荘地である程度の人数による「薪ストーブクラブ」が結成できれば、薪を供給する環境が整っていく。そして落葉広葉樹ばかりでなく、新たな間伐材の用途につながるし、放置されていた曲がり材や端材の処分も進み、スギやヒノキの人工林化した里山や山林の保全の可能性が出てくる。薪の値段は、山元でもクヌギやコナラといった良質なものは一束三〇〇円前後で、マツやスギ・ヒノキといった針葉樹の軽い薪でも二〇〇円ぐらいはする。消費者にとって石油ストーブと薪ストーブとでは燃料費がどのくらい違うかというと、薪ストーブの方が少なくとも石油の二～三倍は高くつく。しかし、別荘生活者は、比較的経済的には恵まれており、そういう金銭的な面を超越しているし、なによりも中山間地域の里山の保全につながることを訴え、別荘地での薪ストーブの普及をはかりたいものである。

石油ストーブを焚くと水蒸気が出るので、部屋の中に湿気がこもり、朝になると結露をしてしまうことが多いが、薪ストーブにはそういうことがない。それから匂いもいいし、自然の火の燃え方は見た目にも楽しめるし、やわらかな暖かさなどいろいろ利点がある。レクリエーションを兼ねて薪割りをやるのも良い。「薪ストーブクラブ」や地元の森林組合で、チエンソーや薪割り機などを購入して共同で使えば無駄がない。

いうまでもなく、木炭も薪と並んで中山間地域の里山地域における木質バイオマス（生物体）の熱利用の伝統的な技術である。しかし、炭焼の技術をもった人もだんだん高齢化してくるので、技術の継承を急がなければならない。木炭は燃料以外に河川の浄化に使ったり、住宅の縁の下に敷いて床下

図Ⅲ-18　木炭敷き布団の製作に追われる西村文吉さん（岩手県軽米町）.

調湿に使ったり、室内の脱臭・防腐・防虫・防カビにも使えるなど「木炭パワー」が最近注目されている。調湿用の木炭や河川浄化用木炭は、それほど炭材に気を使わず多種な樹種で端材も利用可能である。安曇野の里山は山繭飼育の衰退にともない、アカマツが植林されたがマサ土のため生育が悪く矮林が多くみられるが、マツを原料にした炭は孔隙《こうげき》量が多く軽いので燃料用には質が落ちるが、浄化用や調湿用などには気楽に使えてかえって良い。

木炭産地として知られる岩手県北部の軽米《かるまい》町で寝具店を営む西村文吉さんは木炭の保温・吸湿・脱臭などの効果に目をつけ、ホウノキの木炭を利用して「木炭敷布団」を考案し特許を取得した（**図Ⅲ-18**）。ホオノキを焼いた炭は、軽くてしかも崩れにくいので木炭敷き布団の材料には最適だという。一枚の木炭敷布団を作るのに三日間を要する。小売価格は木炭の使用量によって違うが上限で一枚九万八〇〇〇円と少々高価であるが、病院や老人ホームなどでのまとまった注文も多いという。今では生産が追いつかず生産工場を三ヶ所に増やしているが、二〇〜三〇件の注文待ちをかかえる盛況であるという。このように地道に薪や木炭の用途を新たに広げていくことも、間伐材や放置された森林の再利用につながっていく。

木質ペレットの再登場

欧米では薪の代わりに木材を破砕、圧縮し、小さな円筒状に成型したペレットが普及している（図Ⅲ-19の左）。元をたどるとドッグフードや家畜の餌を作る機械を転用してつくったものである。家畜の餌に似た形のこの燃料は、欧米ではアドヴァンスドフューエルと呼ばれている。なぜ「進化した燃料」などと呼ばれているのだろうか。

ペレットは木質エネルギーとしての一般的な特徴である地球環境および地域環境にとって好ましいばかりでなく、さらに次のような特徴があるからである。小口用には袋詰め製品、大口用には大きな布袋のフレコンバックや専用コンテナを使うので輸送も容易であるし、薪に比べれば貯蔵するのも格段に場所を取らない。点火も燃料の投入も自動なので、薪のように火を起こしたり、薪をくべ続けたりする煩わしさがない。また、薪に比べれば、ほぼ均質な木質のために燃焼にムラがなく熱効率が高い。煙が発生しにくく、排ガスの性状もよいし、燃焼後の灰も薪よりずっと少ない。これらのことから、木質ペレットは家庭や事業所といった、小中規模の一般利用が盛んである。アメリカではペレッ

図Ⅲ-19 見た目はペットや家畜の飼料にそっくりの木質ペレット（左）と，国産ペレットストーブ（右）．岩手県葛巻林業の葛巻工場の事務室では，20年前に購入した国産ペレットストーブが今も現役で活躍している．右側のペレットを入れるタンクから，自動的に燃焼部にペレットが補填される．

トストーブが、北欧ではペレットバーナーが普及している。

じつは日本でも一九七二（昭和四七）年の「石油ショック」を契機に、全国で三〇工場をこえる木質ペレット工場が稼働していた。石油ショックにより、木質燃料が再び石油代替エネルギーとして注目されたときだった。ボイラーやストーブで熱利用されていたが（**図Ⅲ-19**の右）、その後は生産工場が減少し、現在は徳島県と高知県、岩手県に三工場しか残っていない。この三工場を合わせても、現在、年間生産量は二五〇〇トン弱である。

日本の木質ペレット生産の草分け的存在である岩手県葛巻《くずまき》町にある葛巻林業（株）の工場は、元々、ブナ・ナラ・カエデなどの広葉樹を原木にして高級紙の原料となるチップを生産して、製紙工場に供給していた。チップは木材の幹の部分のみを使用するため、使われない樹皮が大量に発生する。当初は木材の樹皮は利用されずに山林に放置されたままであったが、後に山火事の危険性があるために工場まで運搬して焼却処分されたりしていた。一九八一(昭和五六)年からこの樹皮を原料に太さ六ミリ、長さ一五ミリの木質ペレットの製造開発を始めた。日本の大手メーカーも木質ペレット製造のプラントを建設したが、成型がうまくゆかず失敗したという。しかし、葛巻林業では、アメリカから成型器を輸入したり、技術者を呼ぶなどしたりしてようやく実用化し、日本で最初の木質ペレット工場となった(図Ⅲ-20)。「アラーウッド」(ARA-WOOD)という名で販売が開始され、今年で一九年目になり、この工場の歴史が日本の木質ペレットの歴史となっている。

当時ペレットの相対価格は近距離ならば運搬費を含んでも、灯油の半値ぐらいだったので、一九八二(昭和五七)年の製造開始以来、急速に需要が増大した。そのため、協力工場を募って、「北岩手木質燃料生産共同組合」を結成し、一九八三~八五(昭和五八~六〇)年の二年間で五工場体制にして増産を行った。全国レベルでも、林野庁や通産省がそれぞれ木質ペレット製造の助成制度を作ったので、三〇工場以上が稼働していたという。しかし一九八四(昭和五九)年を境に急激に需要不振に陥った。年間約三〇〇〇トンを出荷するまでに成長した葛巻工場でも三分の一の一〇〇〇トンに生産量を縮小した。この原因は、石油価格の急騰が沈静化して安価になってしまったため、新規需要がなくなってしまったことや、国産の木質ペレット燃焼器のストーブやボイラーの技術的成熟がないままに急速に出回ってしまい、故障が起きやすいしメンテナンスにも問題があるなど消費者の信頼を得ることができなくなって、普及しなかったためである。

図Ⅲ-20　日本における木質ペレット製造工場の草分けである葛巻工場（上）と，大型ペレッタイザー（下）．葛巻林業ではアメリカから輸入した大型ペレット成型機によって木質ペレットを生産している（岩手県葛巻町）．

葛巻林業の社内からもペレットの生産打ち切りが、当時、話題に上ったという。しかし生産を止めれば、これまでの取引先に迷惑がかかることや、いつか木質発電などを行う時がくれば、必ずこの技術が日の目を見るに違いないと思って、生産を継続してきたと葛巻工場長の高橋力雄さんは語ってくれた。現在、葛巻林業では花巻市のホテルやスイミングプール、葛巻町にある「炭の科学館」など、岩手県内の九ヶ所の施設に木質ペレットを供給している。厳寒期にマイナス一〇度にもなる町営の炭の科学館では、床暖房のボイラー用燃料に用いて寒い冬も快適にすごしている（図Ⅲ-21）。

ところが一九九八年頃からペレットへの問い合わせや葛巻工場の見学者が増え始めてきたという。「地球温暖化防止対策」の有力なエネルギー源として再び注目を集めてきたからだ。木質エネルギーの利用が進んでいる北欧のスウェーデンでは、木質ペレットの使用に対しても国をあげてのバックアップがある。ストーブなどの木質ペレット燃焼器の技術認証制度などがあり、優れた製品が生産・販売されている。日本においても今後、信頼の高い製品開発を行って再び木質ペレットが燃料として普及していくことが望まれる。そうすれば、中山間地域の森林組合などで、木質ペレットの生産・販売をすることが可能になり、里山に放置されている間伐材や広葉樹林などを有効利用することができる。「木の町」として知られる秋田県の二ツ井町では、「地域新エネルギービジョン」としてこの木質ペレットに注目して、ペレット製造工場の建設と町民へのペレットストーブの普及を策定し、実用化への取り組みを始めようと熱いまなざしを向けている。また、大阪府の高槻市森林組合では、里山の森林資源を活用する方策の一つとして、木質ペレットを製造する工場を建て、温泉の温度を上げる熱源としてペレットを利用する計画を実現しようとしている。

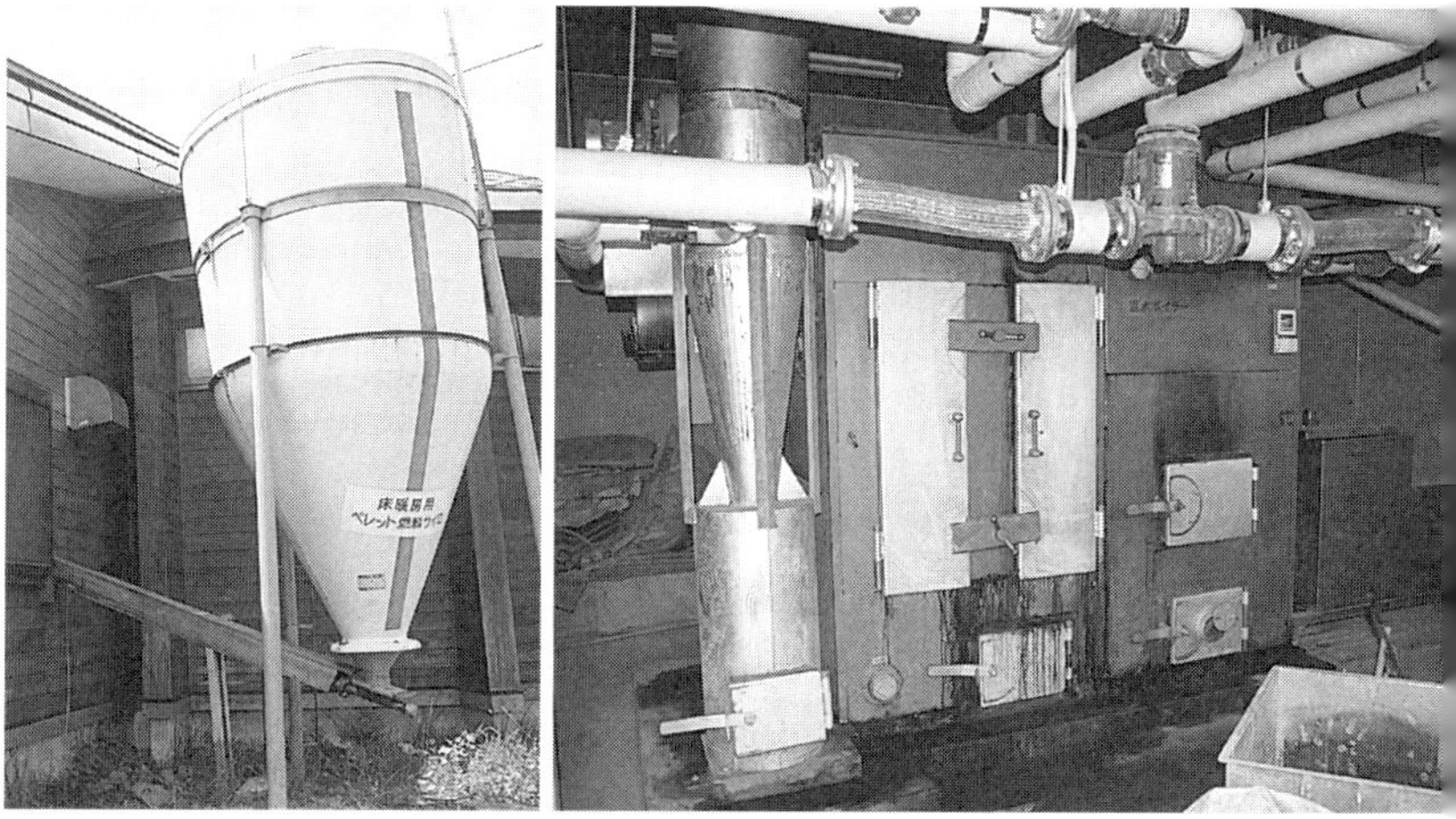

図Ⅲ-21　炭の科学館のペレットサイロ（左）と，ペレットボイラー（右）．家畜の飼料用サイロを転用して，葛巻林業から配送されるペレットを貯留している．ペレットサイロと連結している床暖房用のボイラーに，ペレットが自動的に充填されていく（岩手県葛巻町）．

木質発電のすすめ

一九九二年の夏から一九九四年の春まで、私はイギリスのレスター大学の地理学教室に客員研究員として在籍し、イギリスの農業的土地利用の研究をしていた。イギリスにも、古くからナラ類を萌芽更新で仕立て、粗朶《そだ》や薪炭材の採取を行ってきた履歴があるが、現在では日本と同様にこうした利用はほとんどなされていない。

一九九三年の暮れの日曜日に、イギリスでなにげなく『サンデータイムス』誌を読んでいたら、「技術革新」覧にでていた"Power stations go back to wood"（木質発電への回帰）という記事が目に飛び込んできた（図Ⅲ-22）。ヤナギやポプラなどの萌芽力の強い木を耕地に植林し、四年更新で収穫し、チップ化してエネルギー源にするという記事であっ

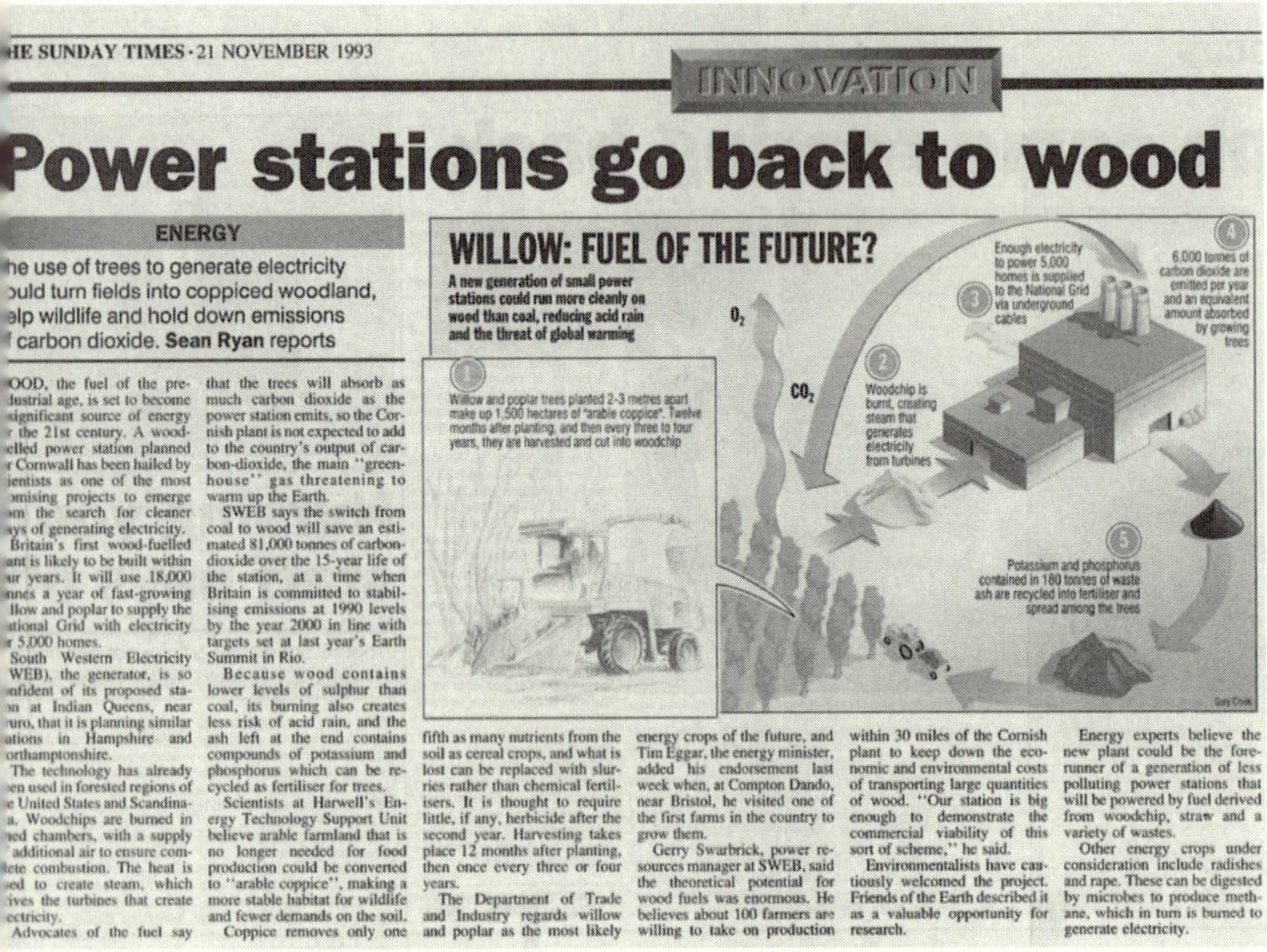

HE SUNDAY TIMES · 21 NOVEMBER 1993

INNOVATION

Power stations go back to wood

ENERGY

he use of trees to generate electricity ould turn fields into coppiced woodland, elp wildlife and hold down emissions f carbon dioxide. **Sean Ryan** reports

OOD, the fuel of the pre-dustrial age, is set to become significant source of energy r the 21st century. A wood-elled power station planned r Cornwall has been hailed by ientists as one of the most omising projects to emerge om the search for cleaner ays of generating electricity.

Britain's first wood-fuelled ant is likely to be built within ur years. It will use 18,000 nnes a year of fast-growing llow and poplar to supply the ational Grid with electricity r 5,000 homes.

South Western Electricity WEB), the generator, is so nfident of its proposed sta-on at Indian Queens, near uro, that it is planning similar ations in Hampshire and orthamptonshire.

The technology has already en used in forested regions of e United States and Scandina-a. Woodchips are burned in ed chambers, with a supply additional air to ensure com-lete combustion. The heat is ed to create steam, which ives the turbines that create ectricity.

Advocates of the fuel say that the trees will absorb as much carbon dioxide as the power station emits, so the Cornish plant is not expected to add to the country's output of carbon-dioxide, the main "greenhouse" gas threatening to warm up the Earth.

SWEB says the switch from coal to wood will save an estimated 81,000 tonnes of carbon-dioxide over the 15-year life of the station, at a time when Britain is committed to stabilising emissions at 1990 levels by the year 2000 in line with targets set at last year's Earth Summit in Rio.

Because wood contains lower levels of sulphur than coal, its burning also creates less risk of acid rain, and the ash left at the end contains compounds of potassium and phosphorus which can be recycled as fertiliser for trees.

Scientists at Harwell's Energy Technology Support Unit believe arable farmland that is no longer needed for food production could be converted to "arable coppice", making a more stable habitat for wildlife and fewer demands on the soil.

Coppice removes only one fifth as many nutrients from the soil as cereal crops, and what is lost can be replaced with slurries rather than chemical fertilisers. It is thought to require little, if any, herbicide after the second year. Harvesting takes place 12 months after planting, then once every three or four years.

The Department of Trade and Industry regards willow and poplar as the most likely energy crops of the future, and Tim Eggar, the energy minister, added his endorsement last week when, at Compton Dando, near Bristol, he visited one of the first farms in the country to grow them.

Gerry Swarbrick, power resources manager at SWEB, said the theoretical potential for wood fuels was enormous. He believes about 100 farmers are willing to take on production within 30 miles of the Cornish plant to keep down the economic and environmental costs of transporting large quantities of wood. "Our station is big enough to demonstrate the commercial viability of this sort of scheme," he said.

Environmentalists have cautiously welcomed the project. Friends of the Earth described it as a valuable opportunity for research.

Energy experts believe the new plant could be the forerunner of a generation of less polluting power stations that will be powered by fuel derived from woodchip, straw and a variety of wastes.

Other energy crops under consideration include radishes and rape. These can be digested by microbes to produce methane, which in turn is burned to generate electricity.

図Ⅲ–22　「21世紀の発電」と紹介された木質発電の記事．イギリス『The Sunday Times』1993年11月21日付による．

た。チップを燃やした熱で蒸気を発生させ、タービンを回して発電させるものだ。燃焼によって発生する二酸化炭素（炭酸ガス）は、萌芽更新による若木の旺盛な光合成によって吸収されるので、「温室効果ガス」を増加させる心配もない。また、発生する木灰も、萌芽林の肥料として使える。このように木質発電は石油や原子力と違って、ほぼ完全な循環システムを構築できるという環境保全上のメリットがあることが強調されていた。木質発電の先進国のアメリカや北欧諸国での実用化の状況が紹介され、最後に「産業革命以前の燃料であった薪が、二一世紀の重要な燃料になるであろう」という

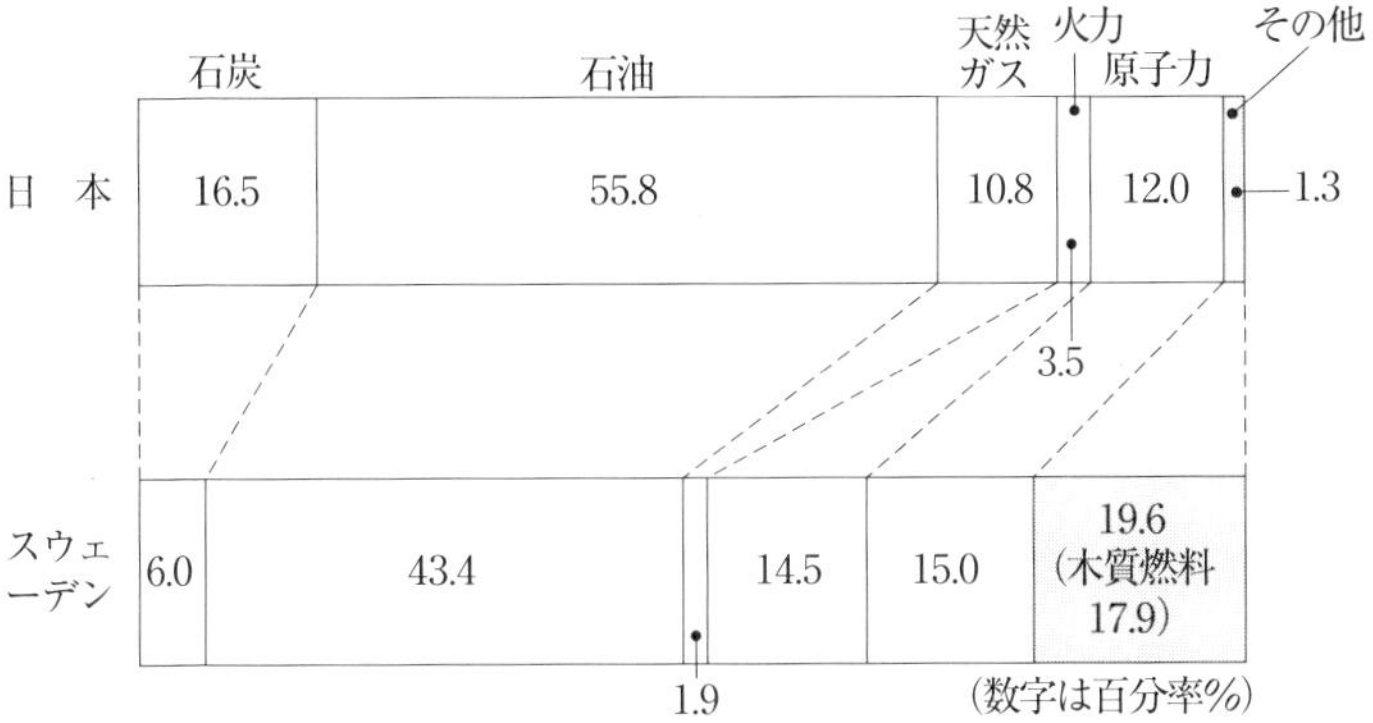

図Ⅲ-23　日本とスウェーデンの一次エネルギー源供給割合（1995年，林野庁資料）．

印象深い一文でこの記事は結ばれていた。日本でも中山間地域の里山に放置されている落葉広葉樹を発電用萌芽林として再生したり、スギなどの植林地にある未利用の大量の木質バイオマスを、有効に使ったりしながら里山を保全していくのには、木質発電は最適であろう。そんな思いを胸に、この記事を大切に切り抜いておいた。

スウェーデンではすでにバイオマス燃料をガス化してガスタービンを回して発電する方法がとられている。ガスタービン方式で発電するとともに、廃熱も熱利用するコジェネレーション（熱電併給）という暖房と発電を兼ねた整備が進んでいる。一九九五年現在、国全体のエネルギー供給のうち、木材バイオマス燃料によるものが一八パーセントを占めるまでに至っている（**図Ⅲ-23**）。そのうえ、スウェーデンではここ二〇年来、総エネルギー需要が増えていないし、電力の自由化、炭素税、硫黄税、窒素税など環境税の課税を含めて、社会経済の仕組みを変えていく事に国をあげて取り組んでいる。スウェーデンでは環境税が課税されない木質バイオマスが、最も安価な発電システムになっ

時期区分	伝統的利用期	高度経済成長期	現在から将来へ向けて
用材	建築用材 和紙 （材木・樹皮）	建築用材 紙 （材木・合板・チップ）	建築用材 紙 （材木・合板・チップ）
エネルギー源	家庭暖房用エネルギー 家庭調理用熱源 （粗朶・薪・炭）		地域エネルギー 食品加工熱源 発電 （薪炭・チップ・木質ペレット）
その他	農村資材 堆肥 粗朶沈床 （枝・落ち葉・粗朶）		エコ・マテリアル 堆肥 近自然工法素材 道路被覆素材 ヒーリング素材 （炭・粗朶・チップ）

図Ⅲ−24　森林バイオマスの利用の変化.

ている。発電だけでなくバイオマスを燃焼させた熱も無駄にせず、熱電併給の地域暖房施設も稼働させている。このような取り組みを進めることは、循環型社会の構築をはかる上で重要な課題である。

日本のエネルギー資源は、一九九五年現在、石油・石炭・天然ガスといった化石燃料が八割強を占めており、次いで原子力が一二パーセント、水力が四パーセントである。バイオマスを含むその他はわずかに一・三パーセントにすぎない。化石燃料の大部分は輸入に頼っているし、原子力も安全性の面で問題がある。しかも、日本の総エネルギー需要は右肩上がりに増え続けている。一九九八年六月に「地球温暖化対策推進大綱」が策定され、木材資源の有効利用や木質廃材などを活用したバイオマスエネルギーの導入を図っていくことが明記されたが、具体的な試みはまだ少ない。「電気がどこかで無尽蔵《むじんぞう》につくられ、スイッチを入れれば際限なく使える」という発想の生活から、太陽光、風力などの自然エネルギーとともに、里山に放置されている落葉広葉樹や間伐材、林地残材を燃料にした小規模で分散型の発電をすることによって、なるべく地域の電力を大切にまかなっていくように転換すべきである。発電を里山管理と結びつけて考えると、持続可能な生活への転換が見えてくるのではないだろうか。エネルギー利用と生活様式の変化で生じてきた中山間地域の里山で眠る森林バイオマスを、新しい技術と社会システムでよみがえらせれば、化石燃料の節約や里山保全につながるだけでなく、社会や文化のあり方について見直すきっかけにもなる。日本でも、一刻も早く木質発電を実現させる社会経済システムの整備と変革に着手しなければならない。

中山間地域の里山のこれからのあり方は、生物の多様性の保全と地域に住む人々の公益性に加え、エネルギー源としての森林バイオマス活用が今後ますます重要なオプションになるのではないだろうか。日本では燃料革命とそれに続く高度経済成長期以降、里山にかぎらず森林バイオマスをエネルギー源として利用していくシステムがまったく途絶えてしまっている（**図Ⅲ-24**）。したがって木質エネルギーの普及プロジェクトは、新たな二次林文化の誕生として位置付けられよう。

第Ⅳ章——大規模農業地域に変貌した十勝のカシワ林

1◇カシワ原生林の開拓

カシワの樹海から日本最大の畑作地域へ

十勝《とかち》平野は石狩《いしかり》平野に次ぐ北海道第二位の広大な平野である。帯広空港を後にして、一路、北へ向かうと、見渡すばかりの小麦・馬鈴薯《バレイショ》（ジャガイモ）・甜菜《テンサイ》（ビート）の畑が目に飛び込んでくる。白や薄紫色の可憐な花が一面に咲き乱れている馬鈴薯畑の向こうには、赤や青の屋根のサイロが見える。関東地方で育った私の目には、異郷のような光景に映る。

日本の農家の一戸当たり平均耕地面積は一ヘクタール前後であるが、ここ十勝地方では一九九七（平成九）年現在、全国平均の約三二倍に当たる三一・六ヘクタールもの広さの耕地を一戸の農家が経営している。七月の下旬に十勝を訪れたので、ホクシンという早生種《わせしゅ》の小麦の刈り取りが始まっていた。ドイツ製やアメリカ製の大型コンバインが、うなりをあげながら麦を刈り取っていく。倒伏した小麦でも、オペレーターは刈り取りローラーを、地面ぎりぎりに下げながら注意深く刈り取っていく。泥が混じれば、商品価値がゼロになってしまうので、作業も慎重である。

図Ⅳ－1　ロールベール（上と左下）と，ロールベールに取って代わられそうなタワーサイロ（左下と右下）．いずれも北海道士幌町．

刈り取りが終わった小麦畑や牧草地には、直径二メートルぐらいのロール状になったものがそこに転がっている（図Ⅳ-1）。これはロールベールといって刈り取った牧草や小麦のワラを機械で巻いたものである。麦ワラは乾燥させてから牛舎の敷き料に使われる。牧草は、トラクターの後ろに取り付けた専用機械で白や黒のビニールのストレッチフィルムを巻き付け、ロールベールサイレージを作っていく。サイレージといえば、牧草を発酵させて作る家畜の冬季用の保存飼料であるが、昔はとんがり帽子のような屋根をのせたタワーサイロに詰め込んで作るものと決まっていた。

しかし、一九八〇年代（昭和五〇年代中頃）になると十勝地方では、より手軽にサイレージができるロールベールが急速に普及してきて、今はタワーサイロに取って代わる勢いである。やがて、酪農地帯からシンボルだったタワーサイロの尖塔が消え、ロールベールが北海道の牧場の新しい風物詩になるであろう。十勝は広大な農地を基盤として、各種の農作業の機械化が進んだ日本最大の農業地域である。

十勝平野の中心都市帯広から北へ二五キロに位置する士幌《しほろ》町にある東ヌプカウシヌプリ岳の麓にある士幌高原に立つと、十勝平野が眼下に一望できる。高原とそのすそ野には森林がみられるが、平坦面は広く牧野や農耕地が拓けており、現在、森林といえば帯状の防風林があるに過ぎない。

十勝平野は、十勝岳や朝日岳、雌《め》阿《あ》寒岳《かんだけ》などからの火山灰や軽石などが厚く堆積している洪積《こうせき》台地によって大部分が占められている。平野の中央を流れる十勝川は何本もの支流を合わせ、平地をえぐりながら太平洋にそそぎ込む。本支流とも川の堆積作用によってできた平地はきわめて少ない。北海道庁の林務官であった林常夫が著した『北海林話』の中に、狩勝《かりかち》峠からみた一九〇八（明治四一）年

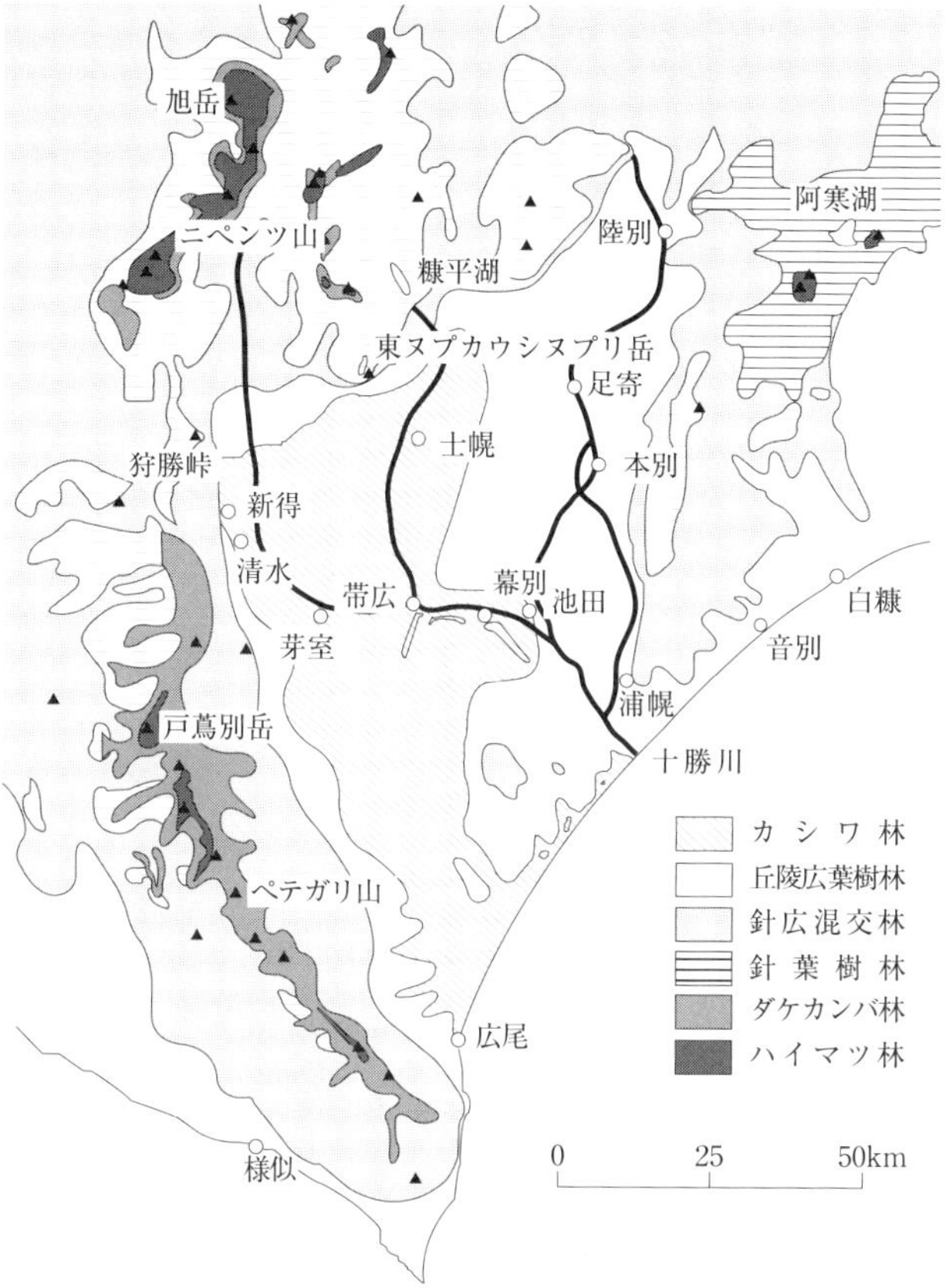

図Ⅳ－2　本章の舞台である北海道十勝地方の植生図（紺野康夫原図：十勝大百科事典刊行会編『十勝大百科事典』北海道新聞社，1993の「十勝植生図」に加筆；上図）と，十勝の大地を覆っていた1928年当時のカシワの樹海（北海道河西支庁『十勝大観』，1928から複写；下図）．

当時の十勝平野の様子が、「十勝大平原の鳥瞰《ちょうかん》風景は、じつに見はるかすカシワの樹海《じゅかい》であった」と描写されている。開拓以前の十勝平野は、低地にはニレやヤチダモが多かったが、台地上はカシワの樹木がおい茂っていたという（図Ⅳ-2）。一九二八（昭和三）年に北海道河西《かさい》支庁が発行した写真集『十勝大観』に、目を疑うばかりのカシワの樹海の様子が収められている。

アイヌモシリとカムイモシリ

先住民族のアイヌは北の大地を舞台に、川でサケを取り、林野で鹿の群れを追い、里山の草木を巧みに利用しながら生活を営んでいた。アイヌの人々はアイヌ（人間）が生活している世界をアイヌモシリ（人間の国）といい、それに対してカムイ（神）の生活する世界をカムイモシリ（神の国）という。これらが階層をなして世界ができているというのがアイヌの人々の世界観である。アイヌの信仰観には、生物・無生物を問わず、森羅万象《しんらばんしょう》に霊魂が存在し、しかも霊魂は不滅で、再生するというアニミズムの観念が根本にある。

アイヌモシリに存在するものすべては、カムイモシリからカムイが姿を変えて、アイヌモシリに現れたものと考えるのがアイヌとカムイの基本的な関係である。そして、カムイの中には人間にとって良いものもあり、悪いものもあるという。たとえば、山野にある食用や薬用になる植物、川や海の魚、山の獣、家や着物など生活の必需品を作るための素材となる木々といった、人間に役に立つものは当然ありがたいカムイである。また、一方では天然痘や風邪などの伝染病や病気、地震や大雨、雷といった自然現象、また異常気象から起きる飢饉《ききん》といった人間にとってあまりありがたくないものもカムイなのである。すなわち人間を取り巻く環境は、カムイがカムイモシリから役割を与えられてアイヌモシリに現れるときに、動物や植物、自然現象や病気という姿に化身して、その役割を果たすためにやってくるという考え方をする。

アイヌの四季と生活

アイヌの人々は自然の仕組みを良く知り、生活のほとんどをコタン（集落）に近い里山の資源に依存してきた。地面の凍《しば》れが解けると最初に採取できるのは、ヤブマメという土中で実を結ぶ豆である。土中にあるために、ツチマメとも呼ばれる豆科の一年草で、春（パイカラ）の訪れを感じる食べ物であるという。春先から初夏にかけてはゼンマイ、アキタフキ、オオウバユリ、エンレイソウ、アイヌネギともいわれているギョウジャニンニクなどの山菜《さんさい》がえられる。そしてキハダ、イケマ、トリカブト、ミズバショウ、ドクゼリなどの薬用植物や、その他魔除《まよ》けや呪術《じゅうじゅつ》に欠かせないバイケイソウ、センダイハギなどじつに多様な植物が使われている。ギョウジャニンニクなどの山菜を採るときには、群生している中から勢いのよいものを選んで根際から採り、小さなものは残しておく。毎年、全体の一割か二割だけ採って、あとは残しておくと来年もまた出てくる。アイヌの人々の間では森や海や川から得られる食物は、すべて神からの恵みと考え、クマやキツネなどとも共有すべきものとして、取り尽くさずに他の生物の取り分を残しておくという、狩猟・採取習慣があったといわれている。まさに、自然と共生し、省資源的で、循環的・永続的なアイヌの人々のものの考え方や生活様式には、先に見てきた各地の里山地域と共通する二次林文化がみてとれる。

図Ⅳ−3
中央がシリコル・カムイ（カシワ）のイナウ（帯広百年記念館所蔵）.

夏（サク）から秋（チュク）にかけては、沼地に群生するヒシ、クリ、オニクルミ、ハマナス、サルナシ（コクワ）、ヤマブドウの実、カシワやミズナラのドングリ、テンナンショウの根茎、それにキノコ類が豊富に手に入る季節である。カシワは、アイヌ語でコム・ニ（ドングリの木）とかコム・ニ・フチ（カシワの木の婆さま）、あるいはシリコル・カムイ（山を所有する神様）などと呼ばれ、崇《あが》められてきた（**図Ⅳ−3**）。細長いミズナラのドングリは渋味があるが、丸くてずんぐりしたカシワのドングリは甘味があるので喜ばれ、秋に収穫して貯蔵し、冬の食料になった。

夏には河川ではマス漁が、海ではカレイやカジカなどの魚類、クジラやイルカなどの海獣、そしてコンブ漁などが行われた。秋はサケ漁の季節でもある。アイヌの人々はサケをカムイチェプ（神の魚）とよび、マルクと呼ぶ鈎銛《かぎもり》で突いたり、梁《やな》をかけたりして捕獲し、乾燥させて保存食とした。

一面雪に覆われる冬（マタ）は、おもに山猟の季節である。冬に猟を行うのは見通しがきくために獲物を見つけやすいし、肉が腐らないことや、毛皮の質がよいからである。獲物としてはエゾシカ、キタキツネ、エゾユキウサギ、ヒグマなどのほか、カモ類など多くの鳥獣類も対象になった。そして肉はおもに食用に、毛皮は衣類などの材料として、あるいは交易品として利用された。湖沼などでは厚くはった氷を割りその下にいる魚を狙う「氷割猟」が行われた。

アイヌは、狩猟・漁撈《ぎょろう》・採集を中心とした社会であったが、小規模ながら農耕も行われていたことがわかっている。農耕は明治になってから本格的に行われるようになったが、それ以前は、コタンのまわりや川岸の肥沃《ひよく》な場所を選んで、ヒエやアワ、ソバなどが栽培され、必要に応じて食料にしていた。

アイヌの草木利用法

アイヌの人々の住む「チセ」と呼ばれる伝統的な住居は、すべて木や草や笹などの里山から得られる自然物でできていて、釘などは一本も使っていなかった。材料を縛り付けるには、ヤマブドウやコクワやシナノキの樹皮製の縄が用いられていた。建物の基礎となる太めの柱には針葉樹《しんようじゅ》のトドマツや、落葉広葉樹《らくようこうようじゅ》のキハダ、カツラ、カシワなどが、横木には通直なハシドイやミズナラが使われた。壁や屋根を葺《ふ》く材料は、カヤ・アシ・笹・樹皮など地域によってさまざまであった。薪《まき》にはハルニレ、ヤチダモ、ドロノキ、シラカバ、ダケカンバなどが用いられた。アイヌの人々が樹皮をたたいて繊維をとり、アットウシ（樹皮衣）を編むことは有名であるが、これにはオヒョウやシナノキが用いられた。ツルウメモドキや多年草のイラクサも繊維として使われた。

丸木舟にはシウリザクラやトカチヤナギなどの早生樹が使われた。生長の早い木では日向側と日陰側の生長差が大きいので、木目が細かい日陰側を船底に使い、日向側を削った。エゾニワトコやイヌエンジュの小枝は強い臭気を放つので、病気・災害・事故などの魔除けの木であった。ホオノキは矢筒や刀の鞘に、カツラやオニクルミは多くの民具に使われた。カムイに祈りを捧げるときに用いる祭具の木幣《ぬさ》のイナウ（**図Ⅳ-3参照**）にはミズキやキハダも用いるが、ヤナギが最も一般的であった。こうしてたくさんの種類の木や草を使い分けるためには、それら一つひとつの特徴を良く理解しているからこそ可能である。

アイヌの人々は一本の樹木を伐るのでも、「〇〇のために必要なので伐《き》らせてください。どうぞアイヌにこの木をおさげわたしください」とお祈りし、その木の根元にイナウを立て、大地のカムイにイナウを捧げたそうである。

このようにアイヌ文化は自然にまったく逆らわない文化ではなく、人間に役立つように願い、上手に利用してきた。いまふうにいえば、「持続可能な利用」を続けてきたのだ。アイヌの人々の二次林文化に共通する世界観・自然観や自然物への造けいの深さこそが、北海道の森林をはじめとした自然環境を、近世まで良好な状態に保ち続けてきた原動力になっていたに違いない。こうしたアイヌの自然とのつきあい方とは対照的に、明治以降の開拓が進められてきた。

図Ⅳ－4　北海道・十勝の開墾風景．士幌町コミュニティーセンター壁画（小口一郎氏原画）．切り株が人の背丈ほどの高さがあるのは，冬の積雪期に木が伐倒されたためである．

三方六《さんぼうろく》

　この広大な北海道・十勝の原野に開拓の鍬《くわ》が入れられて、現在一世紀以上がたっている。開拓が開始されたのは一八八二（明治一五）年であったが、トノサマバッタの大発生や寒冷な気候のために開拓は思うにまかせなかった。開拓が軌道に乗りだしたのは、北海道庁が十勝地方の開拓にも力を入れだした明治末期になってからであった。北海道開拓使は「植民地選定区画」にもとづいて、アメリカの西部開拓時代に採用されたタウンシップ制に範を求め、正方形の地割を施し入植者を入れてきた。一区画が、東西南北ともおよそ三〇〇間（五四〇メートル）間隔の碁盤目状で、その中に一戸当たり五町歩（約五ヘクタール）の農家を五戸ずつ入植させた。各戸五町歩の国有未開地を無償で貸し下げられた農民は、五年以内に開墾して耕地にしなければならない。そして、検査にパスすると無償で自分の土地になるというやり方であった。だから五町歩の森林をできるだけ早く伐開して、四、五年のうちに耕地にしなければならなかった。

開拓者の日々の暮らしは、少しでも早く木を倒して焼き払い、自給用の作物を植えつけていくことであった（図Ⅳ−4）。したがって、入植者にとって樹木はじゃまもの以外のなにものでもなく、木々との格闘の毎日をすごした。移住者は二月から三月頃の最も寒い時期に現地に到着した。なぜ、厳寒期が入植に適していたのだろうか。

それは冬季ならば、十勝の台地に生い茂っていたカシワやミズナラの休眠期なので、水分が少なく伐木しやすく焼き払うのも容易で、伐採された大木も雪の上なら動かしやすいからであった。すなわち、入植後ただちに開墾作業に取り掛かれるのが、厳寒期のこの時期だったのだ。開墾のために伐採された木の中から、まっすぐなものは建材として使われ、その他は薪として割られ、日常の炊事はもちろん厳冬季の燃料に欠かせなかった。十勝の薪は他地域のものよりもかなり太く、木口のサイズ三方がそれぞれ六寸（約一八センチ）であったため、「三方六」（さんぽうろく）と呼ばれた。三方六の薪が赤々と燃える裸火の炉の火を囲んで、開拓の疲れを癒したのであろう。

馬糞風と防風林

しかし、開拓が進み周囲に森林が少なくなると、十勝連山から吹き降ろしてくる強風が、容赦なく耕土を吹き飛ばした。十勝平野の火山灰地は、冬季になると地下四〇センチも凍結する。凍上した表

図Ⅳ－5　北海道・十勝平野の防風林のある風景．芽室町嵐山展望台から望む．

土は春先になると融けて、パサパサに乾燥する。馬橇《そり》が冬の運搬手段の主役であった一九五〇年代中頃（昭和三〇年代）までは、雪が融けると冬の間、雪道にまき散らされていた馬糞が乾いて風で舞い上がるので、春の強風を「馬糞風」とよんでいた。五月下旬、乾燥しきったところに強風が吹きまくると、空が黄色に染めあげられて、播いた種子は土もろともに吹き飛ばされてしまう。吹き溜まりには、種子だけでなく馬鈴薯の種芋《たねいも》まで転がってきたり、土砂が一〇センチ以上も積もったりしたという。こうした風蝕害だけでなく、降雨があれば表土の流出がおきてしまう。強風で種子もろとも表土とともに飛び散ったり、強風が地温を奪い土壌を乾燥させたりするので、種子の発芽が妨げられてしまい、播種《はしゅ》のやり直しが必要となる。

北海道開拓使は入植者に農地を配分するときに、一〇〇間（約一八〇メートル）幅の幹線防風林を、基線から一八〇〇間（三二四〇メートル）ごとに直線的に設定した。このような国有幹線防風林は、後に保安林に指定さ

図Ⅳ－6　美しい白樺の耕地防風林．北海道士幌町．

れた（図Ⅳ－5）。当初、この防風林は机上で機械的に設定されたものなので、中には無立木地も含まれていた。そこで、一九二二（大正一一）年から耕地防風林の造成が始められた。国有幹線防風林だけでは林帯の間隔が広すぎて十分な効果が上がらないので、農家が自家所有の農地の周りに二～三列の並木状に耕地防風林を作った。国有幹線防風林はカシワ、ミズナラ、ダケカンバなどの広葉樹が多いが、耕地防風林はニホンカラマツが八割近くを占め、次いでシラカバが多い（図Ⅳ－6）。カシワやミズナラなどでは、防風林として役に立つようになるのには、植林してから一〇〇年くらいは要するので、生長の早いニホンカラマツやシラカバが植えられたのだ。

　ところで、防風林の効果は風下においては、およそ樹高の一〇倍のところで三〇パーセント、二〇倍のところで一〇パーセント、風上においても樹高の五倍程度の区域内で風速を一〇パーセント減少させることが知られている。ニホンカラマツは高さ三〇メートル、直径一メートルにもなる高木なので、五〇〇メートル四方の碁盤目状内の耕土は強風から護られ、地温の低下や土壌の乾燥も防ぐことができた。

2◦カシワの木

カシワの純林

見渡すかぎりカシワの樹海であった北海道十勝平野から、カシワの平地林が姿を消したのは農業開拓以外に、もう一つの理由があった。その理由を考える前に、ここでカシワの木について、もう少し詳しくみておきたい。

カシワは日当たりのよい山野に自生するブナ科の落葉樹で、太い枝を張りだし、樹形が全体的にごつごつした男性的な感じのする木である（図Ⅳ-7）。樹皮は黒灰色でコルク層が発達しており深い縦の裂け目ができていて、「鬼皮《おにかわ》」とよばれていた。北海道から九州まで日本全土で分布がみられるが、関西以西では比較的少ない。適応性が非常に強く、乾燥地や火山灰土壌に覆われたようなやせ地にも強いので、海岸砂丘や丘陵地などにも林を作る。カシワは陽樹なので遷移《せんい》が進めば、本来、陰樹によって駆逐されてしまうので、極相林《きょくそうりん》とはならない。しかし、十勝地方のカシワ林は世代交代し、長期間、安定してきた。年降水量八〇〇ミリ前後という少ない降水量と厚い火山灰層のひろがりが、そ

図Ⅳ－7　十勝平野に残るカシワの大木．北海道幕別町．

の原因と考えられている。また、カシワは鬼皮とよばれるほど厚い樹皮をもっていたので、野火に抵抗性があり、山火事のときに他の樹種が燃え尽きても、カシワの木だけが生き残ることが多い。したがって、カシワの純林がみられる所は、かつて山火事に襲われたことがあるとみて間違いないらしい。

カシワの葉は先端に近い方がひろがり、葉柄の方へ向かうにつれて細くなっていき、葉の周りにあるギザギザの鋸歯《きょし》は丸みを帯びて、縁が波状になっている。冬枯れた葉はそのまま枝上に残って越年し、翌春、新芽が出る時期まで落ちない。『枕草子』に「柏木、いとおかし、葉守の神のいますらむもかしこし」とあるのは、葉の残ることを神様が宿っていると見たてたものである。

堅果《けんか》のドングリは粉に挽《ひ》き、渋抜きをしてデンプンをとり、団子などを作って食べた。下痢止めの薬にも使われた。また、第二次世界大戦中などには、炒《い》ってコーヒーの代用にしたこともあったという。

材は重く堅《かた》いが、繊維が乱れているために加工が困難で狂いがでやすい。そのため、用途としては床板材、枕木、薪炭材、シイタケのほだ木などを主体としている。ヨーロッパでは木造船時代の船舶材として重用され、北欧でも、バイキング以来の船舶材であった。また、ウイスキーやビール、ワインの樽材としても使われている。

ナラとカシ

カシワはコナラやミズナラなどと同じ落葉樹のブナ科コナラ属(*Quercus*)の植物で、それらはナラ(楢)と総称されている。ところで、常緑樹《じょうりょくじゅ》のカシ(樫)類と落葉樹《らくようじゅ》のナラ類とは、見かけは異

図Ⅳ－8　紋章になっているオークの葉とドングリ（左，イングランド），グリーンマンの彫像（右）．イギリスやドイツの教会の壁面や屋根などにグリーンマンの顔の彫刻を見つけることができる．

なるがじつは両者は類縁の最も近い植物で、分類上は同じブナ科の仲間である。英語では、ナラもカシもオーク（oak）である。古い英和辞書にはオークがカシ（樫）とだけ訳されて載っているものがある。その辞書を引いてしまったのか、イギリス小説の翻訳のなかに「すっかり葉の落ちた樫の林で」という描写があったそうだ。常緑樹では決してありえない光景である。カシがないイギリスで、オークがカシを意味するはずがない。常緑樹のカシ類は地中海周辺地域に限られている。

　ナラ類はイギリスやドイツなど北部ヨーロッパに分布し、ブナが「森の母」とよばれるのに対して、ナラ類は「森の王様」とよばれている。イギリスではロイヤル・オークの名をもらっている。また、ギリシャ神話の中では、偉大な天の神ゼウス（ジュピター）の木とされている。その葉は名誉の象徴とされて、軍帽や紋章、飾り帯などのデザインに用いられている（**図Ⅳ-8の左**）。

カシワなどのナラ類は、ケルトのドルイド（Druide）教にみられるように、樹木崇拝の対象であり、宗教的に重要な役割を持っていた。巨木はしばしば、落雷にみまわれるので、神の依代《よりしろ》と考えられたのであろう。そもそも、ドルイドとはケルト語で「オークの木を知っている人」を意味しているそうだ。イギリスやドイツなどの教会で見られる「グリーンマン」の彫像も、ゲルマンの森の信仰がキリスト教の中で、生き抜いてきた証といわれている。グリーンマンの仮面には、オーク（ヨーロッパ・ナラ）の葉を口から吐き出しているデザインが多い（**図Ⅳ-8の右**）。

中世のヨーロッパでは農民が秋から冬にかけて、森に豚を放ちナラ類のドングリを食べさせて太らせていた。当時、森林の価値はその面積の広狭よりも、ドングリの実の量、つまり放し飼いができる豚の頭数にあった。現在でも、ヨーロッパで最もおいしい生ハムは、スペインのウエルバ県ハブーゴ村産のもので、ドングリだけを食べさせて飼養している豚で作ったものである。現地でも一つの小さなブロックが、日本円で二～三万円の値で、日本に輸入されたものは七万円ぐらいで売られている。

柏と槲

現在、私たちに最もなじみのあるカシワの用途は、なんといっても「柏餅《かしわもち》」でおなじみの葉である。カシワの葉で包んで蒸した五月節句の柏餅の味は、何歳になっても忘れられない。端午《たんご》の節句といえば柏餅がつきものになったのは、カシワは新しい葉っぱが出葉するときに古い葉が落ちるので、跡継ぎができたという意味で一家繁栄を祈り、祝う心情が込められているという。そのせいか、カシワは紋所としても古くから人気が高く、さまざまなデザインが考案されていて、日本の十大家紋の一つに数えられているくらいである。

カシワという名の由来にはいろいろあるが、「炊ぎ葉」（かしぎは）あるいは「食敷葉」（けしきは）から転じたというのが一番有力である。もっとも、昔はシイ・ササ・ツバキ・サクラ・カキ・ホウノキなど、食物を盛った葉をすべて「かしわ」といい、そのうちこの名称は現在でも柏餅として使われているカシワだけに残ったのだそうだ。

ところでカシワを漢字で書くと、「槲」または「檞」と書くが、日本では一般に柏餅をはじめとして「柏」という字を当てている。しかし、柏というのは中国では、ヒノキ科のコノテガシワ（児の手柏）*Biota orientalis* Endlicherという針葉樹のことである。したがって、柏の字を使うのはまったくの誤りである。コノテガシワは日本には江戸時代中期頃に入ってきたという。ちなみに、カシワの中国名は槲樹、または柞樹である。柞というのは第Ⅲ章でみた山繭の柞蚕《さくさん》（一四八頁参照）に由来しており、若葉が柞蚕の飼育に用いられているからである。

しかし、十勝平野のカシワ林は、材や葉やドングリに目をつけられたのではなく、鬼皮《おにかわ》と呼ばれた黒くごつごつした樹皮であった（**図Ⅳ-9**）。

鬼皮からの製渋

カシワの樹皮にはタンニンが多く含まれている。タンニンというのは、動物の「皮」を、通水性や通気性に乏しい「革」に変える植物成分のことで、日本語では「渋《しぶ》」といっている。タンニン水溶液

図Ⅳ－9　鬼皮と呼ばれているようにコルク層が発達したカシワの樹皮.

に皮をつけると、タンニンが皮の内部にまで浸透して皮と結合し、腐敗させないようにする効果があるためである。生皮から毛と脂肪を取り除いただけの皮は、乾燥させておかないと腐りやすい。タンニンが結合してできた革は、柔軟性があって水に強い。読み方は同じ「かわ」でも、タンニン処理前と処理後で、異なった字を当てている。

　タンニンを用いた洋式製革法が、日本に始めて導入されたのは一八九一（明治三）年であった。陸奥宗光《むつむねみつ》と津田出が和歌山市伝法に軍用の革製造を目的とした「陸軍御用製革伝習所」を設立し、ドイツ人製革技師ハイト・ケンペルを雇い入れ、洋式製革法の指導にあたらせたのが最初であった。洋式製革法が導入されるまで、日本では古くから革製の武具などを作るのに「明礬《みょうばん》なめし」が行われていた。これはミョウバンを溶解した水につけてなめす方法で、「白なめし」といわれ、製品の革は主産地の名をとり「播州革《ばんしゅう》」、後には「姫路革」とよばれていた。日本の古来の製革法は、柔軟でかつ強靱な薄物の革には適していたが、弾力と耐久力を必要とする靴底などの厚物には洋式製革術が優れていた。

北海道のカシワの樹皮からタンニンを抽出する試みは、一八九一（明治二四）年頃大阪の皮革業者の照会により、広尾郡茂寄村からカシワ樹皮を送ったのが始まりという。そして千葉県佐倉町の桜組皮革製造合資会社が、胆振《いぶり》国勇払《ゆうふつ》郡早来《はやきた》に製渋所を建設したのは、一九〇二（明治三五）年のことであった。翌年八月に操業してたちまちにして、年間生産額一〇万円にもなるタンニンエキスを産出するようになった。樹皮を砕いて乾留法でエキスを採る方法であった。一九〇七（明治四〇）年に皮革業界の変革があり、桜組、大倉組、東京製皮、今宮皮革の四社が解体合併して日本皮革株式会社が創設された。早来工場はそのまま日本皮革の製渋所として事業を継続した。

一九一一（明治四三）年、日本皮革はカシワの宝庫ともいうべき十勝国にも進出し、中川郡洞寒《しぼさむ》村（現池田町）に工場を新設して、一九一二年一一月の操業開始と同時に早来工場を閉鎖した。この工場は原料になるカシワ樹皮の消費量が四〇〇万貫（一万五〇〇〇トン）というもので、そのうち三〇〇万貫が十勝国から、一〇〇万貫が北見国から供給されていた。

3◇日本の産業革命を支えた十勝のカシワ林

軍靴から革製工業用ベルト

幕末から明治にかけての日本は富国強兵をめざし、殖産興業や近代軍隊の整備に懸命だった。軍靴《ぐんか》製造もその一環であった。幕末維新の動乱で、それまで一般的であった藁草履《わらぞうり》は耐久性に乏しいことがわかり、革靴の必要性が認識されたのだ。一八七七（明治一〇）年、西南戦争が勃発し、軍靴が大量に必要となった。当初、輸入品でまかなっていたが、やがて政商が競って革靴の国内生産を試みた。長州系の政商である藤田伝三郎は、藤田組を興し、和歌山での伝習契約の切れたハイト・ケンペルを雇い、大阪で製革・製靴業に取り組んだ。一八八二（明治一五）年、関東の政商の大倉喜八郎が興した大倉組も、大阪で製革業にのりだした。

幕末の一八五七（安政四）年に伊予（現在の愛媛県）松山で生まれた新田長次郎は、一八八四（明治一七）年の暮れに、それまで大倉組に勤め製革技術を身につけてきたが、独立をして、大阪で小さな革なめしの新田組工場を始めた。操業の当初、製造したのは、製靴向きの薄物の革であった。しか

図Ⅳ−10
国産初の新田組の動力伝導用革製ベルト（北海道幕別町新田の森記念館）.

し、長次郎は不断の努力によって技術を高め、一八八八（明治二一）年五月には大阪西成郡の品評会で、高い技術を要する厚物なめし革を出品して二等賞を得るなどして、注文も増え工場は順調に拡大していった。

この品評会で長次郎の出品した厚物に注目したのは大阪紡績㈱であった。大阪紡績は明治の代表的な財界人である渋沢栄一や藤田伝三郎が設立発起人となり、一八八三（明治一六）年に大阪市大正区三軒家町に建設された近代的繊維会社で、日本の繊維産業界全体の指導的立場にあった会社である。それまでの日本の紡績工業は「ガラ紡」と呼ばれる水車を動力とする紡績機で、その数も二〇〇〇〜三〇〇〇錘《すい》程度のものであった。しかし、大阪紡績は蒸気を動力に用い、その規模は一万五〇〇〇錘というこれまでのものとは比べ物にならない大規模工場であった。当時の紡織機はイギリスからの輸入品で、蒸気による動力を伝導する革製ベルトを使っていたが、高速で回転するために痛みが激しかった。いったんベルトが切れてしまえば、その補給には船便で数ヶ月を要した。もちろん、その間、紡績工場の操業を完全に停止しなければならなかった。そこで、大阪紡績は、新田組の工場に革製工業ベルトの試作を依頼した。新田組では日夜、試行錯誤を重ね、一八八八（明治二一）年内に、みごとに高速に耐えうる丈夫な工業用革ベルトを作り上げて大阪紡績に納品した（図Ⅳ-10）。幅四・五インチ（一一・二五センチ）、長さ四二フィート（約一二・八メートル）の大型ベルトであった。これは当時の日本の産業界にとっては、画期的なできごとであった。すなわち、輸入した生産機械の部品を国産化するのに零細な新田組工場が、わが国で初めて成功したのである。国産第一号の革ベルトは、その後、動力伝導用ベルトとしてさまざまな実用化の道をひろげていった。

明治二〇年代に入ると、各地で紡績会社の設立が相次ぎ、紡績工業勃興のブームが起きた。新工場のほとんどは大阪紡績をモデルにして発足したものであり、新田の革ベルトは権威ある大阪紡績によってその品質を認められたということもあり、しだいに知名度を高め、販路が拡大していった（図Ⅳ-11）。その後、革を二、三枚合わせた長大な厚手の接合革ベルトが製造できるようになり、実績を積んで不動の地位を築きあげた。一八九八（明治三一）年には、軍艦用厚手鋼板を切断するための高速度鋼切断機用の伝動革ベルトを、呉海軍工廠に指名契約で納品できるまでになった。

十勝のカシワを求めて

皮をなめす作業は、まず原皮を水につけて生皮に戻すことから開始する。生皮とは動物から剥《は》いで、

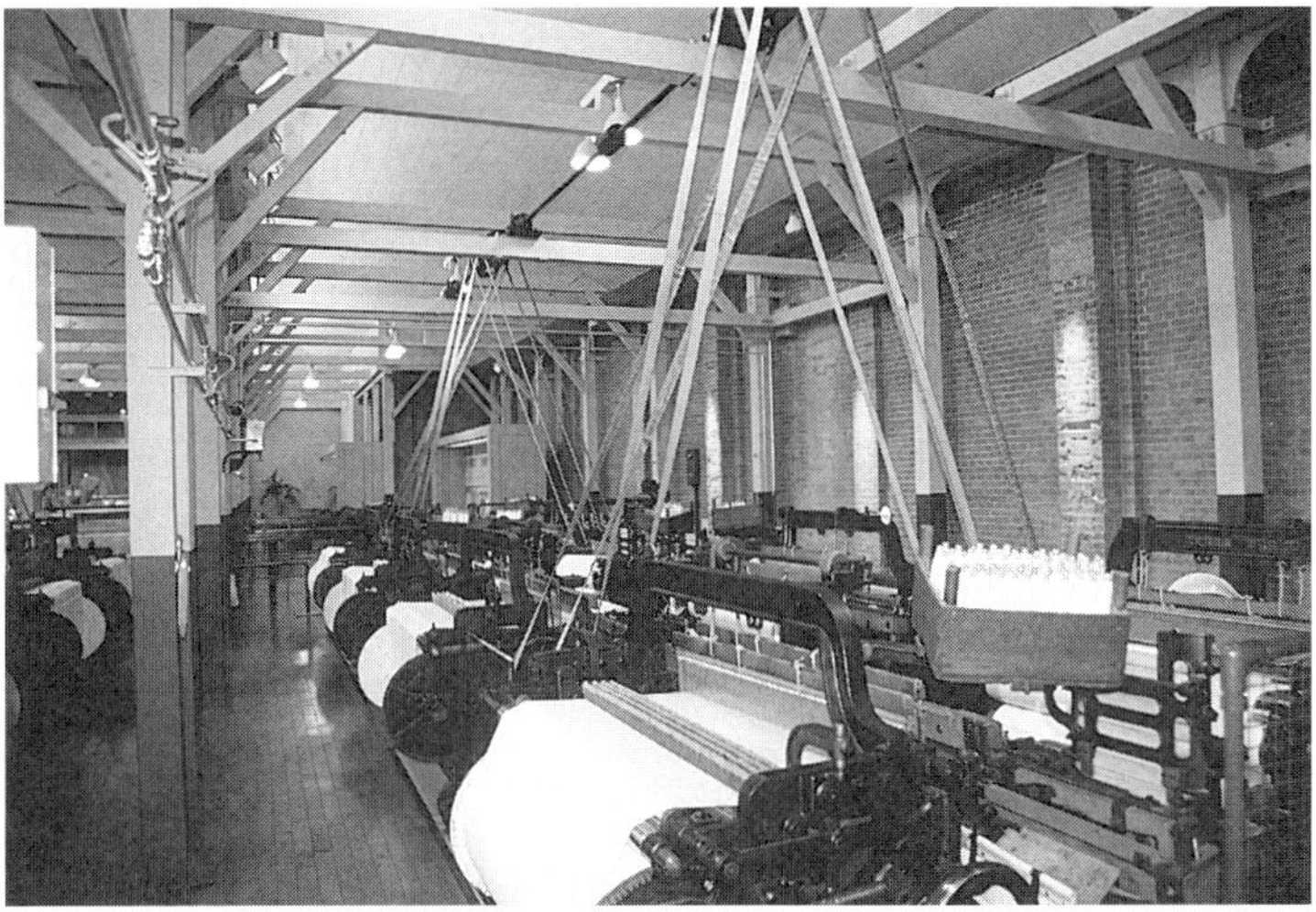

図Ⅳ-11　紡織機に使われていた新田の革製伝導ベルト．天井から下がっているのが当時の新田製の革ベルト．現在も「トヨタグループ産業記念館」（名古屋市）で展示されている．

加工しない状態のものを指し、原皮とは生皮を保存するために、塩漬け乾燥などの腐敗処理を施した状態のものをいう。水から引き上げた生皮は、裏打することによって、裏面の皮下結締《けってい》組織や脂肪、肉塊などをきれいに取り除く。次に石灰に浸けて脱毛し、脱毛後は「栓打」と「脱灰」をして、やっと準備段階を終える。栓打というのは皮の表面に残っている毛孔の中の毛根や毛鞘を押し出すことをいう。脱灰は石灰に浸けた後の皮を酸性の薬剤で中和し、皮に結合あるいは沈着したカルシウムを除去する作業のことである。この後、タンニン槽に浸けタンニンが染みわたると引き上げては水洗いして、未結合のタンニンを抜き、油脂を加えるとなめし作業が終了する。これを伸張、乾燥させると仕上げ段階の完了となる。こうして、皮をなめすには多量のタンニンを必要とする。

　新田組が北海道・十勝に進出する以前は、カシワのほかに山陰地方でとれるシイ（椎）の樹皮や、山陰、四国、淡路島でとれる通称「ノブノキ」といわれるノグルミ *Platycarya strobilacea* Sieb. et Zucc. などからタンニンを得ていた。ノグルミは、球果や樹皮、根皮にタンニンを多く含み、漁網の防腐剤や染料として古くから使われてきたが、皮をなめすと赤く染まってしまうのが欠点であった。新田組の製革工場が発展すればするだけ、良質のタンニンの確保が必要になった。十勝国茂寄村村長の田中好平はカシワ樹皮を新田組の工場に持ち込み、「十勝国には山野到る所に槲密生し、殆ど無尽蔵なり」ということを知らせたので、一九〇六（明治三九）年に北海道でカシワの調査を行った。初め、十勝ではなく勇払原野の早来に行ったが、すでに日本皮革会社がカシワの樹皮を採取して、タンニンの液体エキスを盛んに製造していた。そのため、かなりのカシワ林がなくなっており、カシワの蓄積が少なく多量の購入の見込みが立たないので十勝へと向かった。

　農商務省山林局によって一九〇五（明治三八）年に『單寧材料及槲樹林』、翌一九〇六年には山林広報臨時増刊三号の『槲林及單寧材料』と、タンニンとカシワに関する本が矢継ぎ早に発行された。この臨時増刊号の総説の中には、カシワ林とタンニン材料を取り上げた発刊の意義が次のように述べられている。「明治二七、二八年（一八九四〜九五）の日清戦争に続いて、明治三七、三八（一九〇四〜〇五）年に日露戦争がおき、大量の軍靴や革製の馬具・弾薬盒・背嚢《はいのう》などが作られた。その結果、製革用のタンニンの大需要が生じたが、そのときに本州のカシワは伐採され尽くしてしまい、現在は採取地を北海道に移している」と述べられている。さらに、「当時、北海道がカシワの樹皮を年産約一〇〇〇万貫（三万七五〇〇トン）産出していたのだが、やがて北海道でもカシワが枯渇するであろう」と憂えている。そして、「もし再び戦争でも起これば軍需品として不可欠なタンニンが入手不能な事態に陥り、日露戦争時にドイツ製のタンニン価格が高騰したような事態をまねく恐れがあること」を訴えている。そのために、カシワ林について今、研究をしておく必要があり、「敢テ本扁ヲ公ニシ以テ世間ノ注意ヲ喚起セント欲スル所以ナリ」と結んでいる。

新田帯革十勝製渋工場

新田組の一行は十勝に入り、芽室《めむろ》、止若《やむわっか》を視察しカシワが多い事を確認した。一九〇八（明治四一）年に、個人経営の新田組を、合資会社新田帯革製造所へと会社組織に改め、芽室村で村有地を借り受けて製渋原料のカシワ樹皮を集荷するための出張所を開設した。一九〇八（明治四一）年の一ヶ年の樹皮採取量は、一一万一八二七貫（約四一九トン）であった。その後、十勝国内上川郡人舞村新得、同清水、川西郡帯広町など七箇所に「槲樹皮買い入れ所」を置いた。盛んに樹皮を買い入れたので、その産額は急に増大し、一九一〇（明治四三）年には生産量一二六万貫（四七二五トン）で、生産額は六万二三〇〇余円となった。さらに北見国の美幌《びほろ》・女満別《めまんべつ》などにも出張所を設け、しだいに業務を拡張していった。各出張所にはカシワの樹皮を剥《は》ぎ取るため「山頭」と呼ぶ親方を雇用し、山頭はさらに多数の作業員を雇い入れ使役していた（**図Ⅳ-12**）。最盛期には作業員の数が二〇〇〇名にも達していた。それとともに、カシワの密生していた十勝の官林の払い下げを北海道庁に出願し、社有のカシワ林を持つことにした。

幕別《まくべつ》の金毘羅《こんぴら》山に三五〇〇ヘクタール、モハチャに三三〇〇ヘクタールの山林の払い下げを受け、タンニンの抽出工場を計画した。一九〇九（明治四二）年に十勝線の鉄道が開通したので、新田帯革

図Ⅳ-12　明治末期のカシワ樹皮の採取風景．剥いだカシワの樹皮を，横倒しにした丸太に立て掛けて乾燥させている．中央には男性２人が，天秤棒で結束したカシワの樹皮を運んでいる様子が見える（北海道幕別町新田の森記念館所蔵）．

製造所は中川郡幕別村止若駅に接続する土地に、十勝製渋工場を新設した。払い下げられたカシワ林内に総延長三五キロにも及ぶ馬車鉄道を施設し、カシワの樹皮を集めた。さらに、然別《しかりべつ》に一三〇〇ヘクタール、音更《おとふけ》や士幌などの土地九〇〇ヘクタールの払い下げを受けその他民間の土地を買い増して、社有面積は三万ヘクタールにも達した。

カシワの剥皮法

カシワから樹皮を剥ぐ作業は、出葉直後の五月から八月まで行われた。この時期は北の長く厳しい冬の休眠からさめたカシワが盛んに根から水分を吸い上げているので、樹皮が剥がれやすく、しかもタンニン分が最も多く形成されている時期に当たる。そして、最も良質なタンニンが採取できるのは一〇～一五年生のカシワ樹で、木がそれより大きくなるとタンニンの含有量は少なくなってしまう。根通し径一尺（約三〇センチ）のものが最適とされ、その一本の木からは三～六貫（約一二～二三キロ）の樹皮が採取されていた。

剥皮法には二通りのやり方があった。一つの方法は、根元から立ち木を切り倒してから一尺七寸（約五二センチ）～一尺九寸（約五八センチ）、あるいは二尺五寸（約七六センチ）の長さに玉切りして、石などを台にして、金槌又は木槌で叩いて樹皮を剥がすやり方である。

木が太く大きなものであれば、立ち木の手が届くところまで叩いて樹皮を剥いでおき、その後に木を切り倒してから残った部分の樹皮を剥いだ。そして、樹皮を乾燥させてから、丸型あるいは角型に結束して搬出していた。樹皮は乾燥すると、生皮の三割減の重さになった。北海道からのカシワ樹皮

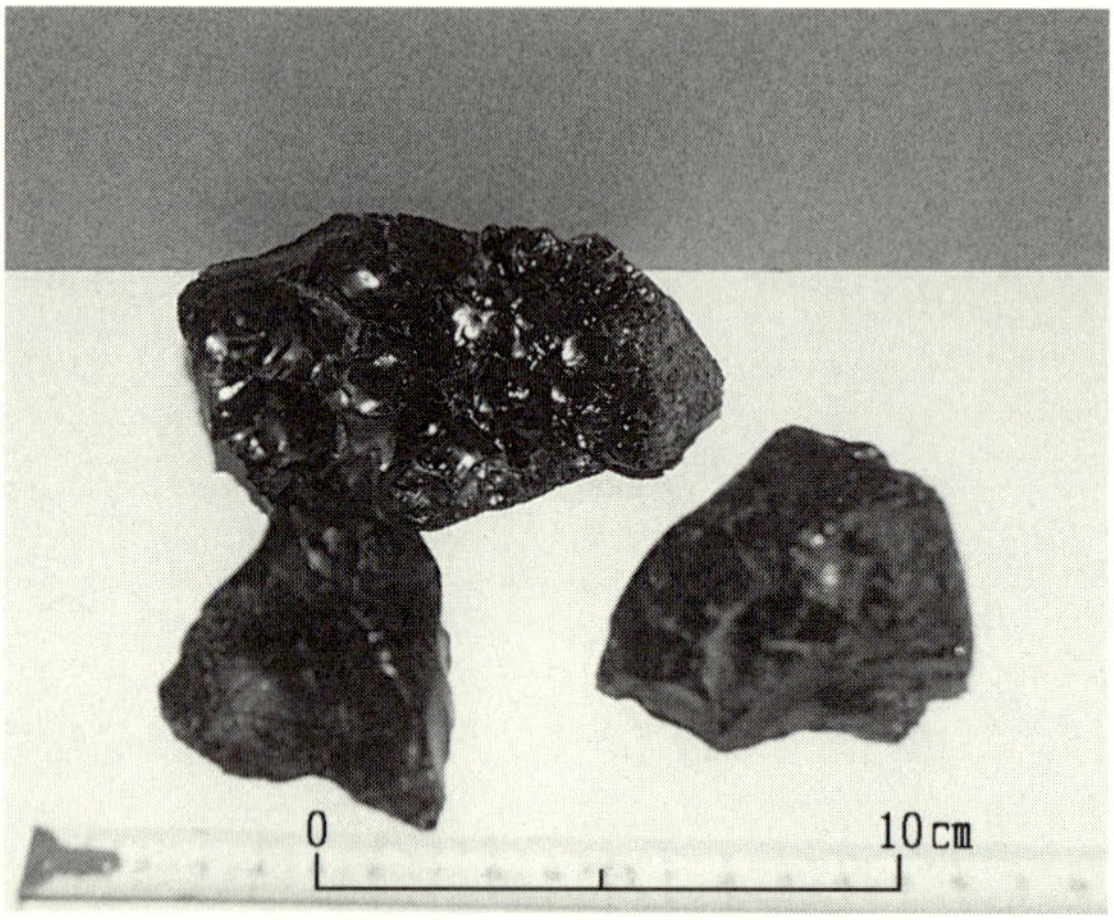

図Ⅳ-13　星印渋エキス．新田帯革製造所十勝製渋工場でつくられた国産初の固形タンニン（北海道幕別町新田の森記念館）．

は、汽船で東京や大阪へ運ばれた。カシワの樹皮は道内で容易に手に入れることができたが、乾燥して重さは減じられても、かさ張るので運賃が高くついた。

星印渋エキス

日本皮革によって製造されていた液体エキスは、カシワの樹皮から浸出されたタンニンを、平鑵《かん》で濃縮した液状のもので、濃縮度も低く、ガラス瓶に詰められていたので取り扱いにも不便であったという。一九〇九（明治四二）年に新田帯革製造所十勝製渋工場の建設が着手され、一九一一（明治四四）年八月に新工場ではタンニン浸出液を半流動体とする新田考案の真空鑵と、さらに固体にまで濃縮できるドイツ製のヘックマン回転式真空鑵とを設備して、日本で初めての固形タンニンの製造を開始した。製造用の燃料は樹皮以外のカシワの残滓《ざんし》や、北海道産の石炭を用いた。製品には新田組以来の星のマークを付して、「星印渋エキス」と命名した（図Ⅳ–13）。

そのときに発行した「星印渋エキス説明書」には、これまでは、高価な輸入エキスを用いるか、北海道産のかさばる樹皮をそのまま運搬して関東や関西の工場まで運ばなければならなかったので不便であったが、新田の国産固形エキスの発明により運搬が格段に容易になったと記されている。星印渋エキスの効能として、「星印渋エキスハ製革用トシテ特効アリ」と記されており、この固形タンニンが、他のタンニン剤に比べると製革用としてその効能の高いことがうたわれている。

一九一五（大正四）年の『山林公報第九号』の付録「北海道ニ於ケル槲林及槲皮ノ利用状況」によれば、新田の十勝製渋工場固形タンニン製造高は、一九一二（大正元）年が二〇万貫（七五〇トン）で一九一三、一四（大正二、三）年が三〇万貫（一一二五トン）であった。第一次世界大戦が、一九一四（大正三）年に勃発し、ドイツが降伏する一九一八（大正七）年まで続いた。その間、この国産初の固形タンニンは軍需輸出品の寵児《ちょうじ》となり、イギリス、ロシアに向けて盛んに輸出された。一九一六（大正四）年から一七年にかけての年産額は毎年一〇〇万円を突破し、タンニン工業の頂点に達した。会社は林野の払い下げを受けるか、または官林ないし国有林のカシワ樹の払い下げを受け、これを下請け業者にまわす。下請け業者は作業員を使って樹皮をはいで回り、集荷して納入する。原料のカシワ樹皮の相場は、桜組がはじめて早来に工場を設置した一九〇三（明治三六）年当時、一〇〇石（一五トン）当たり七〇円であったが、一九一二（明治四五）年にはそれが二〇〇～二四〇円にも高騰した。業者は作業員を雇って先を争うように樹皮を採取した。皮剥ぎの作業員は、能率を上げるために手の届くところまでの樹皮を剥ぎ取り、一部は鉄道用枕木造材として使われたが、あとは林地残材としてほとんど打ち捨てられて、他の場所へと移動した。こうして十勝のカシワ原生林は、皮を剝がれて放置され、次々と枯死していった。自然環境を持続的に利用していたアイヌの人々が、シリコル・カムイ、すなわち「山を所有する神様」と崇めてきたカシワの木々は、押しとどめることができない産業化の波によって、次々に消失させられていったのだ。

輸入タンニンとの競合

新田帯革の十勝製渋工場では、カシワの樹皮だけを採取して、そのほかの大部分がうち捨てられていたが、一九一三（大正二）年にアメリカ製の裁断機を導入して、木質部からもタンニンを抽出することに成功し、この製法の特許を取得した。これによって、樹皮のみからの採取に比して、カシワの原木消費量を約一〇分の一に減らすことが可能になった。

木質部からもタンニン採取が可能になったことで、カシワ樹皮の乱獲は、かなり抑えることができるようになったものの、最盛期には十勝製渋工場では、一年間に約三〇〇〇ヘクタールのカシワ樹を必要としていた。したがって、社有地は三万ヘクタール余りだったので、一〇年間で原木が皆無になってしまう計算になる。十勝製渋工場では当初から、カシワが枯渇すれば仕事を継続できなくなるので、持続的な利用を行うためにカシワの造林を計画していた。しかし、官林や国有林の払い下げは、樹木を伐採して開発することが主目的であり「植林セズ」との条件付きだった。そのため、カシワの植林には許可がおりず、仮におりたとしても、カシワが成木となるまでには相当の年月を必要とすることや、なんどとなく起きた山火事などにより、植林計画を断念せざるをえなくなった。

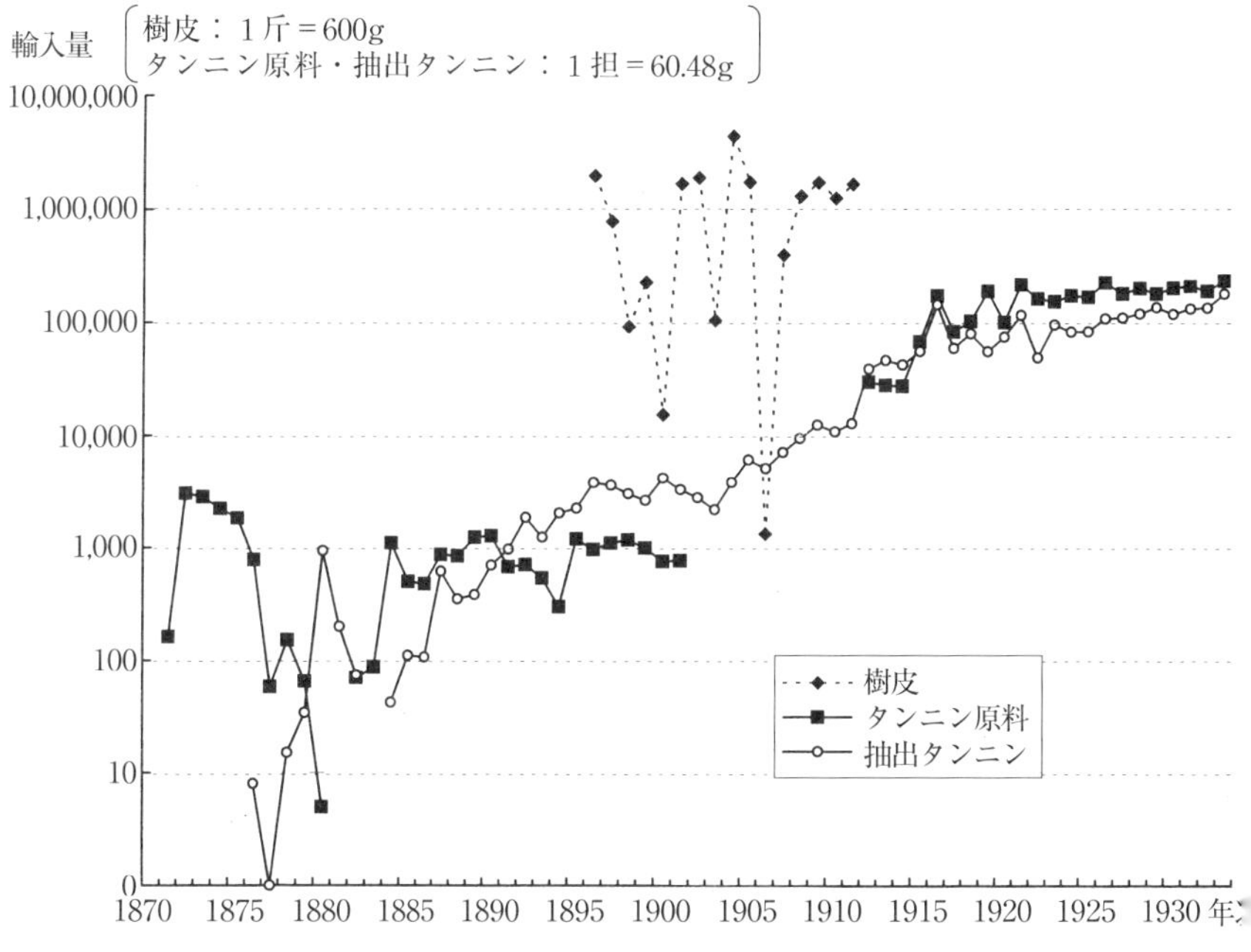

図Ⅳ-14　タンニン原料の輸入量の推移（1870～1933年．東洋経済新報社『日本貿易精覧』1935年から作成）．

そのころ日本国内には、南アフリカのナタールからワトルの樹皮が盛んに輸入されるようになり、北海道のカシワ樹皮よりも良質で、しかも安価なタンニンが得られるようになった（**図Ⅳ-14**）。さらに一九〇〇年の末頃（明治四〇年代）までの製革法はすべてタンニンによる植物鞣革法であったが、それ以降はクローム製革など鉱物鞣革法が実用化されだした。こうした状況から、北海道のカシワ樹皮を原料とする製渋事業は縮小されることになった。そして、十勝製渋工場は、一九一九（大正八）年から製造を開始したベニヤ事業の方に経営の重点を置くことにした。

一九二四（大正一三）年八月一四

日製渋工場で、火災が発生したのを機にタンニンの製造を中止し、製渋事業に終止符をうった。洞寒《しほさむ》村に進出した日本皮革も一九二三（大正一二）年に撤退し、十勝の地で隆盛を極めたタンニン製造という特異な産業は、多くのカシワを枯死させて短期間で完全に終止符を打つことになった。

ベニヤ製造

製渋工場のための広い社有地の中には、カシワ以外にもカバ（樺）類、セン（栓）、カツラ（桂）、ミズナラ（水楢）などの樹木がたくさんあった。木目は美しいのに狂いが大きいために放置されていたこれらの材の用途として、合板にすることを考えつき、一九一九（大正八）年に新田ベニヤ工業株式会社を設立した。新田は革ベルト製造の時に、糊付けの技術を会得していたので、合板製造にそれを容易に応用することができた。丸太を巻紙状に薄く剥ぐロータリーレース・クリッパー（剪断機）、ドライヤー（単板乾燥機）、グルー・スプレッター（糊付け機）、プレス（圧着機）など、アメリカ製の合板機械一式を買い入れたり、耐水・耐熱に優れた接着剤を開発したりして、わが国初の北海道産ベニヤ（薄板）合板の製造に成功した。ベニヤ合板は建築・家具用として国内向けに、紅茶の荷造り箱はイギリスに輸出した。ラワンをベニヤ板に使用したのは、一九二三（大正一二）年にシンガポールで原木を五〇トン買い付けたのが始まりであった。製品の歩止まりが、道材では三〇～四〇パーセントであったものが、ラワン材では六〇～七〇パーセントに向上したので、製品のコスト引き下げに役立ち、以後ラワン材の使用が急増した。この年の九月に関東大震災が発生し、復興のためにベニヤ板が増産され、「ベニヤ」という名称が世の中に定着したのもこの時期であった。さらに、この時にアメリカで視察してきたドア製造も開始した。日比谷の帝国ホテルの内装用ドアや、一九三六（昭和一一）年に完成した国会議事堂のドアをはじめとして、高級建築物には新田ベニヤの製品が使われた。第二次世界大戦中には愛国第一五一工場として、「マカバ」（真樺）と呼ばれていたウダイカンバを使って、飛行機用合板の製造を行ったり、プロペラなども生産したりしていた。また、鉄道マニアには懐かしい、旧国鉄の一・二等車のカバ・タモ・ナラ合板や、三等車のセン合板も新田ベニヤの製品が使われた。この他には、貨物車用の合板、船舶用合板、難燃合板、防腐合板、ボーリングのピンからタンバリンや太鼓といった楽器の胴などいろいろな製品に活かされてきた。

また、カシワ伐採の跡地では、払い下げの条件にもなっていた牧場や農場の経営が開始された。一九一四（大正三）年に払い下げを受けた士幌《しほろ》町新田地区のカシワ林は渋皮の採取は行われずに、隣接の牧場を買収合併して五三一六ヘクタールの広大な牧場となった。十勝の各地には、今も新田の名がつく地名や牧場が何ヶ所かある。それらは、タンニン製造のために新田帯革十勝製渋工場が払い下げを受けたり買いとったりした場所である。牧場ではホルスタイン種をはじめ優秀な牝の種牛を次々と輸入し、その牧畜事業はめざましい発展を遂げた。酪農を行うことによって化学肥料に依存するのではなく厩肥《きゅうひ》を用いて土づくりをし、農場を経営することを創業当初から考えていたという。一九二六（大正一五）年には、十勝でバターや練乳の製造も開始した。しかし、この事業は所期の目的を一応達成したということで、一九三六（昭和一一）年に明治製菓系の極東練乳に営業権や工場等の施設を売却譲渡した。

4◆耕地防風林の修復と持続的農村に向けて

大農法と防風林の消失

北海道・十勝に入植した農民は、馬鈴薯や大豆《ダイズ》・小豆《アズキ》など、寒冷な気候とやせた火山灰土壌でも生育できる作物を栽培した。一九一〇年（明治末期）頃には、イギリスにエンドウ豆や菜豆《さいとう》（インゲンマメ）を輸出するようになり、第一次世界大戦頃にはアメリカへも輸出するようになった。輸出に加えて、国内の嗜好品の消費も拡大し、小豆がアンや甘納豆等にも使われ需要が伸びた。二頭立てや三頭立ての馬耕によって経営規模の拡大が容易に進展し、十勝地方は「豆景気」にわいた。しかし、豆がやせた火山灰土壌に強いといっても、十勝は頻繁な冷害や霜害に襲われ、生産は不安定であった。また、豆は国内・国外でも投機的な作物となり、十勝の農民は豆相場に左右されるようになった。

そこで、北海道庁は一九二三（大正一二）年にドイツから甜菜《テンサイ》耕作を、そしてデンマークから有畜農業を導入して、危険分散の意味からも、豆類のモノカルチャーから三分割の輪作方式を指導した。すなわち、豆作を三分の一に抑え、異常な冷害にも強い甜菜や馬鈴薯などの地中で生育する作物に三

図Ⅳ−15　大型コンバインによる小麦の収穫．北海道芽室町．

分の一をあて、残りの三分の一をさらに短い生育期間ですむ牧草を当てるという輪作方式を導入した。甜菜は砂糖の原料になるばかりでなく、乳牛の飼料にもなる。牧草の栽培と同時に、酪農も開始された。第二次世界大戦後には全国的に、牛乳や乳製品の需要が増し、酪農が脚光を浴びるようになり、十勝平野は酪農と畑作を組み合わせた大規模な農業地域へと発展した。馬に代わり、今、農作業はハーベスター、コンバイン、トラクターなどの大型機械が主役である（図Ⅳ−15）。

経営規模の拡大が進み、大型の機械が普及するにつれて、途中に耕地防風林があると作業能率が低下してしまう。そのため、途中の防風林が切り倒されて、より広大な一枚の畑が作られてきた。一九六五（昭和三〇）年には六〇二七ヘクタールあった十勝地方の耕地防風林が、一九八〇（昭和五五）年には四割

図Ⅳ−16　防風林に代わる鋼製の防風（雪）施設．北海道士幌町．

弱の二三四三ヘクタールへ、そして一九九五（平成七）年には昭和三〇年当時の二割弱の一一一二ヘクタールへと大幅に減少した。十勝地方では冬季間雪が降って気温マイナス五度以下、風速毎秒五〜六メートル以上になると、地上の雪が移動する地吹雪が発生するが、防風林は地吹雪を捕捉《ほそく》する防雪効果も発揮する。しかし、防風林が少なくなったため、農道の窪地には雪の吹きだまりができ、そこに車が突っ込めば身動きができなくなる。すなわち、防風林の減少は農業への影響にとどまらず、冬季、車交通が不能になってしまうという深刻な社会問題も発生させている。防風林のない道路脇には鋼製の防風（雪）施設が設置され（図Ⅳ−16）、十勝地方の代表的な農村景観も大きく変化している。耕地防風林のある風景は、そこで生活している人間と十勝の風土が相互に作用しあってできたもので、

図Ⅳ−17　緑の回廊としての役割も果たす防風林．北海道芽室町．

人間の生活環境の保全、観光資源としても大きな役割を果たしている。防風林の減少と鋼製の無機質な防風施設の増加は、それ以前の十勝の履歴をほとんど考慮していないという証である。

防風林の再生と持続的農村

農業は十勝平野の林野を切り拓いた点では自然を壊した。しかし、耕地防風林を配するなど循環する生態系を生み出すことで新たな環境を作り、食料の生産に貢献してきた。ところが、その農村環境すらその後の農薬や化学肥料の投入とともに、大農法による大規模化によって壊されてきた。急激な十勝の耕地防風林の減少に歯止めをかけ修復する運動が、道庁や市町村などで補助金を交付したり、苗木を配布したりするなどして呼びかけられている。

耕地防風林は単に防風効果だけでなく、緑の回廊（コリドー）として野生動植物のネットワーク作りにも不可欠である（図Ⅳ-17）。動植物の生息空間をネットワークで結ぶ事業はドイツで盛んだ。生物の生息空間という意味で使われている「ビオトープ」はドイツ語である。ビオトープの形態は川や湿地、草地、森林などさまざまであるが、それらを保護・復元し、ネットワークをつくるのが、ドイツの環境政策の基本になっている。農村整備の重点が農業生産の効率化から自然保護と景観保全に大きく移行している。地平線まで見渡せる大区画の畑は大型の農業機械には便利で、農業の近代化に不可欠だとして推し進められてきたが、それが今では動植物が貧相な「空虚な農場」とよばれ、修復の対象とされている。大区画の畑の縁にはヘッジロウと呼ばれる生け垣や草地が作られ、ワシやタカのための止まり木まで配置されている。広い牧草地にはリンゴなどの果樹が植えられ、小鳥や小動物のための散在果樹園になっている。小さな川の両側には河畔林が復元されている。

　イギリスでも一九七三年のＥＣ加盟前後から、国内政策や共通農業政策に支えられ、経営規模拡大を加速させ、効率的な機械化農業を実現させるために圃場整備が積極的になされてきた。その陰で美しい農村景観の象徴とされてきた耕地境界のヘッジロウや石垣の多くが取り払われてしまった。農民は田園景観や生態系の破壊の主犯者として都市市民から指弾を受けてきた。今、イギリスの農業も生産偏重主義を脱し、経営規模を縮小したり、ヘッジロウや石垣の修復をしたり、化学肥料の投入を減らして農村景観の修景をはかっている。小規模で粗放的な農業に転じ環境や景観を保全する持続的な農家には、所得の直接補償をしている。

　ヨーロッパ各国では、なぜこれほどまでに良好な自然や景観を取り戻すことに躍起なのだろうか。

もちろん単なる懐古趣味ではなく、農産物の過剰生産や窒素肥料の多用による飲料水の汚染といった深刻な事情が背景にある。しかし、農村整備事業を地域全体の生物多様性回復の手段として捉え、地域の豊かな生態系復元のチャンスにし、自然が本来もっている機能の回復をねらっている。生物が多様な農地は、豊かで持続的な実りを約束する。野生の動植物の存在は生態系の健全性を示す指標であり、私たち人間が生きていくことを確かにする基盤でもある。ヨーロッパの農業構造改善事業を手本にして大規模経営を実現してきた十勝の農業は、今ようやく持続的で環境保全型の農業を取り戻す入り口に立ったばかりである。耕地防風林の修復は、豊かな農村環境を維持する農法の転換の小さな一歩であるが、環境保全型農業は大型機械や農薬や化学肥料に頼った近代農法と比べれば、格段に手間と時間を要する。また、農村環境を守る主役である農家が、消費者に自分の仕事を楽しく語りかけていく運動も重要である。それには、ファームイン（農家民宿）や産直・直売などの有効な手段を、これから増やしていかなければならない。持続的で豊かな農村環境は、都市と農村との連携を通して、形成されていくのではないだろうか。

市・町・村の木

北海道の「道木」は針葉樹のエゾマツであるが、十勝地方の市・町・村の木を調べてみると、二〇市町村中、七市町村がカシワを指定している。現在、十勝地方のカシワは防風林や公園などに孤立林として若干みられるにすぎないが、なんといっても一番人気はカシワであり、風土を象徴する木として選ばれているのが興味深い。また、旧制帯広中学を前身とする帯広柏葉高校をはじめ、十勝地方の

図Ⅳ-18　カシワの林間でパークゴルフを楽しむ人々．北海道幕別町新田の森．

小・中学校や高校にはカシワにちなんだ名前が多く見られるのも、地域文化を示すものとして興味が持たれる。ただし、「槲」ではなく「柏」という字を当てているのが大部分である。「槲」が教育漢字や常用漢字ではないことが理由なのだろうが、前述したように風土を象徴する木ではない針葉樹のコノテガシワをさす「柏」としているのは残念である。

現在、十勝地方でカシワの大木が最も多く残っているのは幕別《まくべつ》町であろう。新田長次郎の興した合資会社新田帯革製造所という名が薄く読める大きな煙突が残るニッタクス十勝工場の敷地内や、カシワ伐採の跡地を牧場にした旧新田牧場には、樹齢三〇〇年を超すと思われる老大樹が何本か見られる。第二次世界大戦後、社有地は斜面林を中心とした六一〇〇ヘクタールに縮小したが、ニッタ農林事業所が一九五三（昭和二八）年から、毎年、

図Ⅳ-19　北海道幕別町の旧新田牧場にできたカシユニ・リゾートに残るカシワの老大樹.

一〇〇ヘクタール前後のミズナラやカラマツの植林を開始し、一九九八（平成一〇）年までに植林総面積は三五七〇ヘクタール、人工林率は五八パーセントになっている。

ニッタクス工場内にあるカシワ林も後に植林されたものだが、カシワの林間にパークゴルフのコースが作られており、誰でも自由に無料でプレーが楽しめるようになっている。パークゴルフというのは、一九八三（昭和五八）年に幕別町で考案された老若男女ができるコミュニティ・スポーツである。カシワの林間で町民がカーンという独特な音を響かせ、パークゴルフに興じていた（**図Ⅳ-18**）。新田帯革十勝製渋工場・新田ベニヤを前身とするニッタクス十勝工場は、合板製造のノウハウを活かして、現在、パークゴルフ用のゴルフクラブの生産を主体にしている。会社の創生にかかわるカシワは、工場の敷地内で青葉をひろげパークゴルフに興じる人々を見守っているかのようである。工場内のとりわけ緑の色濃い一画は、町民から「新田の森」とよばれ親しまれている。そこに、一九九六（平成八）年「新田の森記念館」がオープンし、タンニン製造のあゆみとカシワについての展示がみられる。

また、幕別町の旧新田牧場はカシユニ・リゾートとして、牧場の景観を楽しむリゾート地に変わった。牧場の一画に建てられた「ふうど工房槲館」では、牧場の牛乳で造るバターやチーズが、時をかえて再び造られるようになり、訪れる人々を楽しませている。かつての開拓牧場の牛舎やサイロの代わりに、白亜の近代的なホテルができ、カシワの古木やカラマツ林を縫うように散策路ができている。かつて、放牧の牛の庇陰樹《ひいんじゅ》として使われていた樹齢四〇〇年にも達するようなカシワの老大樹が、時の流れを見つめながら静かに枝葉を茂らせていた（**図Ⅳ–19**）。

「ランチョ・エルパソ」の緑の挑戦

一九九九年現在、一七万五〇〇〇人の人口を抱える十勝平野の中央部に位置する帯広市は、人口が増加するにしたがって市街地や農地が広がり、まとまった森林はずいぶんと少なくなってしまった。帯広市では一九七〇年頃（昭和四〇年代中頃）から、少なくなってきた森林を復活すべく、帯広川と札内川《さつない》に挟まれた市街地を取り囲むようにグリーンベルトを創設する百年の計が立てられた。計画面積約四〇〇ヘクタールにおよぶ「帯広の森」の整備が現在進行中である。

そんな中、地ビール会社の帯広ビールとその直営のウエスタン風レストラン「ランチョ・エルパソ」の社長である平林英明さんは、開拓前は広大なカシワの樹海に覆われていた帯広なのに、最近では大

図Ⅳ-20
緑の保全をめざす帯広の発泡酒「どんぐりゴッコ」.

人も子供も森林と疎遠になっていることに仲間とともに気づき、森林をもっと身近なものにするにはどうしたら良いだろうかと思案してきた。そこで、親子で家の近くの森林や公園に出かけ、ドングリを拾いながら森林をはじめ自然に親しむキッカケになればと、家業の地ビール会社にちなんで、ドングリを原料にしたドングリビール作りを思いついた。「子供が森に親しみ、ボランティアが森を整備するなどさまざまな人々が森とかかわるきっかけになるように」と願い、「どんぐりゴッコ」と名づけた発砲酒を造り、その利益の一部を寄付して帯広の森の整備に当てるシステムを考えだした。そして集められた原料のドングリを一キロ一〇〇円で買いとったり、寄付金になるドングリビールの益金の一部を蓄えておいたりする「ドングリ銀行」を仲間とともに設立した。

「どんぐりゴッコ」は数度の失敗を乗り越えながら、カシワやミズナラのドングリの水洗い・乾燥を繰り返し、手作業で渋皮を取ってから細かく砕き、そして麦といっしょに糖化して、最後にホップや酵母を加えて、やっと完成にこぎ着けた。透明感はないがうす茶色のドングリ色で、苦が味と甘みをあわせもつ飲みごたえに仕上がった。一九九九年の三月に十勝や道内だけでなく全国から送られてきた約三〇〇キロのドングリで、一本五〇〇ミリリットルの「どんぐりゴッコ」が六四三本できあがった（図Ⅳ-20）。一本八〇〇円で販売して、そのうち一〇〇円を寄付金に当て、完売した益金の計六万四三〇〇円を帯広の森に寄付することになった。

ところが、「どんぐりゴッコ」の完成を伝えるニュースが新聞やテレビで全国に紹介されてから、平林さんやマスコミに、このドングリ集めが「森の動物たちの食料を奪うことになりはしないか」、「子供たちを使って酒類の原料集めをさせるのは問題だ」、「商売としてビールを製造すれば、ドングリ集めに歯止めが効くだろうか」などという思わぬ反響がよせられてきた。そして、帯広市が「環境への配慮などで賛否両論がある以上は寄付金を受け取れない」という結論を出し、寄付金は宙に浮いてしまった。

「どんぐりゴッコ」は、商業ベースからの発想ではなく、遊び心を大切にしながら森林の再生と、森林と人間の新たなかかわりをめざそうという思いから誕生したのではないのだろうか。私には「どんぐりゴッコ」が、これまでどちらかというと観念的だった自然保護運動と違った新しいタイプの象徴として映った。先に書いてきたように、アイヌの人々が十勝の大地で、森林や野生動物と共存してきた持続的な生活様式の履歴を読み解けば、きっとドングリの集め方にもヒントがあるように思われる。遊び心を忘れてしまうと、人と森林のかかわりを否定することにもなりかねないし、新たな二次林文化を作り上げていくのは難しくなってしまうのではないだろうか。そんな思いを胸に、帯広のランチョ・エルパソを訪ねてみると、「緑の挑戦」は続いていた。

「ドングリ論争」のあと、「リスやネズミがドングリを餌にするが、人里近い林や公園など開けた場所では、ハヤブサ・フクロウ・キツネなどの捕食者から身を隠すものがない場所で、地面に落ちたドングリを拾い集める行動は少ない。リスは樹上になっているドングリを食べるか、人の入りにくい藪の中のドングリを拾う。ネズミの場合はもっぱら藪の中で、匂いを頼りにドングリを集めている」ことなどが調査の結果確認できたという。そして、平林氏さんたちはドングリを採取する場所は、「野生動物と競合の少ない、人が出入りできる里山にかぎり」、「子供がドングリを採取する場合は家族もしくは大人といっしょに行く」などのルールを考えだした。アイヌの人々のしきたりであった「一つは自分に、一つは動物たちに、もう一つは神様に」という気持ちに学んで、「三つに一つを拾う」ことにした。そして、年間二四〇キロのドングリで二〇〇〇リットルを限定製造することにし、歯止めのきかない商業ベースでのビール作りを考えてはいない。ドングリ銀行でのドングリ買い取り代金は一キロ一〇〇円とし、五〇〇ミリリットル瓶「どんぐりゴッコ」を一本七〇〇円で販売し、その益金の内一本につき五〇円を自然保護のために寄付をするように改定し、ドングリビール作りを続けていた。宙に浮いていた益金はオホーツク海に魚を呼び戻すために、川の上流に植林をしている紋別市の市民グループと、一九九九年冬の厳しい寒波による雪害のために食料不足でたくさんの家畜が死んだモンゴル国で、緑化運動に取り組んでいるＮＧＯに贈呈したという。

十勝の大地でのアイヌの人々の自然とのかかわり合い方の履歴を読み解いてできたドングリ集めのルールを座右に置き、住民の森への関心をさらに高めるべく「緑の挑戦」を継続してほしいものだと、森の恵みのビールを飲みながら私は思った。

「十勝・千年の森」

十勝平野の北西部の日高山脈に近い清水町に十勝毎日新聞社が母体になって「十勝・千年の森」がつくられている。地元で「かちまい（勝毎）」と親しまれている十勝毎日新聞社は、年間三〇〇〇トン余りの紙を使う。六〇年生のトドマツに換算すると六二〇〇本分の木を伐っていることになるという。同社の社長林光茂氏は、「自らが紙面として消費する森林資源を、なんらかの手だてで補っていく」ことを考えてきた。地球温暖化が憂慮される中で、「炭素の相殺」（カーボン・オフセット）を視野に入れ、一九九〇年に新聞社の定款に「育林事業」を加えた。そして手始めに、四〇〇ヘクタールの土地を清水町に確保し、次の世紀、すなわち千年先を見据えて「十勝・千年の森」をスタートさせた。

千年の森用に確保された場所は「開拓の歴史が離農の歴史」ともいわれるほどで、多くの開拓者が志半ばにして土地を去らなければならなかった農業の限界地であった。ヒグマが行き来するカラマツの人工林と大規模な草地からなる四〇〇ヘクタールの土地で、どのような森作りをすればよいのか検討が続いた。カラマツを植えてチップ用丸太を作っても、一トン当たり三五〇〇円で一ヘクタールの林を伐っても三五万円くらいにしかならず、生産費にとてもあわない。従来のカラマツの育林ではなく、新しい社会的価値と結びつけていかないと育林事業はすすまないことがみえてきた。カラマツ林を伐採して、多くの動植物と共生ができる、十勝本来のミズナラやカシワの広葉樹林に転換する育林

図Ⅳ−21　北海道「十勝・千年の森」につくられた手作りの木道.

事業の開始とともに、無農薬、有機農業をめざした農業法人のランランファームが設立された。馬鈴薯、カボチャ、そば、ヒマワリの栽培とともに、現在八〇頭に増えたヤギを活用し、森林の育成を含む有畜農業により農地の地力を維持し、持続可能な農業システムの構築をめざしている。

また、多くの人が「千年の森」をフィールドにして学び集える、コミュニティスペースにしていこうと企画している。森林や農場の中にトレイル、すなわち自然と対話できるいくつかのコースの散策路も作られている。すなわち、自然と共生しながら新時代を生きる知恵と術を総合的に会得し、蓄積し、継続していけるような社会教育システムとしての「スクール」の創設をも意図している。

「農村の持続的システム」を研究テーマにしている私のゼミナールの学生と私は、ここ

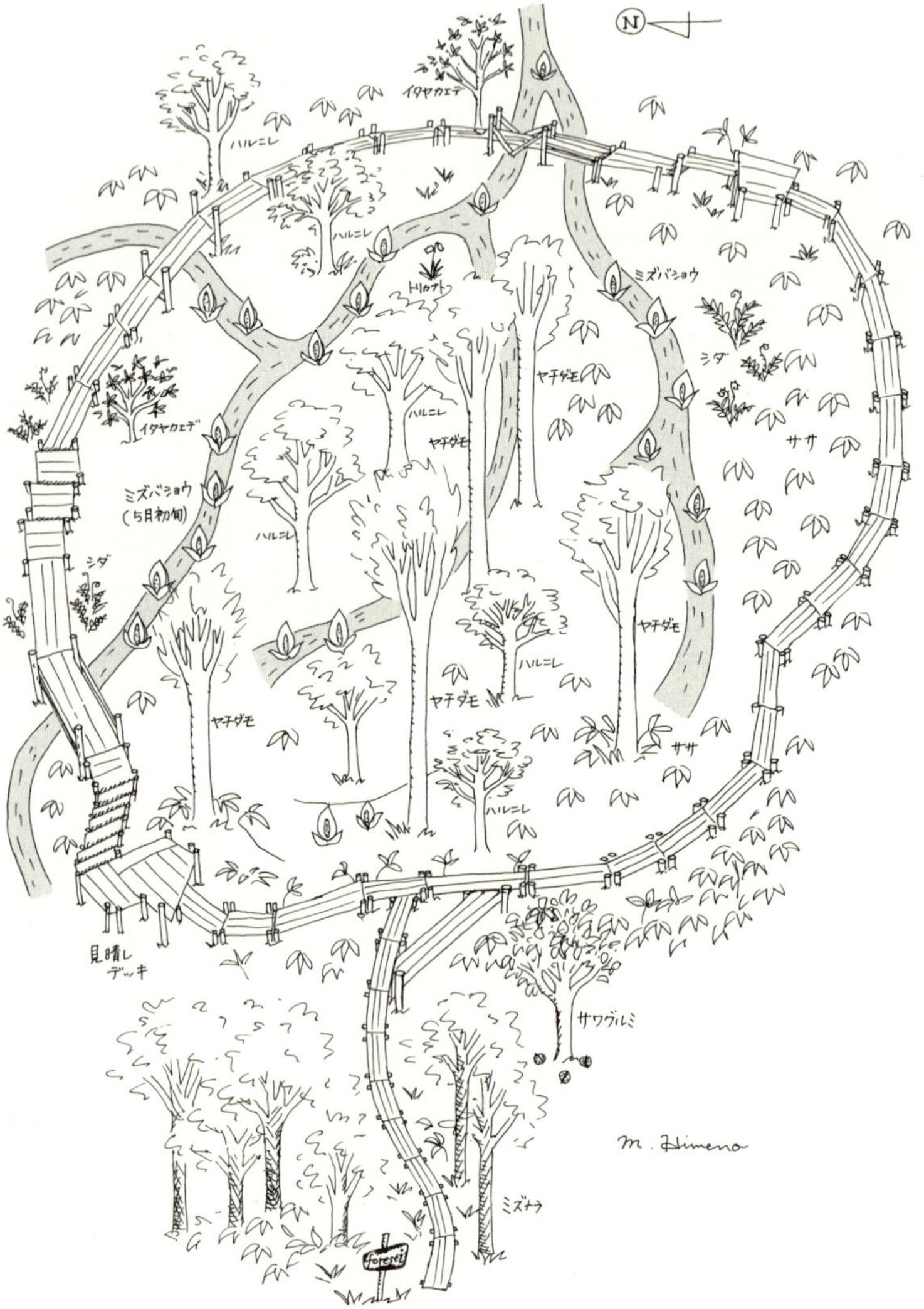

図Ⅳ-22　北海道「十勝・千年の森」内のミズバショウの群生地を取り巻く完成した木道．木道作りに2年間通った姫野未絹さんによるイラストマップ．

三年間、夏休みになると活動フィールドに「千年の森」を選び、十勝に出かけている。延べ六〇人の学生が、影沢裕之さんをはじめファームの職員の指導によって、トレイルのコース途中にある水芭蕉《ミズバシヨウ》の群生地を守るために、カラマツの間伐材から板をひき、杭を作り、ミズバショウの群生地を囲む湿地の縁に約一八〇メートルの木道を作ってきた（図Ⅳ-21、22）。かつての牛舎を改造した宿舎に寝袋持参で泊まり込み、自炊をしながら、雨が降りしきる中も、チェーンソー、ナタ、ハンマーをふるいながらの作業であった。「自然と向き合うこと、自然を守ることとは何か」を自問し、雪の解けた五月に湿地の中で咲くミズバショウの白い花を十勝の人々が楽しむ姿を想像しながら続け、ついに二〇〇一年夏に木道を完成させた。今後もさまざまな人による、さまざまなプロジェクトが北の大地を舞台に進められていくという。

十勝平野の北の大地で、生産的価値と教育的価値の融合した新たな森林文化の拠点として十勝「千年の森」が産声を上げ始めている。

第Ⅴ章——京の竹と笹

1◇竹の京都

竹の文化

京都は昔から銘竹の産地で、建築や造園、工芸からタケノコ料理に至るまで竹の文化を作り上げてきた。京都の太秦《うずまさ》や嵯峨野《さがの》から嵐山一帯には大覚寺、天竜寺、西芳寺など多くの名刹《めいさつ》があって、その周辺には竹林が点在している。この辺りから向日市《むこう》を経て大山崎町に至る丘陵地帯は西山《にしやま》と呼ばれ（図V-1）、マダケやモウソウチクの竹林がひろがっている（図V-2）。ところで、この京都周辺でみられるマダケの竹林に関しては、七一七（和銅四）年元明天皇の頃には豪族による竹の伐採が禁止されたことや、八六五（貞観七）年清和天皇の頃には一車に積む竹材の積載量を定めたことが記録に残されているほど古い。

一七世紀中頃に描かれた屛風絵の「洛外図」を用いて、京都周辺の竹林を分析した小椋純一氏によれば、当時、農村の集落周辺や街道沿いにある家の裏手のいたるところに竹林が描かれていることを指摘している。こうして、京都とその周辺農村では、古くから竹林を里山に仕立てて、タケノコを採

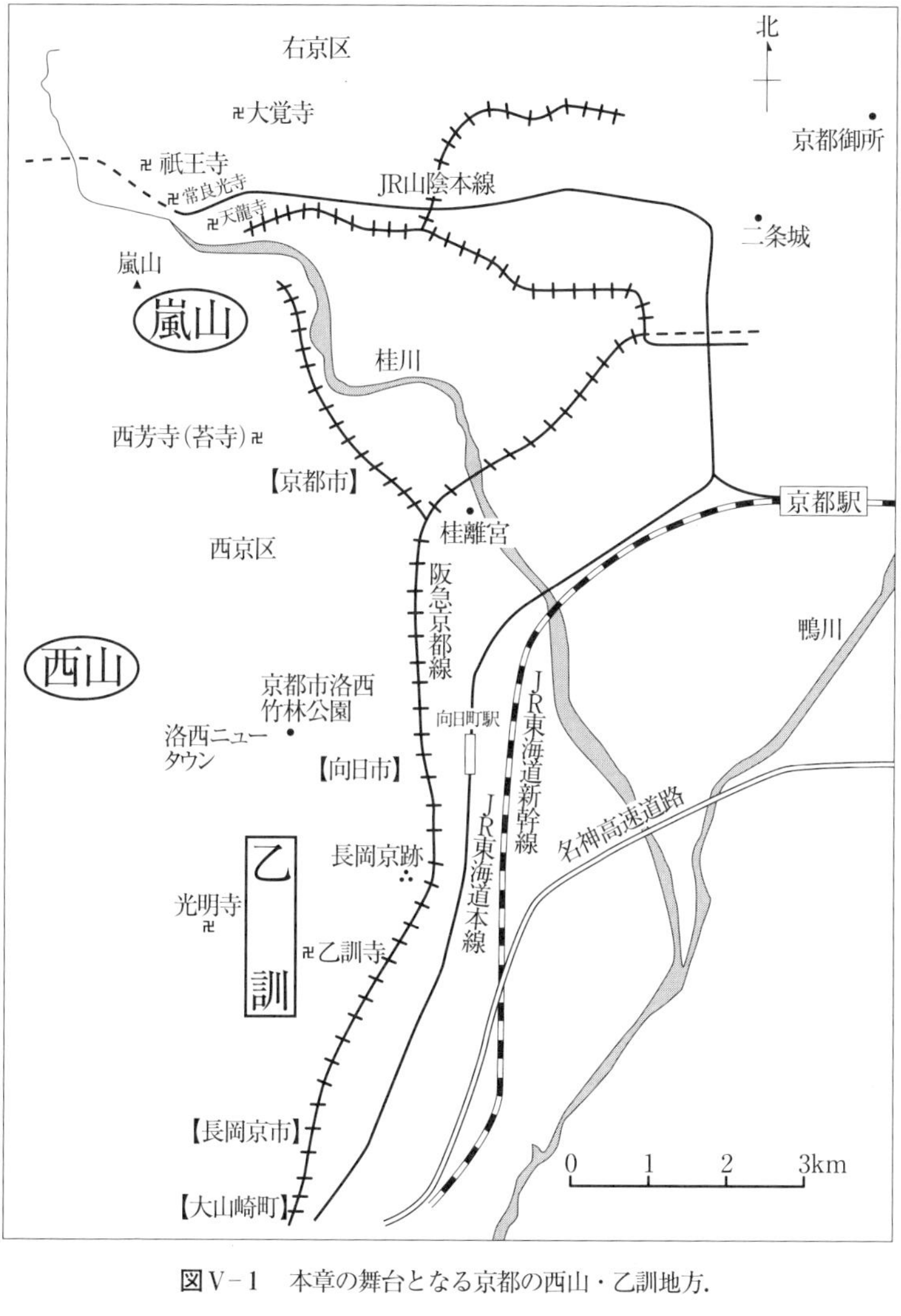

図V－1　本章の舞台となる京都の西山・乙訓地方.

ったり、小さな道具類、家庭用具などを作ったりするのに竹を利用してきた。

里山の竹を材料にして身近な道具や製品がいろいろ作られてきたが、近年それらのいくつかはすでに姿を消してしまっており、いくつかは今まさに消えつつある。しかしながら、今もなお使われ続けているものも少なくない（図V－3）。主にタケノコを食用にするために栽培されてきたモウソウチクは材の肉質が厚く、マダケ、ハチクの材はモウソウチクに比べて薄い。それぞれの道具や細工に適した竹が選ばれて使われてきた。竹材はタケノコ発生後二～三年すれば使用できるので、木材とは大きく異なっている。

竹を伐採するのは、西山では晩秋から初冬にかけて、すなわち一〇月～一二月が良いとされている。この時期に伐《き》った竹は、生長の休止期なので、水分が通常の半分以下になり、でん粉や粗タンパク質などの養分が少なく材質がしまって害虫の食い込みが少なく、竹材として持ちがよい。民具など消耗品としての細工は青竹のまま、竹を割ったり剥《は》いだりして用いるが、工芸品のように長持ちさせたいものを作るときは、「油ぬき」をする。樹木でいえば幹に当たる竹稈《かん》の油ぬきをすると、材質が硬くなりタンパク質や糖分などを除くことで、カビの発生や虫害を防ぐ効果がある。油ぬきには、炭火などで竹稈をあぶる乾式法（火晒《ひざら》し）と、苛性《かせい》ソーダの水溶液で竹稈を煮沸する湿式法（湯晒《ゆざら》し）とがある。

民具の中で最も多いのが、カゴ（籠）とザル（笊）である。マダケやハチクを割って、作るものの大きさにあわせたヒゴをつくりそれを編んで作る。炊事用の小型のカゴやザルから、農業用の茶摘籠や桑摘籠、養蚕籠や繭籠、堆肥《たいひ》にする落ち葉を入れる「六つ目」や「八つ目」の大きな籠、魚やカニ

図Ⅴ-2　京都西山の竹林のある風景.

を捕るウケ（筌）やド（筊）などがある。籠や笊類のほかにもまだ多くのものがある。

簾《すだれ》や御簾《みす》、茶筅《ちゃせん》などの茶器、竹箸《はし》、竹箒《ほうき》、熊手《くまで》、火吹き竹、釣り竿《さお》、海苔《のり》やカキの養殖用のヒビ、尺八、横笛、笙《しょう》などの楽器、団扇《うちわ》や扇子の骨、和傘、提灯《ちょうちん》、弓と矢、竹馬、竹とんぼ、竹刀《しない》と数え上げればきりがないほどでてくる。

さまざまな用途の竹

西山のマダケは、民具のほかにもさまざまなものに使われてきた。伏見《ふしみ》や灘《なだ》の酒造地に、酒樽用のタガに使うために多量に搬送されていた。灘の酒屋には、貨車で運ぶことができるようになるまでは、「竹筏《いかだ》」を組んで淀川《よどがわ》を流送し、そこから海を渡って、兵庫県の住吉に着け、陸上げされたという。また、かつて、皮は集められて、包装用に、小枝は芝垣を作る材料として用いられたり、カヤ葺《ぶ》き屋根の下部にも大量に使われたりしてきた。地鎮祭にはたいてい、青竹か笹が四方に立てられる。

向日市では、一九五〇年代中頃（昭和三〇年代）にはバタリー鶏舎のケージ用に、長さ一・二メートルの割竹を多量に生産した。この話を聞きつけた京都市北区中川の農民たちは、「北山杉」の苗木の添え木用杭にも、この割竹がちょうど良いということがわかり、使用するようになった。養殖海苔づくりにも、竹が使われた。戦前から一九六〇（昭和三五）年頃まで、ドンボ竹とよばれるタケノコ更新用の枝のあまりついていない親竹は、役目が終わると海苔の養殖用の浮き竹として利用された。枝葉がついている竹は六メートルぐらいの長さに切って、海苔ヒビとして使われた。竹材商がこれを買い入れ、冬から春にかけて、当時の向日町駅から貨車で東京などへ、盛んに輸送していた。

図V－3　京都東寺の弘法市では竹製のあらゆる民具が売られている（上）．今ではプラスチック類に取って代わられたものが多い竹製の民具（下）．

このように竹細工や竹の利用は枚挙にいとまがないほど多い。そのいくつかは前述のように、代替物に取って代わられすでに消えてしまったものもあるが、それにしてもなぜこれほどまでに竹が利用されてきたのだろうか。まず第一に竹は毎年増え、しかも一年で生長してしまうことがあげられる。そしてまっすぐで軽く、しかも中空であるが節があって硬いし、縦に割れやすいが、弾力性があって、稈だけでなく皮も小枝も利用でき、種類により大小さまざまなものがあり、タケノコは食用にもなるなど数多くの利点があったからに他ならない。京都のみならず、北海道を除く日本各地で竹の持つその特性を十分に理解しながら、人々はじつにたくみに竹を利用してきた。

煤竹と四角竹

刃物の産地でもあった京都では、竹職人たちは早くから高い技術を持っていた。平安時代に入って管弦、茶道、華道が発達し、桃山期以降、千利休《せんのりきゅう》をはじめとした茶人が、日用竹製品を茶道具にとり入れてから茶道具・茶室建築などにも竹が用いられた。実際、茶室には竹がみごとに生かされている。天井、垂木《たるき》、力竹、下地窓、中柱など、そこかしこに竹が使われている。竹は茶室を彩る演出上の最大のポイントといっても過言ではない。

京都の竹細工は、その後、四角竹や煤《すす》竹の細工を生み出して、さらに洗練され、今日の竹細工の基礎が確立された（**図V-4**）。煤竹は銘竹の中では、最も高価で一本五〇万円以上するものもある。用いられる竹の種類は、マダケを主としているが、用途によってはハチクやモウソウチクも使われることがある。煤竹というのは自然の竹ではなく、農家のカヤ葺き屋根の天井に使われていた竹で、長年

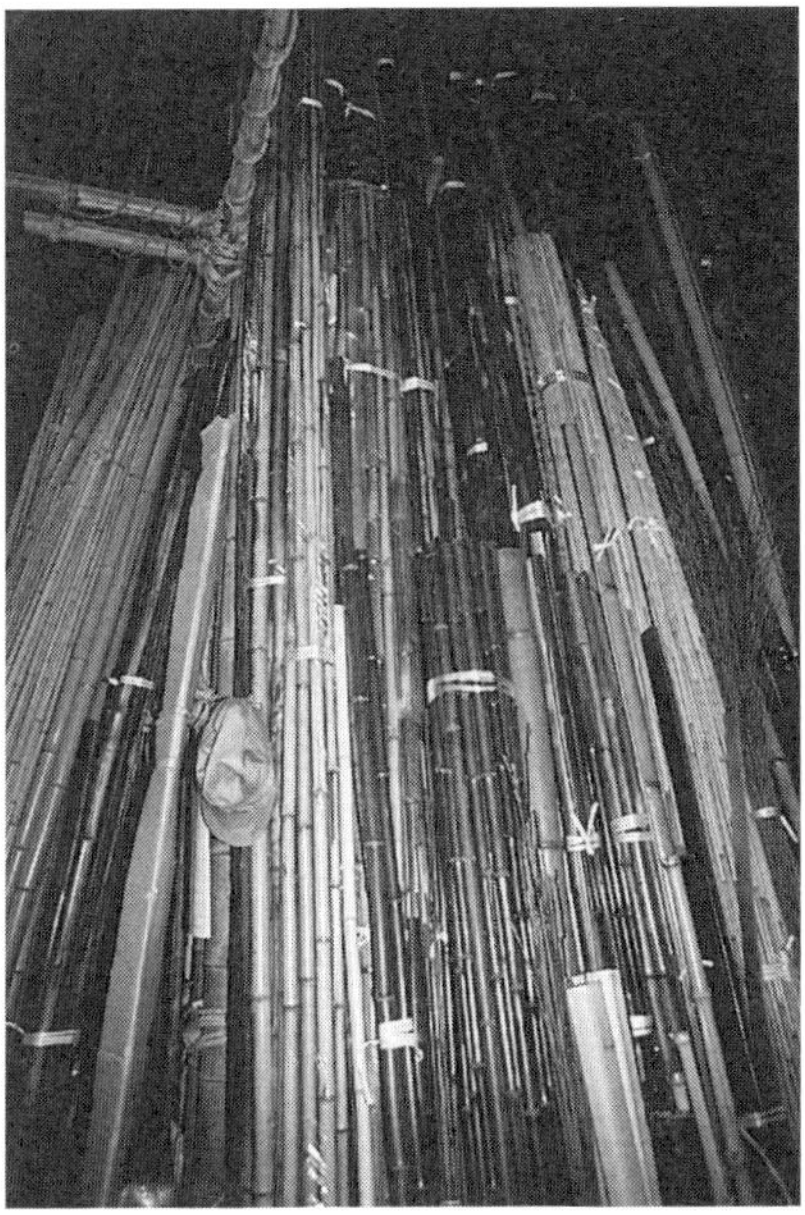

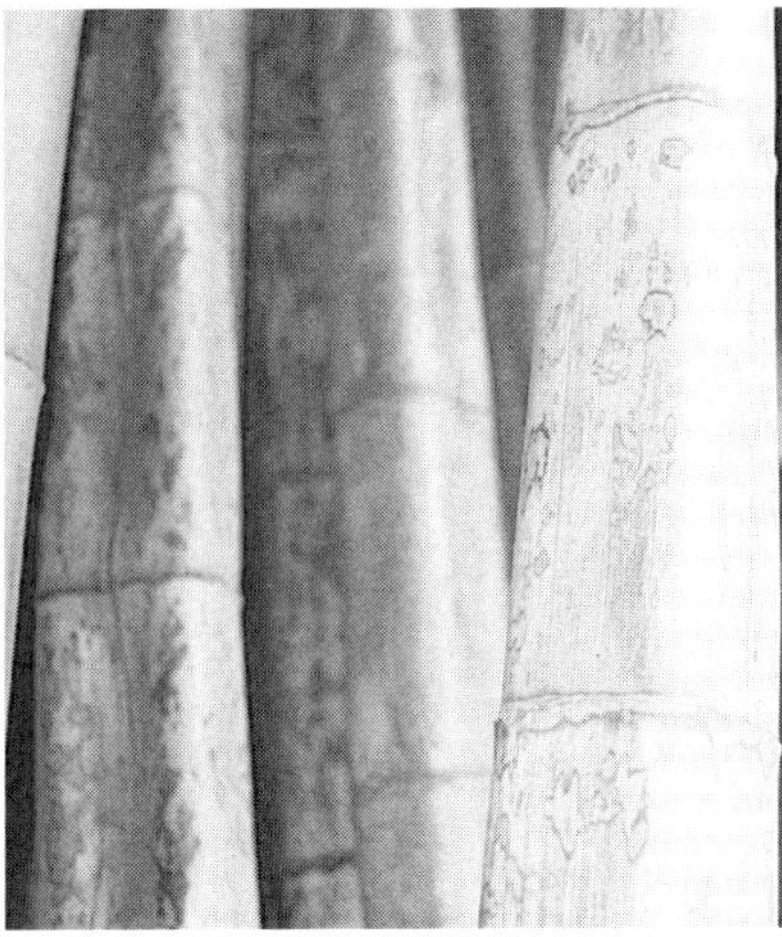

図Ⅴ-4　四角竹（右）と竹材屋でストックされている煤竹（左）．

の間、煙で燻《いぶ》された竹である。煤色に光っており、高級品には一五〇年以上も経ったものもある。全国各地の古民家の改築や解体時に手に入れることができるが、しだいに数が少なくなり、希少価値が高まっている。用途としては、細いものは笙《しょう》などの高級な楽器に姿を変え、太いものは数寄屋造りや各種工芸品、装飾品など多岐にわたっている。

竹工によって床柱《とこばしら》などの内装用や、生花用の花器などに用いられる四角竹は、京都の特産になっている。本来丸い竹稈を四角形にするには、厚さ一センチほどの杉板を用い、長さは四メートル、幅は七～一〇センチぐらいの板二枚を、直角に釘づけした型枠を用意し、同じサイズの二つを合わせ、一～二メートルごとに縄で縛り、四角形の板枠を作っておく。タケノコが地上三〇センチぐらいに伸びたとき、それぞれの板枠に合うタケノコを選んで、板枠をはめ込み、根元を縄で縛りつける。板枠の縄縛りが、四角竹作りの重要なポイントになる。こうするとタケノコは板枠の中で四角形になりながら生長する。タケノコが板枠から二〜三メートル伸び出した頃に、板枠を取り除くとタケノコは板枠の部分が四角形となっており、板枠をはずした後も四角の形はくずれない。四角竹を作るときに、板枠を途中で曲げるとタケノコは板枠どおりに曲がっていって、「角曲がり竹」ができあがる。出来上がった四角竹にさらに、付加価値をつけるために、斑紋をつけた「図面四角竹」がある。小砂を少し混ぜた粘土に、水で薄めた硫酸を入れた液をつくり、それを竹に塗りつけると一週間ぐらいで斑紋が現れてくる。京都の竹細工は、現在も手仕事による一貫生産を特色とし、高度な技術なために、生産量は全国の一割にみたないが、生産額では上位を占めている。

マダケとモウソウチク

世界における自生種の竹の分布をみると、少ないのはアジアの北部と西部、北米、ヨーロッパとオセアニアである。多いのは東・東南・南アジアと、アフリカや南アメリカである。温帯から熱帯の気候帯が見られるオーストラリアには、まったく竹の分布が見られないというのは不思議な気がする。熱帯の竹は連軸型といわれ、地下茎の節間が短いので大きな株を作り輪生するのが特徴である。温帯の竹は日本のマダケやモウソウチクのように、単軸型とよばれ地下茎の節間が長く伸びて、その節から地上の稈を出すので、地上では散在し樹林のような景観になる。

日本の有用なタケ類は、面積で約六万三〇〇〇ヘクタール（一九九六年）であるが、森林全体に占める割合は〇・六七パーセントと低くなっている。タケの地域別の分布をみると、照葉樹林帯《しょうようじゅりんたい》の西日本ほど多く、東日本に移るにつれて少なくなり、ブナ林帯では冬の寒さが厳しくなり生育できない（図Ⅴ―5）。暖温帯の照葉樹林帯と冷温帯のブナ林帯との境界は、生態学者の吉良竜夫《きらたつお》氏が考案した温かさの指数（温量指数）が八五である。経済林としての竹林は、宮城県もしくは秋田県以南の地に限られている。三大有用竹といえば、モウソウチク（孟宗竹）、マダケ（苦竹）、ハチク（淡竹）である。気候温暖な九州地方にはモウソウチクやマダケが多く、関東から東北にかけてはハチクやメダケが多くなっている。なお、同じ種類の竹では緯度や標高が高くなるにつれて、その生長量も落ちてくる。竹林の生態学的研究を行った沼田眞氏によれば、竹林の成立には強風が大敵であるという。風速、毎秒一〇メートルを越える暴風が年間一〇〇日以上吹く地域では、竹の適地がないという。竹は地中で横に伸びる地下茎の節から地上の稈を出すが、たえまなく風による強い振動を受けると、稈の付着点が切断されてしまう。強風地域で竹林を良く発達させるために、その周囲に防風林を配置するのはそのためである。

マダケは日本および中国が原産とされている。マダケといえば、あの白熱電球を発明したトーマス・エジソンが、一八八二（明治一五）年に、京都八幡《やわた》の男山のマダケをフィラメントに採用したことでも知られている。ハチクは一般に中国から古く渡来したという説があるが、野生種が日本にあったともいわれている。現在、日本で最も栽培面積が広いモウソウチクは、照葉樹林帯の代表的な植物で、別名「江南竹」といわれるように温暖な中国南部の江南地方の原産である。モウソウチクはいつ頃、日本に入ってきたのだろうか。

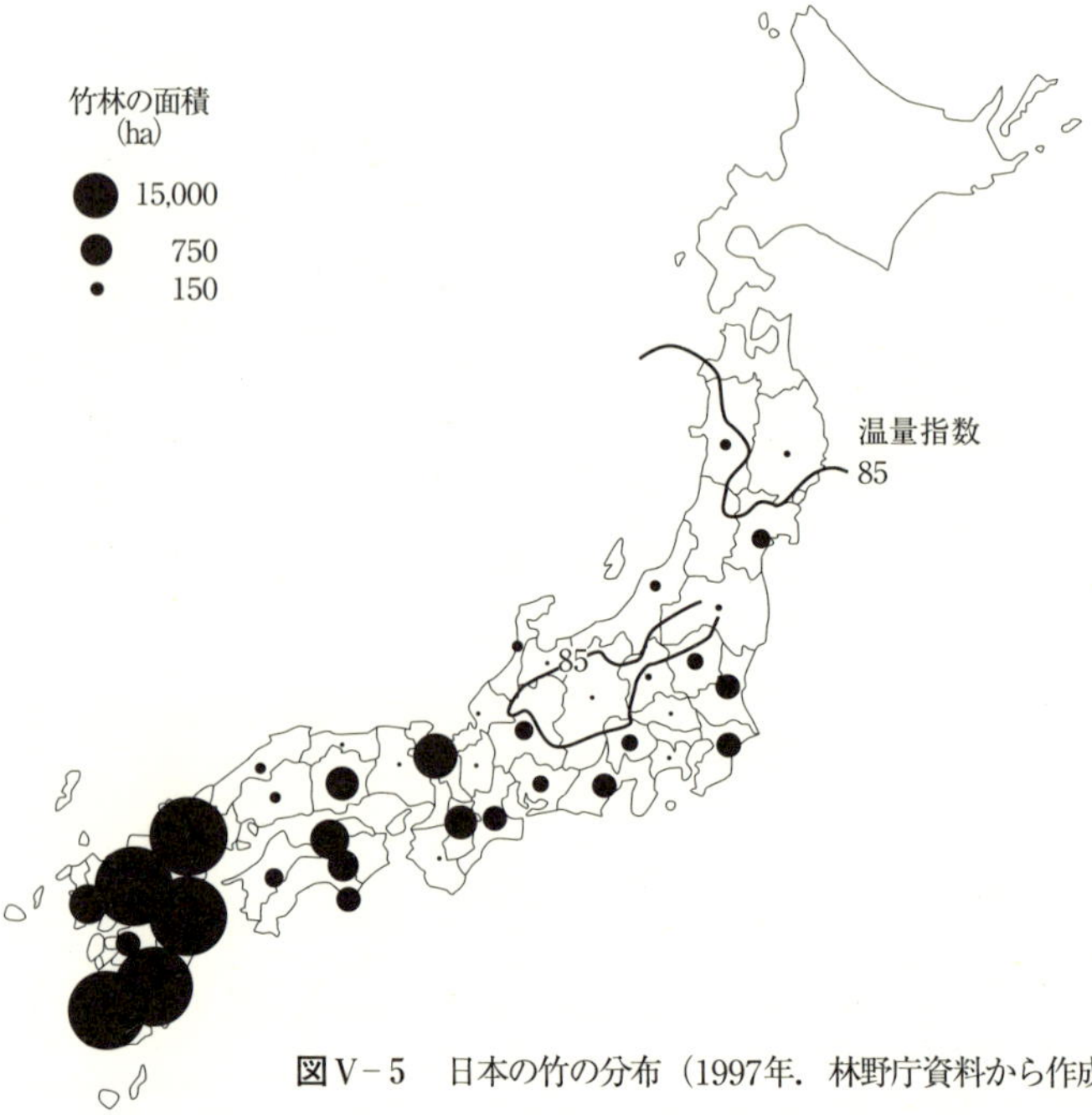

図Ⅴ－5　日本の竹の分布（1997年．林野庁資料から作成）．

モウソウチクは一九〇九（明治四二）年刊行の『京都府山林誌』によると、一七二八（享保一三）年黄蘗山《おうばくさん》管長が宗教見学として唐にわたり、持ち帰ったものを現在の長岡京《ながおかきょう》市にある海印寺の寂照院院主がもらい受け、寺領に移植したのが初めてであるとされている。寂照院の山門前には、その由来が記された石碑も建てられている。他の説では、一七三六（元文元）年に薩摩《さつま》の島津吉貴公により、琉球から導入されたというものである。伝来経路や年代についてはこのように異説があるが、おおよそ二五〇年くらい前で、比較的新しいという。したがって、平安時代の「竹取物語」のかぐや姫が生ま

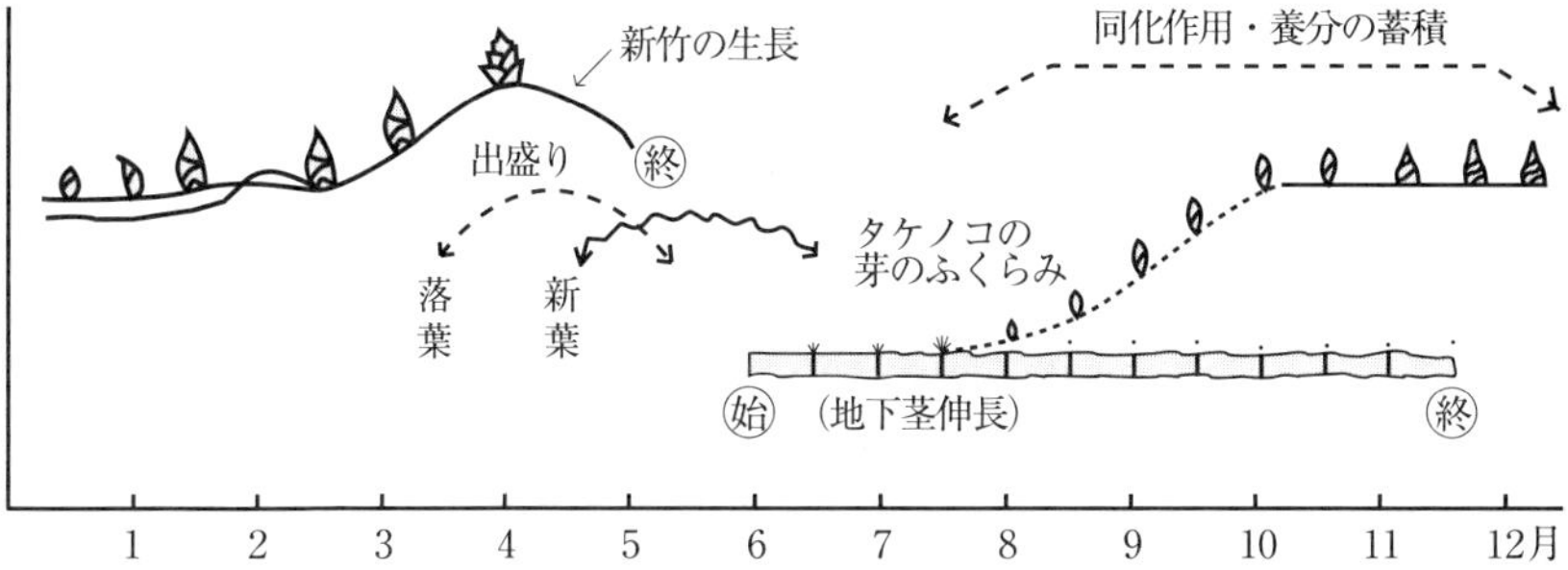

図V-6　竹とタケノコの生長（近畿農政局統計情報部資料による）.

れてきたのは、大きくて太いモウソウチクからではなく、それより細いマダケからだったのだ。

竹の生長

竹は毎年春になると、「竹落ち葉」をハラハラと落とし、すぐさま新しい葉と入れ替える。里山の多くの落葉樹が春に新葉を出し、秋に紅（黄）葉して落葉するのと対照的である。この時期を「竹の秋」とよび、俳句の季語にもなっている。やがて、竹の紅葉が終わると、入れ替わりに若葉がぱっと開く。紅葉期は、同時に新緑期でもある。これは養分作りの光合成の能力を低下させないで、地下茎に栄養を送りタケノコの生長を支えるためであるという。そして、地下茎の節にできている芽のいくつかは、八月頃から約八ヶ月間、地中でゆっくり大きくなる（**図V-6**）。そして、四月頃地上に頭を出すと、わずか二ヶ月ほどで高さ二〇メートルの親竹に生長する。モウソウチクのタケノコは、一日の最大伸長量が一二〇センチという記録が計測されている。最初は一日に二～三センチずつ伸びてゆき、伸び盛りの頃になると毎日一メートル前後の伸長量がある。二〇メートルの親竹になると、その後は何年たっても太らず樹高も変わらない。これが木と竹の大きな違いである。タケノコを漢字で書くと「筍」であるが、これは「一旬にして竹になる」という意味からきている。

木が一年ごとに年輪を重ねて太くなるのは、水分や養分を通す維管束に新しい細胞を作る形成層があり、これが木を肥大生長させる。ところが、竹にはこの形成層がないので、いったん大きくなるともうそれ以上は大きくなれない。したがって竹には年輪がない。生長を終えた竹は毎年地下茎を伸ばし、ひたすら子孫繁栄に尽くす。ただ竹にも寿命があって、樹木でいえば幹にあたる稈で約二〇年、土中の地下茎は一〇年位で枯死してしまう。一、二年生が「幼少竹」、三、四年生が「青年竹」、それ以上は「老年竹」となる。ところが、開花時期がくると年齢に関係なく、すべて枯死してしまう。開花の周期は、一二〇年前後と推定されているが、開花の理由は未だよくわかっていないようである。昔から一斉に開花すると「天変地異」の前触れだとか、「大豊作の年」などと、さまざまに言い伝えられてきた。リュウゼツランは一〇〇年に一回開花するというので「センチュリープラント」（世紀の植物）の名を貰っているが、竹もまさにその名に値するであろう。また、古来、皇室が「竹の園生《そのう》」と形容されているのも、竹が子孫繁栄の象徴であるからだ。

2◇里山からタケノコ畑へ

日本一の乙訓《おとくに》タケノコ

「京都の名物なんどすえ、まったけ、たけのこ、そうどすえ」と歌われているように、里山で採れるタケノコは松茸と並んで京都の名産品の一つにあげられている。一九九六年の生産量をみると、鹿児島、福岡、熊本、宮崎、高知、静岡、愛媛についで全国八位であるが、京都のタケノコが全国一との名声があるのは、白くてやわらかくておいしい品質だからである。竹の種類を問わず、タケノコには有毒なものはないが、最も食用に適しているのは大型でエグ味の少ないモウソウチクのタケノコである。マダケ、ハチクのタケノコは美味であるが、モウソウチクより発生する時期が遅く、モウソウチクほどもてはやされてはいない。したがって、一般に売られているタケノコといえば、モウソウチクのタケノコをさす。

西山のうち京都市洛西地区から向日市、大山崎町に至る一帯を乙訓《おとくに》というが（図V-1参照）、乙訓の農家の副業として、明治になってからタケノコ栽培は急速にひろがった。しかし、タケノコは鮮度が勝負のため、当時の販路は京都と大阪に限られていたので、需給のバランスが崩れて価格は暴落した。「惨澹たる悲境におちいり、ために荒廃に帰せんとせし」と、一九〇九（明治四二）年に発刊された『京都府山林誌』に書かれている。この時、大山崎村字円明寺に住む三浦芳次郎は、神戸の吉田吉兵衛と共に「音位社」という青物問屋を創設し、委託販売で神戸、名古屋、広島へと販路を拡大した。この結果、供給不足になるほど盛況で、「乙訓式」といわれる特別な集約栽培法が発展していった。タケノコの販路を拡張し、価格の安定をはかって農民を救った三浦芳次郎の頌徳碑が、一八九三（明治二六）年に西国街道が小泉川を渡る小泉橋のたもとに立てられた。明治末期になると、缶詰会社が設立され過剰生産されたものや、小型のタケノコを水煮にして、缶詰や瓶詰に加工して安定生産に貢献してきた。こうしてタケノコが売れるようになると、乙訓では里山から自然に任せて採っていたタケノコを、肥培《ひばい》管理しながら栽培する方法に急速に変わっていった。

モウソウチクは毎年、地下茎を一～二メートル伸ばしていく。この地下茎の節にできる芽が、地上に伸び出してタケノコになる。したがって、タケノコは竹の若芽なのである。タケノコを多く生産するのは、二～五年ぐらいの若い地下茎で古くなると芽が出なくなったり、伸びる勢いがなくなったりしてくる。農家の人たちは地下茎の伸び具合を考えながら、里山ではなく農地で親竹を仕立てていく。良質のタケノコを生産するには、良い親竹を選定しなければならない。親竹として残すのは、タケノコ発生の最盛期より少し前の四月上旬にでたものの中から選ぶ。あらかじめ残したい場所に目印を付けておき、その近くに発生したタケノコの中から選定していく。親竹として残すタケノコの本数は、更新する親竹の本数に合わせ、一〇アール当たり、毎年三〇～四〇本くらいで、直径八～一〇センチ

図V－7　密度管理されていない竹藪．京都府大山崎町．

くらいのものを選定し、ほぼ均等になるようタケノコ畑の中に配置する。

ドンボの竹

親竹の更新は六〜七年ぐらいたった古竹を九〜一〇月に伐採する。親竹には稈の上のほうから枝が出ていて、枝葉が多くつき、先端が緩やかなものがよい。親竹の配置本数は、一〇アール当たり、二〇〇〜二五〇本が標準である。早掘りを狙うタケノコ畑では、親竹の配置本数を一〇アール当たり、二〇〇本くらいと少なめにして、陽当たりをよくするとよい。西山の丘陵一帯は、今から数百万年〜数十万年前にかけてできた大阪層群といわれる地層が分布していて、粘土、と砂礫などの互層《ごそう》でできている。乙訓では「若竹の伸びや陽の恩、土の恩」と言い継がれているように、陽当たりの良い粘土質の土壌からなる場所が、タケノコ栽培に最も適している。

タケノコ畑の竹と、放置している竹藪《やぶ》（**図V-7**）とは一目で見分けがつく。タケノコ畑では、タケが込み合ってなくて、全体が明るく、どの葉にも十分に陽光があたるように密度管理をして親竹が育てられている（**図V-8**）。雪や風の害を防ぐためのウラギリが行われており、親竹の姿も竹藪のものとは違ったものになっている。普通五月の中旬頃、生長点が最高に達して、生長したタケノコはやがて脱皮が始まり、下枝の第一枝、第二枝が出た頃がウラギリの適期とされている。ウラギリはサキドメ（先止め）、またはシンドメ（芯止め）ともいわれている。この時期にタケノコをゆすると、一〇～一五枝を残して先端部分が折れる。ウラギリされた親竹を「ドンボの竹」と呼んでいる。ウラギリがなされていない竹藪は、立藪《タテヤブ》と呼んでいる。また、密度管理がなされずに放置された竹藪は、細いタケばかりが増えてくるので「下り藪」といわれている。

かつては、管理されたタケノコ畑からは、竹材とタケノコの両方から収入が入り、一時は、タケノコ畑の方がスギの山林よりも、経営が有利になる時があったくらいだ。

集約栽培による白子

乙訓《おとくに》のタケノコは、「白子《しろこ》」とよばれる白い良質のタケノコである。敷藁《しきわら》や客土《きゃくど》をすることで、あのやわらかくておいしいタケノコが育つのだ。敷藁は、一〇アール当たり乾燥した稲藁で五〇〇～七〇〇キロ、すなわち一〇アール分ぐらいの水田から得られる藁が必要になる。一〇月下旬～一一月中旬頃に敷藁の作業を行い、土入れ前に一～二回雨にあてる。高度経済成長期前までは、稲藁ではなく、

図V－8　タケノコ畑の管理から収穫・調整まで（京都府向日市にて）．タケの密度管理がされている乙訓のタケノコ畑（左上）．タケノコ畑への土入れ作業，稲藁を敷いた後に土で覆う（右上）．タケノコ掘り．地上に顔を出さないうちに，「ほり」という細長い鍬を使ってタケノコを掘りとる（左下）．掘り上げたタケノコを自宅に運び調製して出荷する（右下）．

里山の下草やクヌギやコナラの若芽を七月中旬から九月中旬までに刈り取って干しておいたものを使っていた。しかし、農家の労働力不足から、しだいに稲藁の利用に代わってきた。最近では稲刈りにコンバインが使われているので、稲藁の確保にも苦労している農家が多い。

その後、気温と地温がともに低下する一二月上旬から一月中・下旬頃、隣接する高い位置にあるタケノコ畑の一隅や、山肌を削った土を一輪車で運び込む「土入れ」、または「土置き」といわれている作業を家族総出で行う（**図V-8**）。一〇アール当たり、土を三五～四〇トン程度準備し、厚さ三〜五センチくらいに均一になるように敷き込む。これに要する労力は一〇アール当たり一日に七〜一〇人を要し、白子栽培行程の中で、最も重労働である。砂質地のタケノコ畑には、タケノコに適した粘土質の酸性土壌を他から持ち込で入れると、白子が発生する。白子の発生するタケノコ畑の土は、客土してから数回降雨に合うと地表面は固く締まり、これが、空気や太陽光線が地下茎に達するのを遮断するため、軟化された白い肌のエグ味の少ない良質なタケノコの発生がみられる。乙訓で確立した洗練された栽培法で、特徴的なのは初夏のウラギリ、秋の敷藁、冬の客土などである。

タケノコ掘り

乙訓《おとくに》のタケノコの収穫は、一月中・下旬頃の「見掘り」（探り掘り）によって始まる。これが「はしりもの」といわれるタケノコで、限られた高級料亭などでしかお目にかかれない（図V-9）。三月中旬頃になると、タケノコ畑の表土にタケノコによる地割れが生じてくる。これを見つけて掘り取ったものは「早掘り」とよばれるもので、香りと風味に富み、柔らかく珍重がられて市場でも高値を呼んでいる。三月下旬以降になると、本格的な収穫作業が始まり、最盛期は四月中旬から五月上旬頃までで、五月中旬頃には収穫を終える。

タケノコ掘りに用いられる農具は、乙訓地方独特の「ほり」と呼ばれる細長い鍬《くわ》で、金具の刃の部分が約一メートルもある。ほりの刃金の部分を内側に湾曲させてあるので、これによって親竹の地下茎に付着しているタケノコを切り取りやすくしている。

図V－9　京都の高級料亭でのタケノコ料理.

タケノコに含まれているエグ味をもたらすシュウ(蓚)酸は、掘り取り後二四時間を経過すると一・五〜三・五倍と大幅に増加するので、タケノコは新鮮さが生命である。掘り取ってから調理されるまでの時間が短ければ短いほど良い。乙訓タケノコの掘り取りには、「朝掘り」と「宵掘り」の二つの方法がある。朝掘りは午前五時頃から掘り取り作業を始め、ただちに等級別に選別し、八時過ぎには出荷する。卸売市場に出荷されたものは、「朝掘りタケノコ」として特別に競りにかけられ、一〇時過ぎには各店頭にならび、京阪神の消費者の手には、掘り取ってから半日程度で渡ることになる。

一方、宵掘りタケノコは、掘り取ったタケノコを夕方五時頃までに集荷して、卸売市場に出荷し、翌朝、他の野菜とともに競りにかけられ、小売店を経て消費者に届く。このため、掘り取ってから消費者の口に入るのは約一日後になり、鮮度がかなり落ち、朝掘りに比べると、一二、三割程度の安値で取り引きされていた。しかし、一九八〇(昭和五五)年頃から出荷時にビニール包装し、鮮度保持剤を入れることにより、朝掘りタケノコに負けないくらいの品質が保持できるようになった。これにより、宅配便による乙訓タケノコの全国輸送が可能になり、庭先販売二〇~三〇パーセント、市場出荷七〇~八〇パーセントへという流通形態になっている。

掘り取り作業が終わると、タケノコの掘り穴に礼肥《れいごえ》を入れてやり、七月になるとタケノコ畑に生えてくる「ムシャ・クシャ」とよんでいる細い小竹を刈り取ってやる。また九月になると「夏肥」を施肥する。こうしたきめの細かい栽培方法が、乙訓タケノコを全国一の品質に作り上げたのである。乙訓のタケノコは竹藪から自然に出てくるタケノコを掘り出すのとは違い、タケノコ畑で集約的な軟化栽培を行っているのである。一見すると竹林のようだが、乙訓のタケノコ畑は統計上も林地ではなく農地なのである。もちろん、乙訓のタケノコも、元々は里山の林産物であったが、今は畑で集約的に栽培されている農産物になっている。

3◇祇園さんとチマキザサ

図V-10　戸口にまつられた縁起粽．京都市下京区．

祇園《ぎおん》さんの粽《ちまき》

京都の夏を彩る祇園祭は七月一六日の宵山《よいやま》、翌一七日の山鉾《やまほこ》巡行でクライマックスを迎える。山鉾巡行というのは、「コンコンチキチン、コンチキチン……」で知られる「祇園ばやし」を、笛や鉦《かね》で奏でながら二九基の山鉾が市内中心部を練り歩くさまをいう。もともとは、伝染病や洪水、干ばつなど諸災害の原因と考えられていた怨霊《おんりょう》を鎮《しず》める御霊会《ごりょうえ》に始まる祭りであった。一五世紀中頃の応仁《おうにん》の乱《らん》後に、下京の町衆の祭りとして受け継がれており、市民からは「祇園さん」と親しみを込めて呼ばれている。この祇園祭には、戸口にまつっておく厄除《やくよ》けの粽《ちまき》がつきものである（図V-10）。粽はもともと、チガヤ（茅）やマコモ（菰）やアヤメの葉などで巻いていた。それを京都のお菓子屋さんが、葉がきれいで、香りがよくて、殺菌作用がある笹《ささ》の葉に代えたという。京都は竹とともに、笹にも深いかかわりがある。

粽に使う笹の葉は、八月下旬から九月いっぱいにかけて、鞍馬《くらま》、花背、別所桃井の周辺山地で刈り取られる。それをすぐ山の冷気の中で乾燥させ、保存しておき、使う直前に水で新鮮な緑の葉にもどす。これらの作業は上賀茂一体の農家で行われている。そして翌年の六月下旬になると、いっせいに縁起粽作りが始められる。この地域の笹はチマキザサやチシマザサである。文字どおりこの葉で粽を包むことから名付けられたチマキザサは、稈は一・五〜二メートルぐらいで、葉が広く裏にやわらかい毛が一面に生えているのが特徴である。チシマザサと分布域を重ね、樺太《からふと》（サハリン）や北海道から本州の日本海側の冬に雪が多い地域、特に新潟県に多く見られる。また四国や九州をはじめ太平洋岸の内陸部で、ミヤコザサと分布域を接している。

粽や生麩《なまふ》をくるんだ笹巻きなどの和菓子類、北陸名物の笹団子《ささだんご》、笹飴《ささあめ》、鱒鮨《ますずし》、小鯛の笹漬《ささづけ》などにもこの笹が用いられている。昔は酒をつくる樽にも笹で蓋《ふた》をしたり、笹の葉の粉を入れたりしたという。笹の葉は古くからその香りと美しさ、防腐作用などによって、人々に愛され利用されてきた。

笹と竹

日本列島は世界で一番笹の種類が多く、地方的に分化した種類や広く日本列島に分布している種類などさまざまなものがみられる。日本に自生または栽培されているタケ・ササ類は、分類の仕方によって多少異なるが、おおよそ二四〇種類ほどあるといわれている。タケ・ササ類の分類学上の位置付けは難しく、生殖器官である花を分類の基準とする建前からはイネ科の中に、栄養器官の特殊性を重視する立場からはイネ科から独立させて、タケ科としている。

ところで笹と竹とはどう違うかと聞かれると、即答できる人は少ないかもしれない。竹と笹はどのように区別しているのだろうか。大きいのが竹で小さいのが笹。また、木でいえば幹にあたる稈や、枝の先が目だって細くなるのが竹で、そのため釣竿や箒《ほうき》に利用されている。それに対して、笹は稈や枝の先が著しく細くはならない。こうした区別も確かに一つの目安である。タケノコが生長していく過程で竹の皮、正しくは稈鞘《かんしょう》が、タケノコの生長にともなって落ちていくものが多いのが竹で、皮がいつまでも稈についている宿存性のものが多いのが笹という目安もある。一本一本の稈が離れてバラバラに散生するのが竹で、笹は稈がバラ立ちするものと、株立ちするものとの両方からなっているものが多い。

チシマザサとミヤコザサ

チシマザサはチマキザサと同じく日本海側に多く分布している。稈の長さが二メートル以上の大型笹をいい、三メートルもの丈があるものも珍しくはない。大型で、根元が弓なりに曲がっている形状から、竹ではないのに、別名、ネマガリダケ（根曲がり竹）と呼ばれている。根元が曲がっているのは、雪の圧力に十分耐えるだけの弾力性に富ませるためである。チシマザサはササ属のうちで最も北

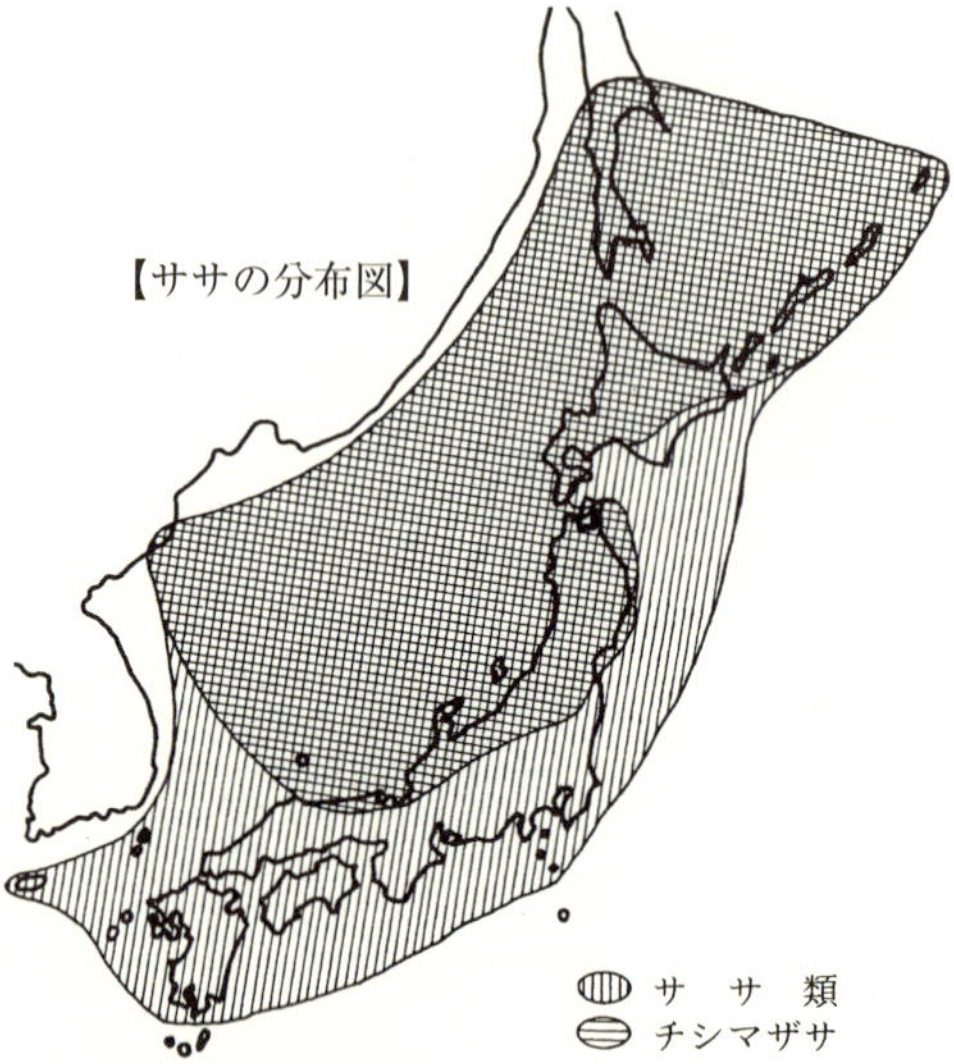

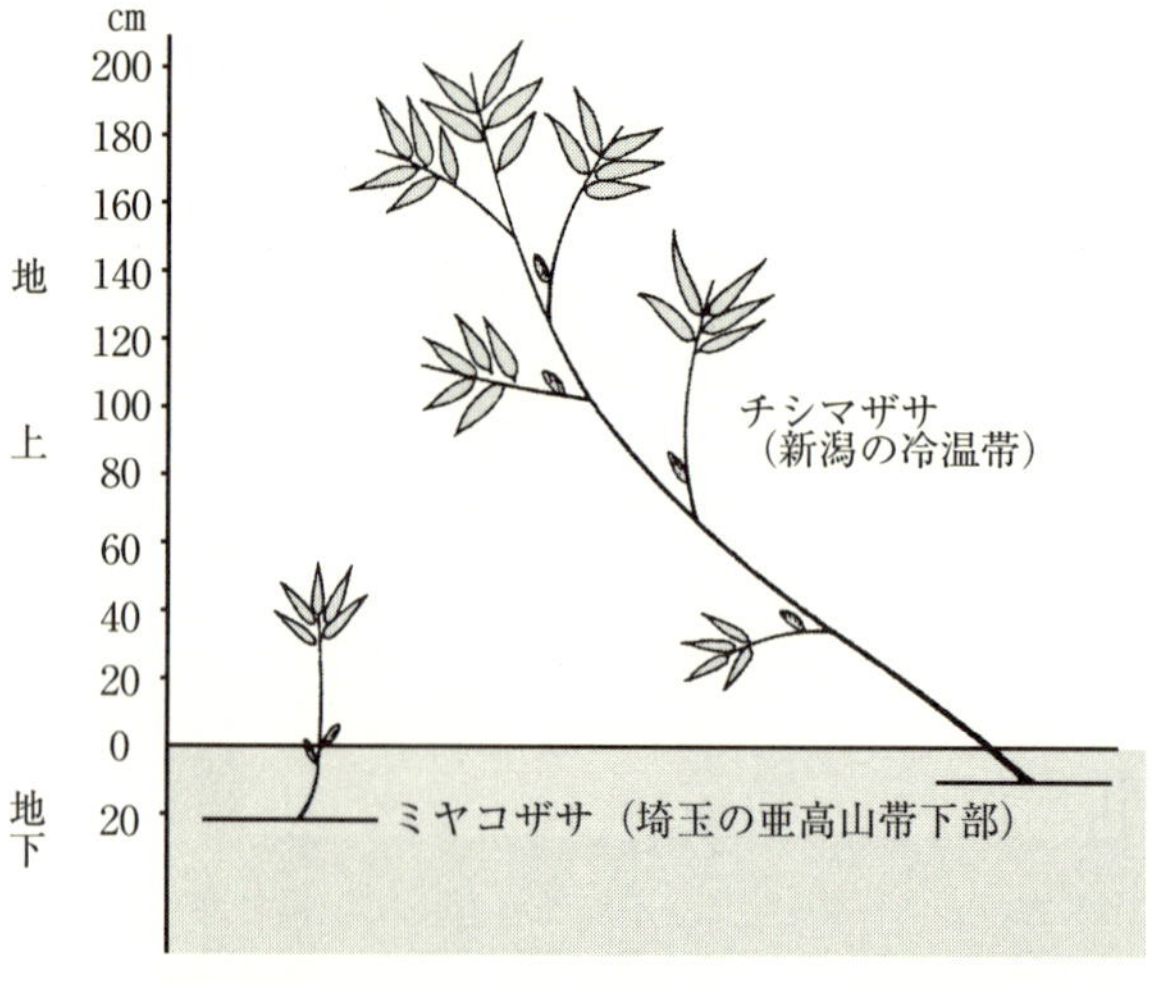

図V-11　ササの分布（上）と、チシマザサとミヤコザサの形態（下）.
（分布図は川瀬清『森からのおくりもの』1989，北海道大学図書刊行会から，形態図は永野巌『埼玉四季の植物』1990，埼玉新聞社を一部改変して転載）.

図Ⅴ-12　チシマザサのタケノコとその水煮商品.

まで分布し、垂直分布は最も高いところに達する種である。西限は鳥取県大山《だいせん》あたりで、日本海側および山岳地の多雪地域で、最深積雪量七〇センチ以上の地域でみられる。

　京都には、高さが三〇〜五〇センチほどの、もう一つの小型の笹がある。それは比叡山《ひえいざん》で初めて発見されたので、京都にちなんでミヤコザサと名付けられた笹である。分布も北海道の南部から、本州の太平洋側や内陸部、四国、九州にかけての雪の少ない地方で、チマキザサやチシマザサとは分布地域を住み分けている（図Ⅴ-11）。ミヤコザサは越冬芽を地下に作るが、チマキザサやチシマザサは稈の上の方につけている。冬の間は雪に埋もれ、寒さから保護されるので、稈の上の方に芽をつけていれば寒さにやられることがないという。それに対して、太平洋側の雪の少ないところに生育するミヤコザサの方は、雪による保護がないので、芽を地下につける。

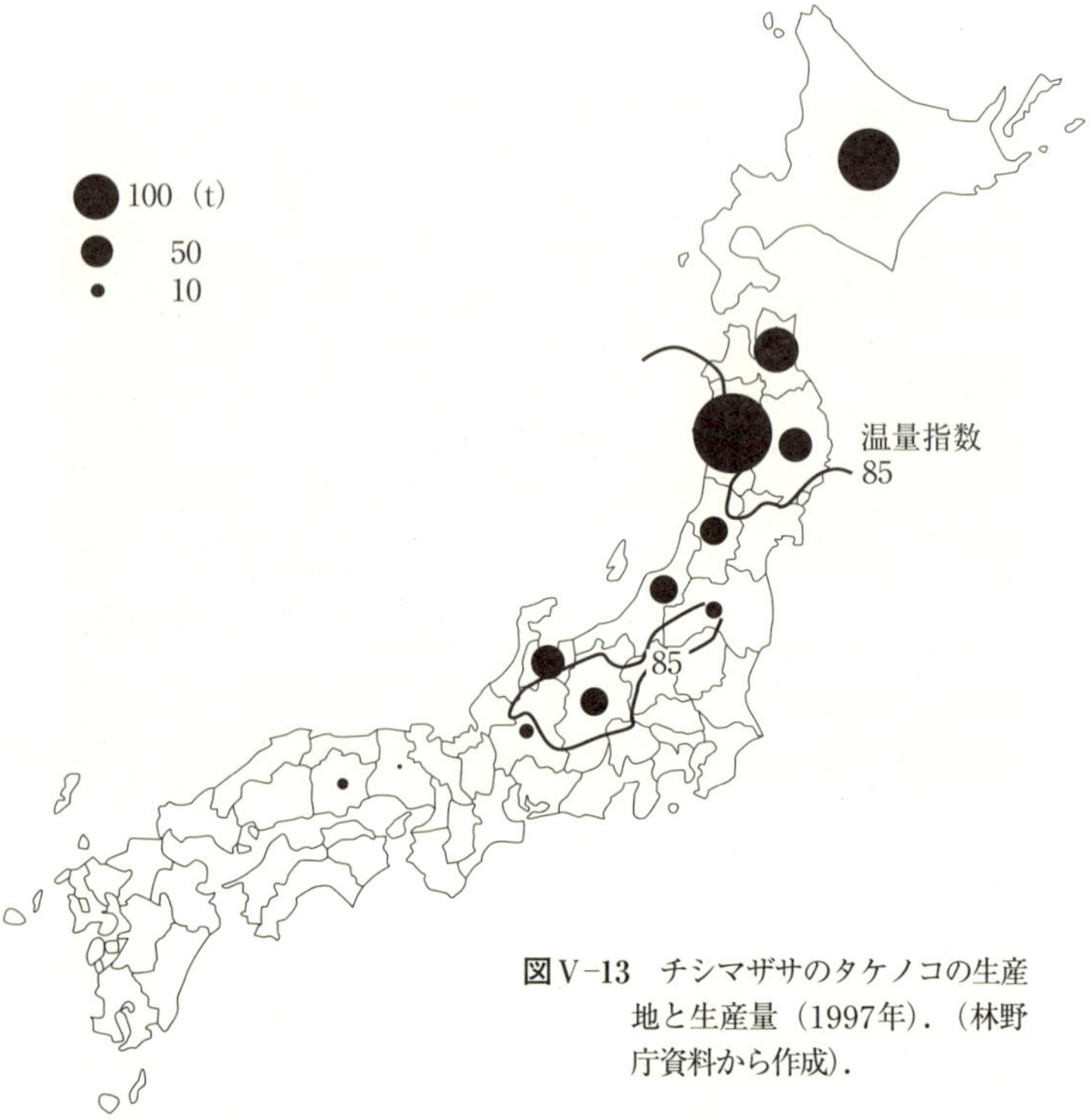

図V−13　チシマザサのタケノコの生産地と生産量（1997年）．（林野庁資料から作成）．

チシマザサの細く小さなタケノコは（**図V−12**）、竹の生育が難しい温量指数八五以下の中部高冷地や東北・北海道地方の名産である（**図V−13**）。チシマザサのタケノコは楚々とした姿や、ほとんどエグ味がない味に魅力がある。東北地方では、チシマザサの枝になる若芽、すなわち「枝のタケノコ」も天ぷらなどにして食べる習慣がある。稈は丈夫なので、トマトや豆のつるなどを支える農園芸用の支柱や、冬は庭木の枝などが折れないように雪囲いの材料としても使われた。以前は密に編んで垣根にも使われていたという。チシマザサの稈は竹のように繊細優美なところがないため、美術品や工芸品には向いていないので、かつては魚

図V-14　白い隈取りがあざやかなクマザサ.

やいもなどを入れて運ぶ丈夫で実用的なカゴやザルに編まれたが、近年は竹製のものと同様、ビニールやプラスチック製品に取って代わられた。

クマザサ

クマザサは、葉の縁が白く隈《くま》どる笹なので漢字を当てれば「隈笹」である（**図V-14**）。熊の出るような所に生えていたり、熊が食べる笹だから「熊笹」と書くというように思っていたりする人が少なくない。クマザサの縁が白く隈どるのは、遺伝的性質なので、いつでも、どの地方でも隈どりが見られる。しかし、チマキザサやミヤコザサなど、クマザサ以外の笹でも、冬になると隈どるものが少なくない。すなわち、笹の生えている場所によって、同一種の笹でも隈どったり、隈どらなかったりすることがある。ミヤコザサは最深積雪深が五〇センチ付近のところでは冬になると隈どり、その線から遠ざかり雪が少なくなるにつれて、しだいに隈どりの幅が狭くなり、しまいにまったく隈どらなくなる。チマキザサが、隈どるところと、まったく隈どらないところの境界線は、最深積雪深が七五センチの等深線とほぼ一致するという。こうしてみると、笹の葉の隈どりは積雪量と密接な関係があるようにみえるが、じつは隈どりと積雪深とは直接の関係がない。なぜならば、葉の隈どりは晩秋からはじまり、二月頃の本格的な降雪期の前に、すでに完了してしまうからである。それなのに隈どりと積雪量といかにも関係がありそうなのはどうしてだろうか。

『日本タケ科植物総目録』を著した故鈴木貞雄氏は、たんねんなフィールドワークによって、それは空中や土壌の乾燥が主に関係していることを明らかにした。つまりチシマザサの場合、最深積雪深が七五センチ以上のところは、日本海側では概して標高が一〇〇〇メートル以上のところが多く、秋は冷涼であるため、一度、雨や雪が降ると土壌が乾きにくく、また、雲霧が多くて空中湿度が高いという。それに対して七五センチ以下のところは晴れの日が多く、空っ風も吹くので、空気中と土壌の湿度はずっと低くなる。要するに、乾燥が笹の葉の隈どりを起させることになり、湿度が高いことがそれを防げることになるという。

笹の効能

昔、カリ肥料は囲炉裏《いろり》の木灰のほか、里山から下草を刈り取って焼き、盛んに灰を作った。これは「灰（アク）作り」といって農民の晩秋の仕事であった。特にクマザサを焼いて作った灰は肥効が高かったそうだ。日本農業は灰といわず、秣《まぐさ》、刈敷《かりしき》、落ち葉など農用林野である里山から得られる有機質・無機質肥料を用いて長い間再生産を維持してきた。ところが戦後の農業の機械化・化学化とともに、里山の重要性が失われ、灰をはじめその多くが放棄されてしまった。

クマザサやスズタケは、五〇～六〇年間に一度花が咲いて実を付ける。山の民はクマザサやスズタケの実を、「野麦」といって古くは粉に挽いて食用にしていた。山本茂実の小説『あゝ野麦峠――ある女工哀史――』で有名になった、信州と飛騨の国境の野麦峠にはクマザサが多く、この地名もこの植生に起源を持つものであるという。余談であるが、笹が実をつけると、その一帯では野ネズミが大発生することがあるという。ただし、笹の開花や結実をみても野ネズミが大発生しなかった例も報告されており、もちろん笹の開花と結実に関係なく大発生することもあるという。両者の関係は、それぞれの生物リズムがたんに一致したものなのかどうか、詳細は不明である。

さて、笹を食べる動物といえば、パンダを思い浮かべるが、冬眠前の熊も笹をよく食べるそうだ。笹は意外と栄養価が高く、ビタミンCが一〇〇グラム中一五〇ミリグラムもあり、他にビタミンKも多く含まれている。粽などに使われている笹の葉を、人間が食べるには繊維が多すぎて食べられない。しかし、近年、健康食品として、笹の葉のエキスが販売されるようになった。笹の葉に含まれるビタミンKは、血液の凝固にかかわる酵素をつくる働きがあることで知られている。昔から傷口に笹の葉を当てるとよいというのはそのためである。最近、制ガン作用のあるバンフォリンという物質も含まれているということがわかり、注目されている。近年の研究によってカルボン酸、フェノール性化合物といった笹の葉の成分が、殺菌作用を持つらしいということもわかってきた。つまり、古くから笹の葉を添えて置くと魚を腐らせず、鮨や菓子を長持ちさせるといわれてきたことが科学的に裏付けられようとしている。

4◆里山における竹の野生化と新たな利用法

野性化した里山の竹林

一九五〇年代中頃（昭和三五年）以降の高度経済成長期に、名神高速道路や新幹線などが開通して、京都近郊の地価が急上昇し、西山の農地も例外ではなく、無秩序に農地が壊廃されるスプロール化が始まった。一九七一（昭和四六）年一二月に「新都市計画法」による「線引き」が行われると、市街化区域に指定された農地の多くは、住宅や工場、公共用地などに転用が急速に進んだ。京阪神のベッドタウンに急変し、タケノコ畑や里山の竹藪も宅地やゴルフ場などの開発によってしだいに減少していった。その頃に京都市が、「洛西ニュータウン」を建設したために、京都市左京区大原野や大枝《おおえ》、そして向日《むこう》市など、多くの農家のタケノコ畑も開発されていった。洛西ニュータウンの一画には世界唯一の竹専門の展示施設と、竹の生態園を持つ「竹林公園」が一九八一（昭和五六）年に開園し、昔の面影をとどめている。

ところが、それとは反対に里山では現在、竹林が拡大に拡大を重ねている。特に、段丘や丘陵地帯

図V-15　京阪奈丘陵の竹林の拡大.

でその拡大が著しい（**図V-15**）。かつては竹材とタケノコの両方で収入になっていたが、竹材が売れなくなり、タケノコ生産による収入だけになると、一ヶ月強にわたる一家をあげてのきつい収穫の労働を嫌って、竹林の管理を放棄する人が多くなった。中国産をはじめ台湾やタイ産の安いタケノコ缶詰の輸入もそれに追い討ちをかけるようになった（**図V-16**）。その結果、人手の入らなくなった里山の竹林は、野性化し確実に分布域を広げている。

木津川左岸の京都府京田辺市の丘陵地帯における竹林の拡大の様子を、農林水産省関西支所の鳥居さんと井鷺さんが航空写真を解析して明らかにしている（**図V-17**）。図示エリア一三四六ヘクタールのうち、竹林は一九五五（昭和三〇）年に一〇ヘクタールだったのが、一九七五（昭和五〇）年に一三三ヘクタ

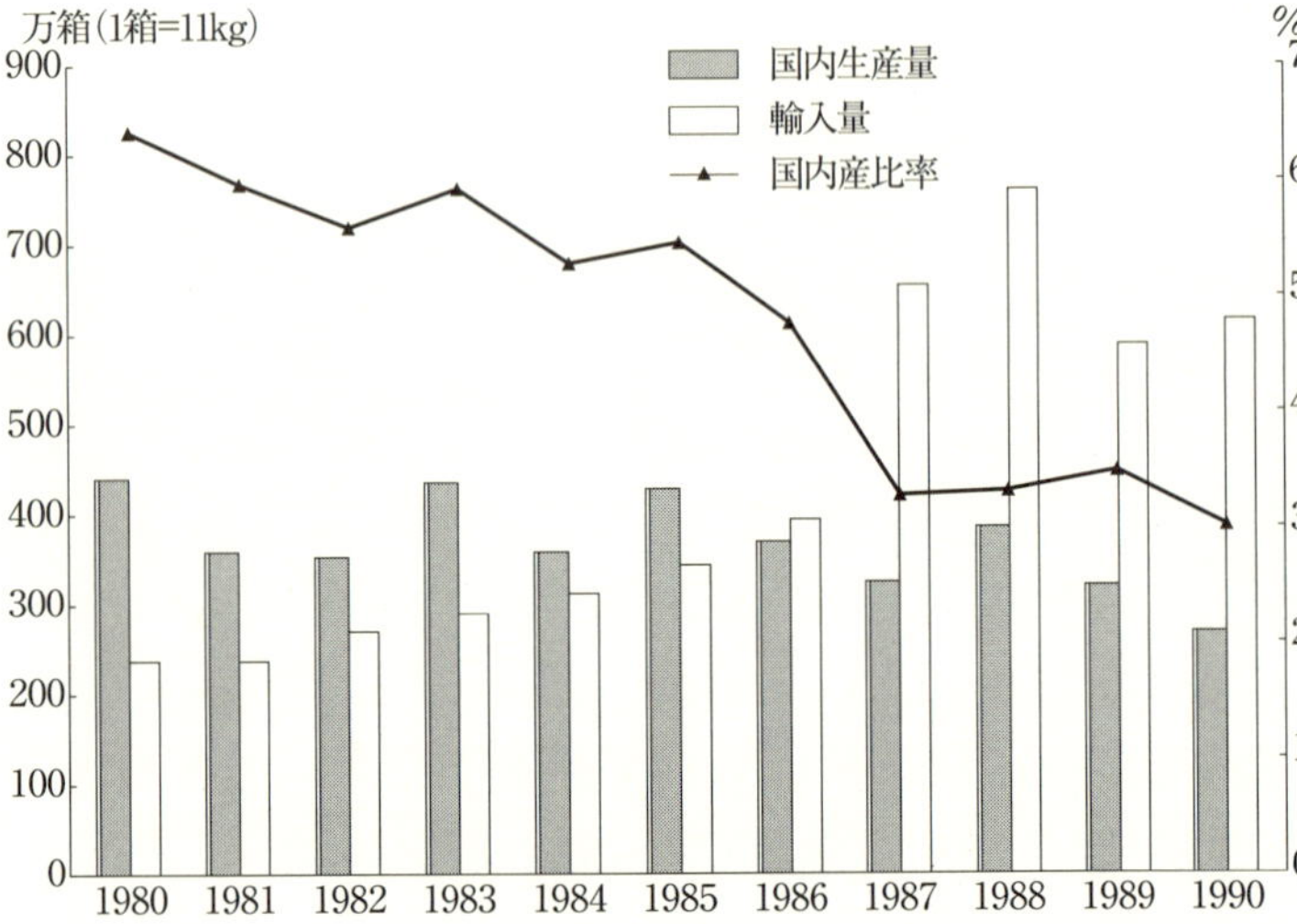

図V−16　タケノコ缶詰の国内生産量と輸入量（1980〜1990年）（林野庁「特用農産物の流通に関する報告」から作成）.

ールに、一九八五（昭和六〇）年には二〇四ヘクタールへと増加している。竹の分布が拡大したのは標高五〇～一〇〇メートルの丘陵地の里山であるのがわかる。一九六〇年代中頃（昭和四〇年代はじめ）までは、里山では薪炭材《しんたんざい》の採取が行われていたが、薪炭材の採取が行われなくなると里山の一部に植えられていた竹が、地下茎を伸ばして周囲の里山の広葉樹林地や植林した杉林に侵入し、自然に分布を広げていったのである。タケノコが高値で売れている乙訓《おとくに》のタケノコ畑では竹の管理が行き届いているが、輸入物のタケノコや竹材に押されっぱなしの里山の竹林では収入も期待できないのと、農家の後継者難や高齢化により竹林の管理が放棄されている。

　一般に森林の中で、広葉樹が生長するには、長い時間が必要であるが、モウソウチクはタケノコの伸張という形で、ほんの数ヶ月で他

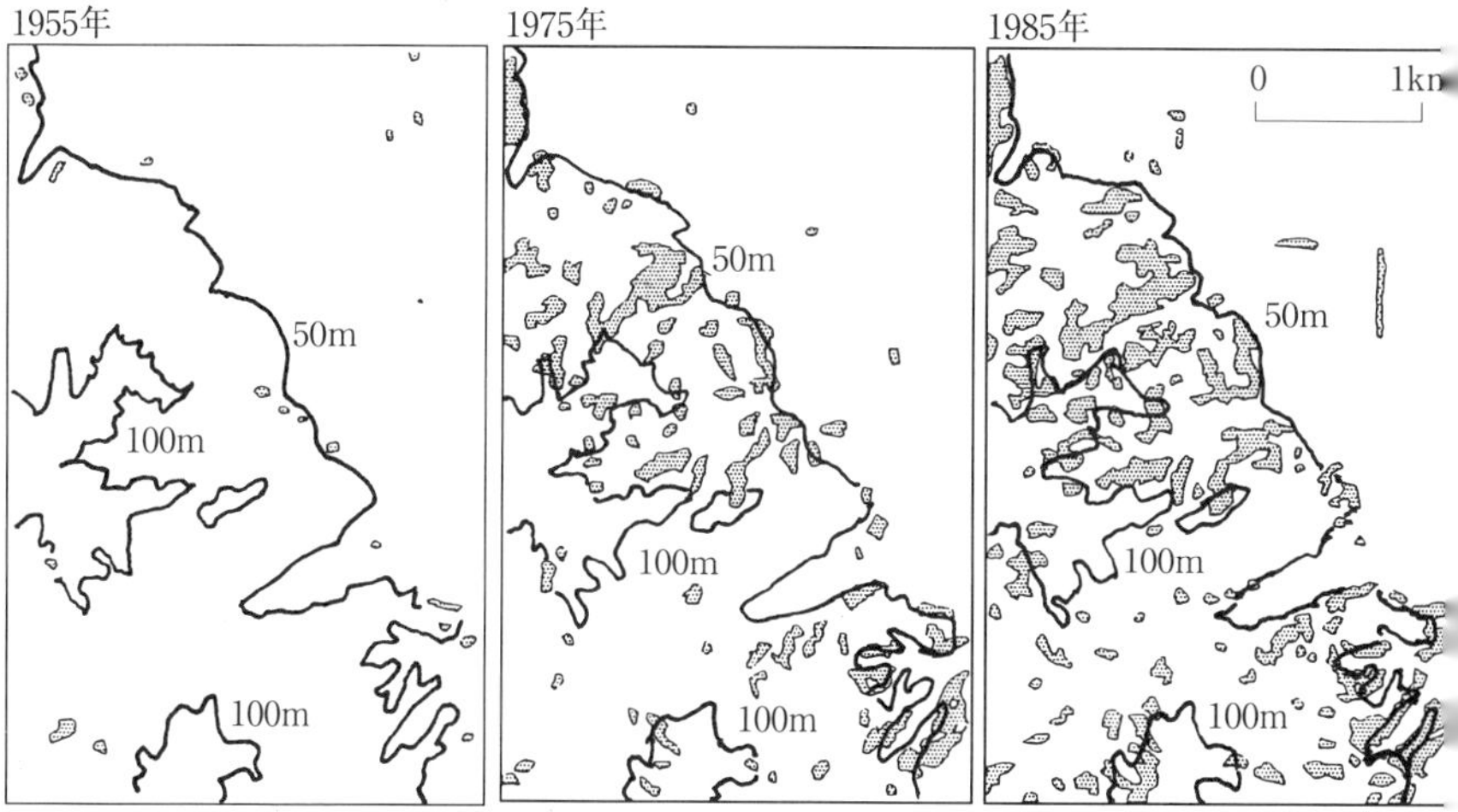

図V−17　京都府京田辺市の竹林拡大．アミ目の部分が竹林を示す（鳥居・井鷺，1997の図に等高線加筆）．

の広葉樹よりも、高い場所に葉を展開することができる。このような有利な性質を維持するために、モウソウチクは光合成生産物のかなりの部分を根茎の更新や維持に割り振っているという。このような性質の違いから竹と広葉樹が混成している場所では光をめぐる競合が行われる。この光をめぐる競合では生長の早い竹が圧倒的に有利になり、多くの広葉樹は枯死してしまう（**図V−18**）。そして竹が優先してくると、そこでは陽樹である広葉樹の稚樹は生育できなくなり、自然更新ができなくなってしまう。竹林の林床は多くの植物が生育する事はなく比較的単調である。このような竹林の拡大は、京都のみならず全国の里山で、猛威をふるっている。周囲の里山で生育・生息する貴重な動植物が絶滅する危惧の声もあがっている。スギやヒノキの植林地に竹が侵入して造林木を枯らしている例も報告されている。

図V-18　竹の拡大により枯死した落葉広葉樹．京都府山城町．

新しい竹の用途

この里山の竹の拡大を防ぐには、新しい竹の利用法を積極的に開発し、竹林の管理をしていかなければならない。最近、注目されているのが竹炭で、きれいに包装されデパートや薬局などでは、木炭よりもかなり高い値段で売られている。竹炭は燃料材というよりは、環境改善や健康法など新しい利用法が次ぎつぎに開発されている。

竹炭は空洞のある竹稈を材料にしているので、窯《かま》入れの時、木よりも体積が少なくなる。したがって収炭量は、同じ窯で焼いても、木炭の約半分程度で、生産性が低いのでそれだけコスト高になる。また、窯入れする前のタケの水分調整がポイントになる。タケは一年間のうちで最も水分の少ない秋口に伐採してから、窯入れのときの適正含水率が一五〜二〇パーセントになるまでに自然乾燥で六ヶ月くらい要する。しかもタケの成分には虫が好むへミセルロース（糖分）が多く含まれ、それが表皮の部分に集まっているので、いつまでも放置しておくとたちまち虫やカビにやられてしまう。水分調整の作業を適切にやらないと、割れやすい、粗悪な炭になってしまう。竹炭が木炭に比べて値が高いのは、木炭より多くの費用と手間がかかるためである。

竹炭はタケの主成分であるセルロース類やリグニン類が熱分解した跡が、無数の孔を作り出す。したがって竹炭は多孔質なので、その表面積は一グラム当たり三〇〇平方メートル以上もあり、木炭の表面積の二倍に相当する。特に比較的低温で炭化され、ゆっくりと冷やされた黒炭の竹炭のほうが多孔質となる。竹炭のすぐれた吸着力の秘密は、この多孔質による広大な表面積にある。そして、この孔に匂いや汚れの成分である有機物を分解する放線菌がよく繁殖することが知られている。そのために、空気や水の浄化・消臭・吸湿に適している。また、竹炭にはナトリウム、カルシウム、鉄分など土中から吸い上げたミネラル分がバランスよく、しかも水に溶けやすい形で含まれているので、炊飯用、浴用などにも使用されている。

高温で焼いた白炭の竹炭は、すぐれた電気的性質をもっているので、人体に有害な電磁波を遮蔽《しゃへい》したり、マイナスイオンを増やしたりする作用なども確認されている。そうした特性から、快適な生活環境作りや、枕などの寝具、目の疲れを癒す竹炭入りアイマスクなども作られている。また、白炭の粉を練りこんだ「チャコールクロス」も開発され、布地になっても、抗菌、防臭、調湿といった炭の元々の効能が布地にも反映されるという。

鹿児島市に近い鹿児島県蒲生町では、地元企業や森林組合による共同企業「ケトラファイブ」が、竹の炭化粉入り建材ボードの生産を二〇〇一年に開始した。近隣の農家から竹を一キロ八円で買い上げ、竹を粉砕し竹炭化させて皮革くずや古紙を混ぜて圧縮して、天井や壁用のボードを生産している。壁用で一平方メートル八〇〇〇円と普通の加工ボードより高いのが難点だが、断熱や消臭、調湿性が高いほかに、ホルムアルデヒドなど室内の化学汚染物質を吸収する効果も確認されており、徐々に販路も拡大しているという。

炭焼きの技術は熟達した勘《かん》を要する難しい作業であるが、地元の古老に学ぶなど地元の人と新住民とのコミュニケーション作りの場として竹炭作りを行っている里山保全グループもある。竹林の手入れをしながら間伐した竹を使って竹炭を焼いて販売し、里山保全の活動資金の一部に当てられるまでになったグループもある（図V-19）。

木炭から得られる木酢液《もくさくえき》と同様に、竹炭をつくるときに煙突を通して煙を冷やして採取する竹酢液《ちくさくえき》も注目されている。ただし、窯から出る最初の頃の煙は水蒸気がほとんどなので、竹酢液を採取するのは材温が上がり、炭材が外部からの加熱で酸化しだす「自燃《じねん》」が始まって少し焦《こ》げ臭い「きわだ煙」が立ち昇ってからである。主成分は酢酸で食用酢と似ているが、酢酸のほかに熱分解によって生成された二百数十種もの有機物が含まれているという。農業用として病虫害の防除や土壌改良剤、堆肥の防臭剤などとして市販され、有機栽培や低農薬栽培を行っている農家が用いている。また、リグニン（炭化水素）が熱分解してできた抗酸化物質のフェノールが含まれているので、食品添加物や化学工業原料、医薬用としても注目され、さまざまな製品開発が進められている。

京都市中京区の寺町通りには、竹を素材にした「竹紙」を扱う専門店の「Ｔｅｒｒａ」がある。竹

図Ⅴ-19　市民による竹炭づくり（埼玉県所沢市のグランドワークおおたかの森）．割った竹材が入った炭焼き窯（上），炭焼き窯に点火（中），できあがった竹炭．

紙は中国の伝統的製紙技法で、半年近く水につけた竹から繊維を取り出し、それをさらに煮て、叩いて柔らかくした後に水に溶かして手漉きをしていく。手間がかかるために日本ではあまり普及せず、職人の数も少ないが、普通の紙とひと味違った趣を持つために、近年、画用紙だけでなくランプシェードやタペストリーなどにも使われるようになり、人気を博している。

さらに、タケは軸方向に繊維束が集まって長く伸びているので割裂性が高いが、節《ふし》があるので材自体の強度の高さと、しなやかさを合わせもっている。タケのもつこうした優れた物性を活かした新しい材料として、本格的にタケを利用したブラインドや建築用のゼファーボード（構造ボード）、さらには竹材で建設された住宅まで登場している（図V-20）。タケで家のあらゆる部材を作っている建材メーカーが、新潟県南蒲原《みなみかんばら》郡下田村に本社がある「オリエンタル」という会社である。竹材は室内外を問わず年月を経ても変化が少なく、自給可能な更新性の資源であるし、しなやかさを持つタケは地震国である日本に適した建築素材であることに着目して生産を開始したという。屋根と土台とガラスを除く、ありとあらゆる素材が竹材の「ネオウッド」で建てられたモデルハウスが燕《つばめ》市にできている。

タケの繊維で作った布地の開発も進められている。タケを溶かしてセルロースとし、繊維だけを抽出して糸にしたものである。愛知県一宮《いちのみや》市にある毛織物メーカーの野村産業が開発した「バンブー・アエラート」は、一〇〇パーセントタケの繊維で織られた世界初の布地だ。竹を使った繊維は、異形断面で細長い空洞があるため、水分をすばやく吸い取って吐き出す性質を持っているという。竹繊維はすでに婦人服や靴下に使われているが、夏の紳士ジャケットやスーツも縫製されている。適度な張りやこしがあり、麻よりもシワになりにくく、機能面では吸湿性や通気性に優れており、サラッとし

図Ⅴ-20　木部のすべてが竹のネオウッドでできているモデルハウスとその内部．新潟県燕市．

た着心地で夏向き衣料にぴったりの素材と評判である。

こうしたタケのさまざまな新しい開発を積極的に行い、日本の数少ない自前の更新性の資源であるタケを、有効かつ持続的に利用していくことが、里山で放置されたタケの野性化を防ぐ最大の手だてである。

市民による竹林の再生

先に述べたように、タケはあらゆる植物の中で最も早い生長力を持っている。放っておけば、地下茎が竹林外へと進出するし、密生化して、人の出入りも拒むようになる。こうした野生化した竹林を整備することはタケノコを得るのにも好都合になるし、周囲の里山の木々を守るためにも役立つので、適切な管理をすることが望ましい。適切な管理がなされないままに放置された竹林を見つけたら、地主さんに承諾を得て市民参加の竹林の管理を始めてみよう（**図V-21**）。できれば地主さんをはじめ、農家の人に竹の伐倒法などの手ほどきを受けながら、現地の条件や活動メンバーの人数に応じて手を入れる竹林の場所や面積を決めればよい。

昔から健康な竹林は「番傘をさしながら歩ける程度」といわれてきた。土壌の肥沃《ひよく》度や竹稈の太さなどにもよるので、一概にはいえないが、一〇〇平方メートル当たり、一五～三〇本程度のタケを残すのが望ましいといわれている。タケノコの発生が減退する五年生以上の老年竹や不良竹を間伐していく。根元にまだタケノコの皮が付着していたり、稈の色が濃い緑色で、白い産毛のようなものに覆われていて、みずみずしいつやがあったりするものは一年生のタケである。二年生から産毛はなくな

図V-21　市民参加の竹林の手入れ作業（神奈川県厚木市）．伐採した竹を運び出す（上）．竹をチッパーで砕く（中，チッパーは森林組合や園芸業者が所有していることが多いので，借用できるかどうかを相談してみるとよい）．竹チップを敷いた手入れ作業後の竹林内の散策路（下）．

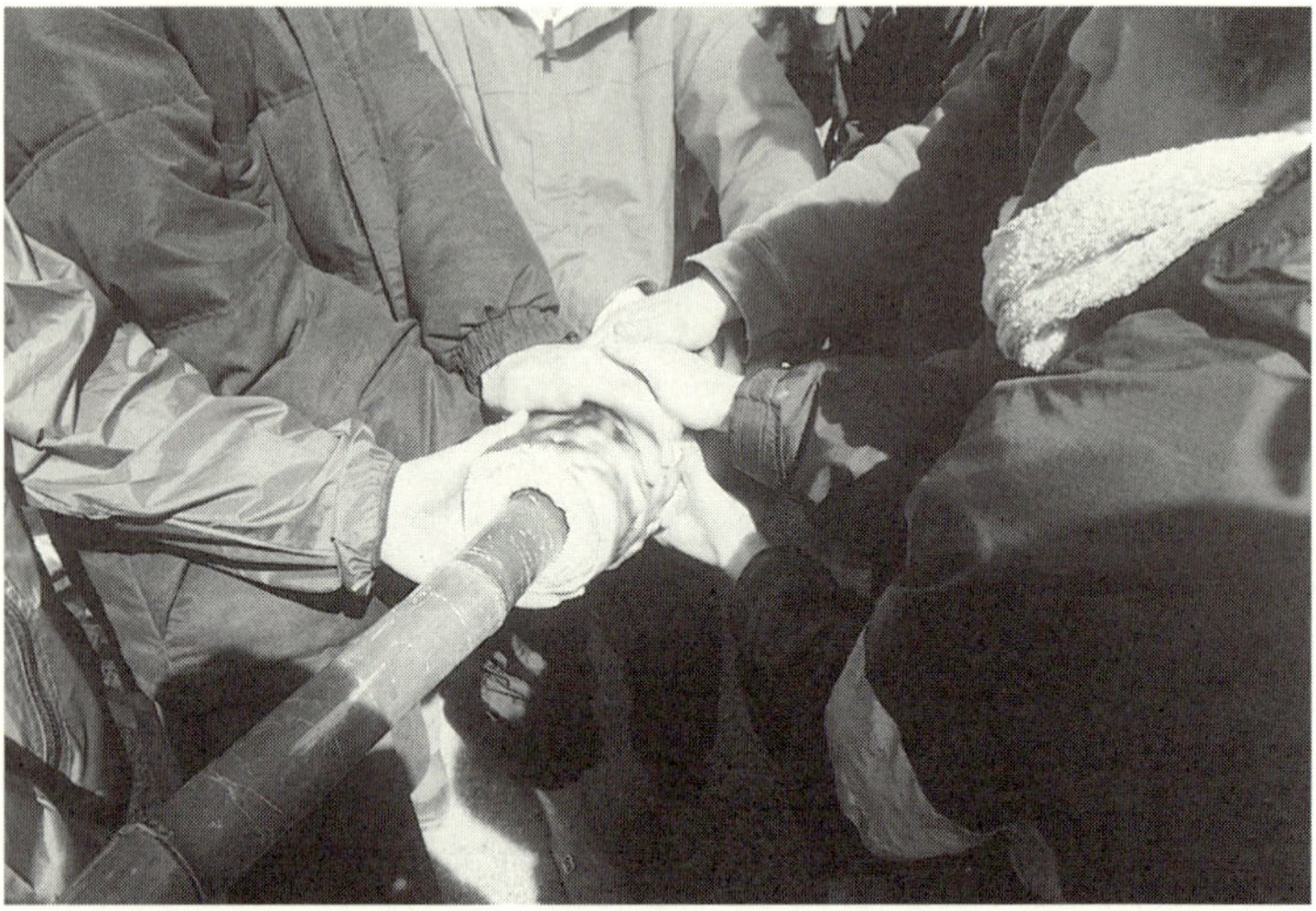

図V-22　竹を使ってバウムクーヘン作り．神奈川県厚木市．

り、徐々につやが失せていくが、節の溝だけは白く残る。三年生～五年生になるとこれも黒くなり、稈の色も緑から黄色になってくる。タケは地面から一メートル程度の高さでいったん伐倒しておくと、安全で楽に作業ができる。その後、残りを地際に沿って低く切り、切り株をナタで割っておくと竹林内を歩くときに、「踏み抜き」の危険を防ぐことができるとともに、切り株に水がたまらず、ヤブ蚊の発生も防止できる。適切な密度管理ができている竹林には、太陽の光が地表に射し込み、小動物や微生物が繁殖し、タケノコも育っていく。

密度管理をしながら竹林の中に散策路をつくってみると良い。タケノコ掘りの季節以外にも涼しげな葉を茂らせた竹林の散策が楽しめる。竹林をはじめ、里山は古くから人が出入りしていたために、今でも踏み分け道やその痕跡が残っているところがある。そうした踏み分け道を見つけたり、尾根や谷などの地形を見きわめたりしながら地形改変などのダメージをできるだけ少なくし、貴重な植物群落や樹木があればそれを避けながらルートを設定するとよい。必要に応じて階段や、樹木の切り株や倒木などを利用したベンチを配すれば楽しさが増す。伐倒した竹などをチッパーで砕いてチップをつくり、それを散策路に敷き詰めれば、竹林からは廃棄物を出さない循環型のゼロエミッションとなる。歩き心地は快適だし、チップはやがて林内の土にかえっていく。また、竹炭を焼いたり竹細工を作ったり、参加メンバーで竹稈に生地を巻いてバウムクーヘンを焼くなどのレクリエーションをとり入れたりすれば、さらに「楽しくて美味しい」作業になる（**図Ⅴ-22**）。

竹の建材をふんだんに使った住まいの中で、竹製の民具に囲まれて暮らし、春にはタケノコの旬の味を楽しむという古くから受け継がれてきた竹の文化を思い起こし、竹の新しい用途を積極的に開発するとともに、市民の竹林へのちょっとした気配りやかかわりが、里山における竹林の新たな価値や楽しさを再発見させてくれる。

第Ⅵ章——海の里山：マングローブ林

1◇西表島《いりおもて》のピンニ木

マングローブとは

台湾に二五〇キロ、沖縄本島へは五〇〇キロ、琉球列島の最南端に位置する八重山《やえやま》諸島の中に沖縄県竹富町《たけとみ》はある。竹富町は、西表島《いりおもて》をはじめ竹富島、新城島《あらぐすく》など一六の離島からなっている。西表島は北回帰線が通過する台湾のすぐ東に位置し、年間の月平均気温は二三・三度で、真冬を告げるのが避寒桜《ヒカンザクラ》の開花という亜熱帯の島である。年間降雨量は二三〇〇ミリで、特に梅雨や台風シーズンに集中する。その西表島には、「ピンニ木」に関する民謡がある。湊《みなと》の河口の近くに生えているピンニ木が初夏に花を咲かせ、やがてその種子が川に落ち、川から海に出て、波間を漂ううちに、元の湊の河口部に戻ってきて、そこの泥の中に根づいたというような歌である。このピンニ木というのは、まさに潮間帯で生育しているマングローブのことである（**図Ⅵ-1**）。

熱帯や亜熱帯の海岸では潮が満ちると海水にひたり、潮が引くと外気にさらされる潮間帯の塩沼地に特殊な樹林が発達している。このような樹林の植物を総称してマングローブ（mangrove）といい、

図Ⅵ-1　沖縄県竹富町西表島のピンニ木（マングローブ）.

その樹林をマングローブ林という。したがって、マングローブというのは、カシワのように単一の樹種名ではなく、いわば、「高山植物」といったり、「湿生植物」といったりするのと同じような分類上の名称である。そして、マングローブ林は干潮《かんちょう》のときには、干潟《ひがた》になった陸上にあるが、満潮《まんちょう》のときにはまさに海に浮かぶ平地林である。

ところで、漢語では、台湾や中国南部に産するマングローブの主要構成種であるヒルギ科の木を「紅樹」と書き、マングローブ林を「紅樹林」とよんでいる。余談であるが、二〇〇〇年の五月に台湾中部の果樹栽培地域の調査に出かけた際に、台北のホテルでなにげなく地図をひろげていたら、台北から淡水河の河口部に伸びる新高速鉄道線に「紅樹林」という駅名を見つけた。「マングローブ」という名のこの駅をむし

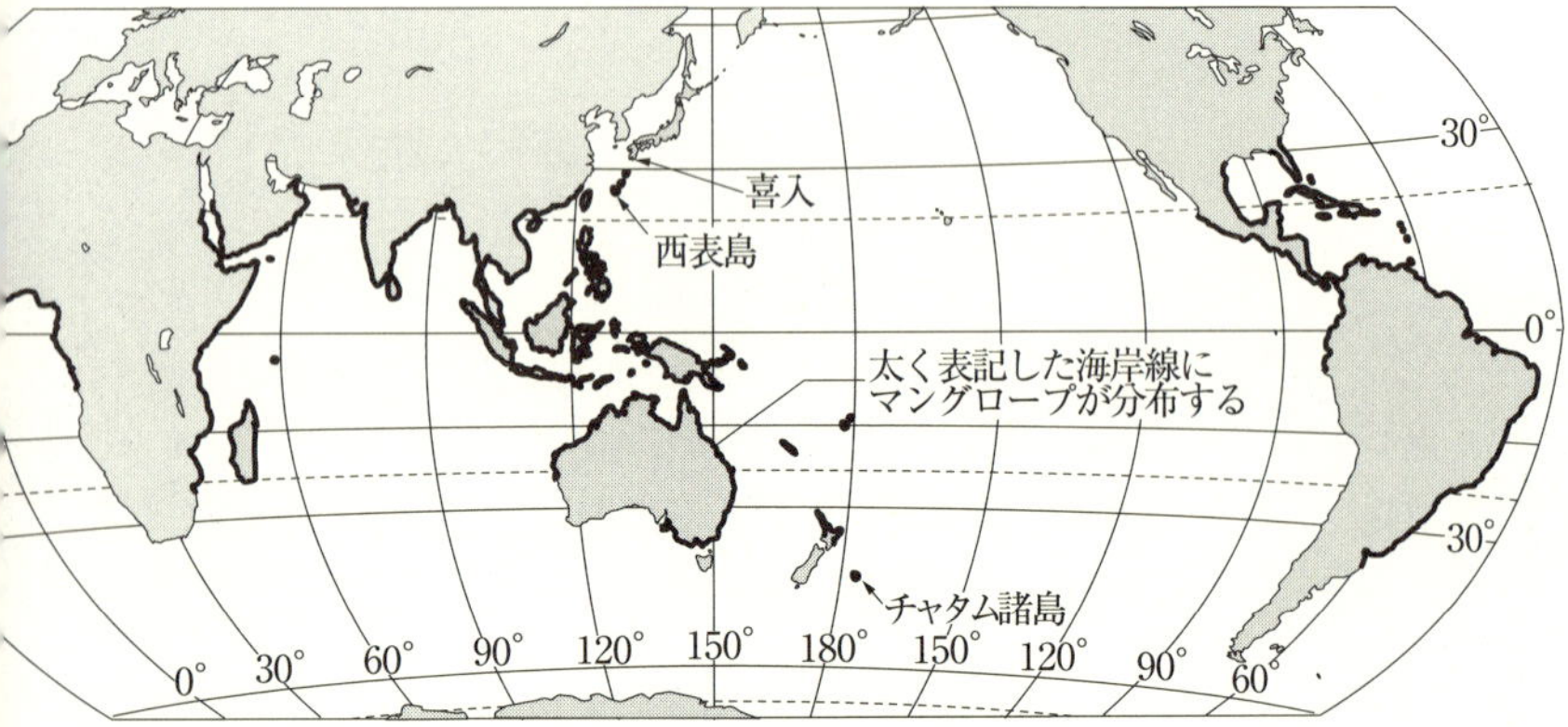

図Ⅵ-2　世界のマングローブの分布域.（The International Tropical Timber Organization・The International Society for Mangrove Ecosystems 1995に加筆）.

ょうに見たくなってしまい、雨模様だったがすぐに電車に飛び乗った。終点の一つ手前の真新しい紅樹林駅を降り立つと、駅舎の裏手の淡水河沿いに、はたしてオヒルギ（アカバナヒルギ）の林がひろがっていた。一帯は「紅樹林自然保留区」になっていて、オヒルギの林の中に木道の観察用トレイルができていた。そして、駅に戻ると、なんと駅舎の二階部分にマングローブの資料展示室が開設されていて、そこでマングローブ林の啓蒙と保全活動が行われているのを知って感激した。

マングローブの分布

マングローブは低温、特に、霜にはまったく耐えられない。したがってマングローブ林は赤道を中心とした湿潤な熱帯・亜熱帯地域に発達している。そして、南九州の鹿児島県南部の北緯三二度から、ニュージーランド東部のチャタム諸島の南緯四四度まで分布している（**図Ⅵ-2**）。南北に偏るにつれて構成種が少なく

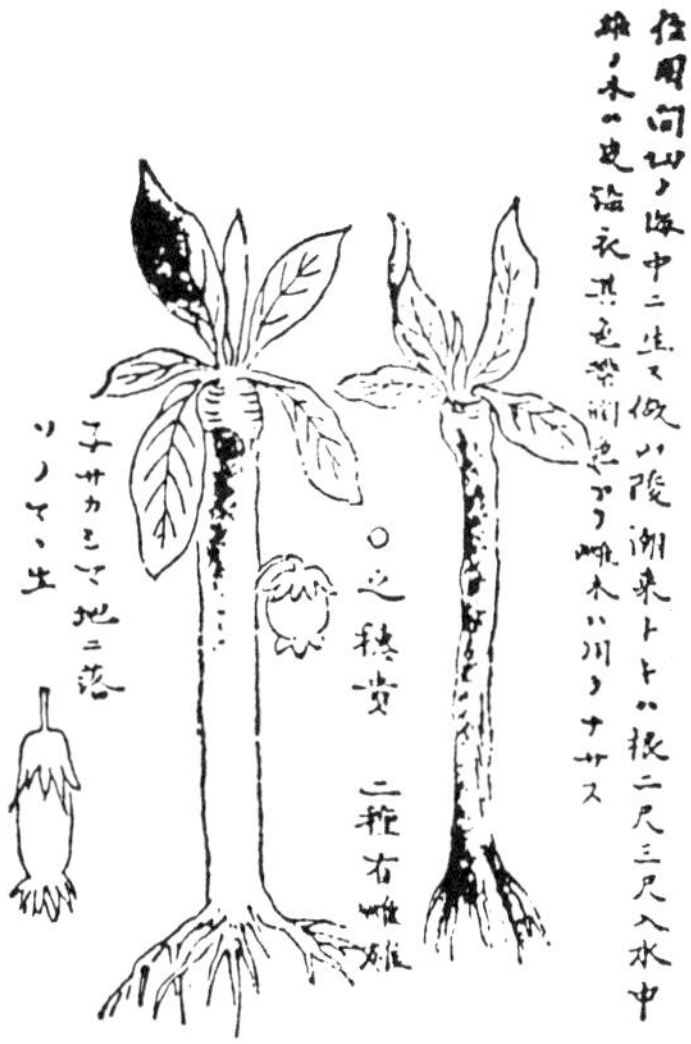

図Ⅵ－3
『南島雑話』に描かれているマングローブの絵（國分直一・恵良宏校注『南島雑話２』1984，平凡社による）．

なっている。日本では九州薩摩《さつま》半島の鹿児島県喜《き》入《いれ》町のメヒルギ群落を北限として、南西諸島に分布し、南に行くほど種類が多くなり、樹高も高くなっている。マングローブ林の北限地に当たる南九州や沖縄では、群落の高さは、せいぜい数メートルから十数メートルに過ぎない。しかし、赤道付近では高木林を形成しているマングローブ林もあり、南米エクアドルでは、高さ六〇メートルを超えるものもある。

今でこそマングローブは、日本でもなじみが出てきたが、マングローブが知られるようになったのはいつ頃だったのだろうか。はっきりした時期はわからないが、幕末の頃（一八四九～五五年）に、名越左源太時敏によって書かれた奄美《あまみ》大島《おおしま》の博物誌、『南島雑話』の中に、オヒルギとメヒルギについて記していると思われる箇所がでてくる（図Ⅵ－3）。挿図に「住用間切の海中に生ず。倣山陵。潮来ときは根に二尺、三尺入水中。雄の木は皮染衣、其色紫、潤色あり。雌木は用をなさず」と説明文が付してある。住用間切《すみようまぎり》というのは地名で、現在の鹿児島県大島郡奄美大島東南部である。住用川河口部は、オヒルギの北限地として知られている。文中の雄の木というのがオヒルギで、雌の木がメヒルギのことをさしていると思われる。オヒルギの種子は、メヒルギより太く男性的であることからその名がついた。オヒルギが潮間帯で育つ植物であり、樹皮を染料に使っていることも記されていて興味深い。ところで、ヒルギというのは種子が波間を漂っている様から「漂木」と言われるようになったという説と、枝から垂れ下がっている種子の格好が動物のヒル（蛭）に似ているから「蛭木」であるという二説がある。

マングローブのすみわけ

北緯二四度という位置にある亜熱帯気候下の西表島は、日本最大のマングローブ群生地であり、日本で見ることができる主な構成種であるメヒルギ・オヒルギ・ヤエヤマヒルギ・マヤプシキ・ヒルギモドキ・ヒルギダマシの六種すべてが分布している唯一の地域である。

マングローブ林がみられる潮間帯は、一見すると単調であるが、実際には多種多様な環境から成り立っている。砂地、砂泥地、泥地といった海岸の形態、干・満潮時の水位、マングローブ林の樹種構成、汽水《きすい》の塩分濃度などにより多種多様な環境を作り上げている。西表島では最大の仲間川をはじめ、浦内川、後良川《しいらがわ》などほとんどの川にマングローブをみることができる。仲間川はその全長がわずか一七・五キロという小さな川にすぎないが、潮の干満の影響が河口からおよそ七キロも上流にまで及ぶために、川に沿って広大なマングローブがみられる。その広さは東京ドームの約六四倍、およそ三〇

図Ⅵ-4　沖縄・西表島の浦内川中流域のマングローブ林．最前列はヤエヤマヒルギで後方はメヒルギ．

図Ⅵ-5　沖縄・西表島におけるマングローブの一般的な棲み分け（馬場繁幸編著『海と生きる森―マングローブ林』国際マングローブ生態系協会，1998から転載）．

○ヘクタールもあり、観光船で遊覧するだけでもたっぷり数時間はかかる。

これらの種《しゅ》は雑然と生えているのではなく、一定のすみわけが見られる（図VI–4）。海に臨む最前線から、陸地に向かってヒルギダマシ、マヤプシキ、ヤエヤマヒルギ、メヒルギ、オヒルギの順に生育し、さらに陸上植物のサキシマスオウノキ、アダンと続く（図VI–5）。これらの分布の相違は潮汐《ちょうせき》による冠水頻度、土砂の浸食と堆積の度合い、土壌中および流水中の塩分濃度の動態など、微地形やそれに伴う諸要因に影響されていることが知られている。そして、それぞれの環境に適応した生物がすんでおり、その数の多さに驚かされる。

潮間帯への適応

熱帯や亜熱帯ならどの川の河口にもマングローブがあるかというとそういうわけではない。マングローブの発達する河川は普通河口の水の流れが緩やかなところで、そこに厚い泥土《でいど》が堆積している。こうした泥土の厚い塩沼地の特殊な環境に適応して、マングローブは普通の陸上植物と著しく異なった形質をそなえている。

マングローブは細胞液中に、多量の塩分（NaCl）を含み、浸透圧《しんとうあつ》がきわめて高い。一般に細胞液よりも浸透圧の高い高張液に植物を浸すと、細胞中の水分は細胞外に吸い出され、植物は枯れてしまう。普通の植物が海水に浸されると枯れるのは、この理由による。漬け物の野菜に塩をふって「水をあげる」のは、この原理を利用しているのだ。浸透圧を調べてみるとスダジイ・ウバメガシなどの常緑樹は、高くても三〇気圧ほどであるが、マングローブのある種では一五〇気圧以上の値が測定され

図Ⅵ－6
塩類腺から排出された塩．ヒルギダマシの葉の表面に塩の白い結晶が見える．

ているという。

マングローブの葉は形が単純で切れ込みがなく、多肉で、クチクラ層が発達している。これは多くの熱帯樹木の葉と良く似た特徴であるが、これらの性質は、多量の水分をたくわえ、クチクラが厚いので、蒸散作用によって水分が過度に失われるのを防ぐのに役立っている。また、塩分濃度の高い海水につかって組織内の塩分濃度が高くなると、摂取した過剰なナトリウムなどの塩類を体外に排出する塩類腺をもっているものもある（図Ⅵ－6）。

果実は一般に熟しても裂けない革質の閉果で、種子は果実が樹上にあるうちに、休眠せずに発芽する。つまり、果実の中である程度生長している。その後、果実は枝から塩沼地に落ちて生長していく。こうした種子を胎生《たいせい》種子という。胎生種子というのは、哺乳類の動物が、母体内で養分を受けある程度発達を遂げた後に生まれるように、木に種子がついたままの状態で、発芽・伸長し一定の大きさになってから、落下して生長していくものをいう（図Ⅵ－7）。

図Ⅵ−7　メヒルギの胎生種子（上）．下図は，右からヤエヤマヒルギ，オヒルギ（中央の２本），メヒルギの胎生種子．

マングローブの種子は海水の中に落ちても、高い浸透圧を持つので、枯れてしまうことはない。海に落ちると横たわった姿勢で、海面に浮かび、海を漂っていく。先にみた、幕末の奄美の博物誌『南島雑話』に出てくるマングローブの中に、オヒルギの胎生種子の絵と、「子さかしま地に落、そのまま生」という説明書きが付してある。しかし、実際はそのままうまく刺さって生育するものはわずかで、海上を漂いながら充分に水分を吸収すると、海面に垂直に立ちあがるようになる。このように、立ちあがった種子が潮の流れによって浅い場所に運ばれ、海底に触れるとそこに定着して根をしっかり伸ばしはじめて根づくというのが一般的である。

このような仕組みで、マングローブは世界中の熱帯・亜熱帯の海岸に分散してきたのであろう。一般の植物は海水のように塩分の濃い水がかかれば、たちまちのうちに枯れてしまう。マングローブは多くの植物が生育できない塩分の含まれている汽水や海水の中で生育しているというのだから、ある意味でとても非常識な樹木である。

特殊な根系

連綿と続く奇想天外なマングローブの根の形は、見ている者をあきさせない。マングローブの根は、泥土中で放射状に広がって発達している。また、隣の木の根と密にからまりあっており、それによって地上部を支えているかのようである。ヤエヤマヒルギは、幹の中ほどから下方に斜めに伸びる支柱根を出す。それは四方に広がったタコの足のようでもあるし、植えたての支柱付きの庭木のようにもみえる。支柱根には皮目《かわめ》と呼ばれる穴が空いており、酸素が不足する地下の根の深い部分に空気を送

図Ⅵ－8　シュノーケルのようなマヤプシキの呼吸根（上：沖縄：西表島後良川河口付近で干潮時に馬場繁幸氏撮影），マヤプシキの呼吸根とそれを骨材にして作ったベトナム製のヘルメット（下）．

る重要な役割を果たしている。オヒルギは、板根《はんこん》のほか膝を曲げたような格好の「膝根《しっこん》」を泥の上に出している。マヤプシキは、放射状に伸ばした水平根から直立する呼吸根を出している（図Ⅵ-8）。潮が引いて露出した泥土には、高さ二〇～三〇センチのマヤプシキの呼吸根がまるでシュノーケルのように、空に向かって突き出している。マングローブが根を張っている厚い泥は、ほとんどが無酸素状態、すなわち気体状の酸素をまったく含まない状態にある。呼吸根は地中の根につながる通気組織の広い皮目が開いていて、酸素不足になりやすい地中の根に酸素を供給し、酸素濃度の低い土壌にも耐えることができるようになっている。先年、ベトナムのマングローブ調査から帰国されたＮＧＯの「マングローブ植林行動計画」の代表である向後元彦さんから、この呼吸根を骨材に利用したヘルメットと、それに使う大きな呼吸根をお土産にいただいてびっくりしたことがある。最近ではプラスチックなどの代替材におされて、呼吸根を利用するヘルメット屋さんはベトナムでも見つけるのが難しくなったという。

2◇マングローブの利用

魚の揺りかご

マングローブ林は海の平地林なので、満潮時は林内に海水が進入して、魚やエビの住処に日陰を作り出してくれる。特にエビは日陰を好むといわれているので、暮らすには格好の場である。そして樹上から有機物を供給し、複雑な根系は魚や貝やエビやカニの隠れ家になるなど天然の「魚付林《うおつきりん》」そのものである。

マングローブ林からは落ち葉をはじめとして常に有機物が供給され、餌が豊富な上に幹や根系によリ複雑な地形になっていることから、魚や、貝、カニ、エビなどが多い。たとえば、ジョン・クリッチャー著の『熱帯雨林の生態学』によるとアメリカヒルギ *Rizophora mangle* の林は、一日に一平方メートル当たり、乾燥重量で六グラムの有機物を生産するという。この炭素固定（光合成）速度は、他の海や陸上の生物群集の数値と比べても高い部類に入る。また、このマングローブ林は、一年に一ヘクタール当たり七・五トン以上の落ち葉や落枝があると推定されているが、これらの生産物もむだ

図Ⅵ−9　大きなはさみをもったノコギリガザミのワナ（沖縄・西表島の仲間川）.

にされてはいない。

　マングローブの葉が落ちると、またたく間に各種のバクテリアや菌類、原生動物が入り込んで増殖し、その結果、落ち葉の蛋白質濃度が上昇する。微生物の体は蛋白質に富み、微生物の消費によって炭水化物が減少するため、炭水化物に対する蛋白質の比率が上昇するためであると考えられている。このような落ち葉を今度はエビやノコギリガザミなどのカニ（図Ⅵ−9）、ゴカイなどの蠕虫《ぜんちゅう》類や各種の小魚などが食べる。そして、さらに高次捕食者のボラ類やクロダイ類がくる。西表島では食物連鎖《しょくもつれんさ》の最高次のサメまでがみられるという（図Ⅵ−10）。マングローブに結びついた海の食物連鎖によって、「海の幸の宝庫」になっている。さらに、防潮林や防風林、そして、海岸線の浸食を護る護岸林などの機能もはたし、薪炭材、建材やその他の生活資材を得る場であった。住民の生活と深いかかわりをもってきた森林で、まさに

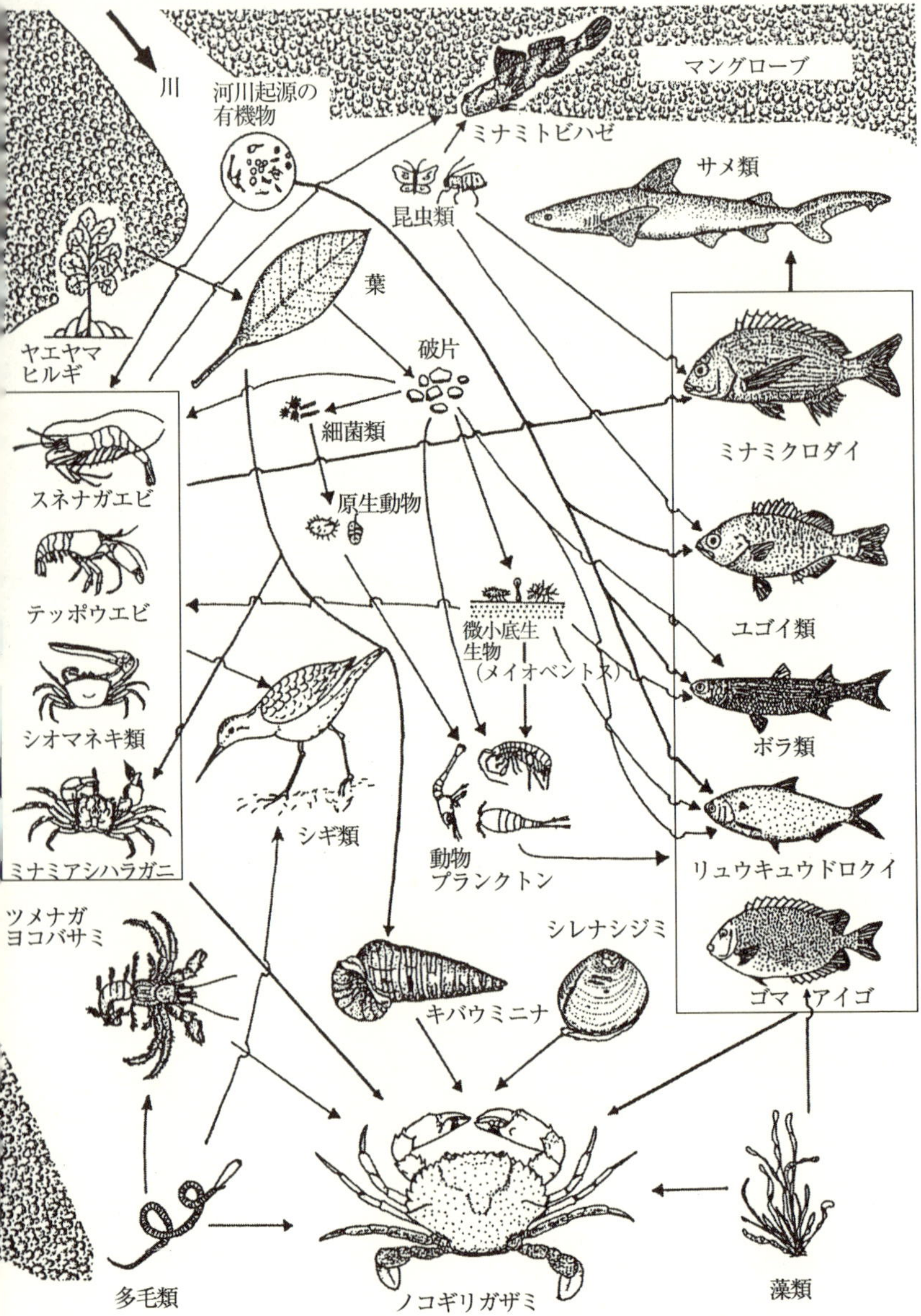

図Ⅵ−10　沖縄・西表島マングローブ海域における食物連鎖（諸喜田茂充, 1988原図；池原貞雄・加藤祐三編『沖縄の自然を知る』築地書館，1997から一部改変して転載）.

「潮間帯の里山」である。

森の精、サキシマスオウノキ

熱帯の木の中には板根という構造がある。高く伸びた幹を地ぎわで支えるように張り出したもので、熱帯林の写真の中には板根《はんこん》の発達した巨木が、その象徴のように描かれている。多くの場合、板根は偏平な縦長の三角形の形になり、ロケットの尾翼のような形状になる。板根は、浅い根で高木を支えているためにあるというように考えられていたが、分解や蒸発が早い気候環境において、できるだけ早く養分や水分を植物体内に取り入れる役目を果たしているということもわかってきた。

樹齢四〇〇年といわれている西表島のサキシマスオウノキの老成した大樹の板根は、ロケットの尾翼というよりは大地をのたうちまわるような姿で、奇怪そのものである（図Ⅵ-11）。板根の高さは四メートルちかくにもなっている。サキシマスオウノキは、アオギリ科の木でマングローブの副次的構成種で、高さ一五メートルにもなる巨大な木である。アフリカやポリネシア、そしてアジアの熱帯に広く分布しているが、日本では沖縄本島からさらに北上して鹿児島県奄美大島《あまみおおしま》の徳之島《とくのしま》を北限としている。木肌は灰白色に見えるが、皮は茶褐色で厚く、昔から貴重な染料や薬用として重用されてきた。皮を剥《は》いでもすぐに、カルスができて傷痕をおおい、他の木のように傷になったり枯れたりはしない。むしろ皮を剥げば剥ぐほど大きくなる木だといわれている。板根は、舟の舵やお膳の天板用にうって付けなので、ずいぶん切り取られて使われた。沖縄・石垣島《いしがきじま》にある石垣市立八重山《やえやま》博物館を訪れると、サキシマスオウノキの板根を切り取って作られた舵《かじ》が展示してある（図Ⅵ-11）。

図VI-11
サキシマスオウののたうち回るような板根《はんこん》（沖縄・西表島；上）と，その板根でできた舵《かじ》（沖縄県石垣市立八重山博物館所蔵）．

マングローブのなかにオオハマボウという木がある。夕方になると淡い黄色の花を咲かせるハイビスカスの仲間で、西表島では「ゆうな」と呼ばれている。島の人はこの木の葉をかつて、「落し紙」、今風にいえばトイレットペーパーとして使っていた。だから、庭の片隅には必ず一株は植えていたという。このように、木々は今以上に島の人々の生活と一体化していたのである。その利用の仕方には地域独自のものもあれば、熱帯や亜熱帯に広く共通するものもある。

紅炭と建材

西表島で暮らす人々は、マングローブ林から林産物と水産物の大いなる恵みを受けながら生活してきた。つまり、マングローブ林は熱帯・亜熱帯の海岸近くで暮らす人々にとって、まさに海の里山である。マングローブからは、紀伊産のウバメガシを原料にする高級木炭として知られている「備長炭《びんちょうたん》」に勝るとも劣らない火力が強く火持ちの良い硬い木炭ができた。中国語でいう紅樹林を焼いてできた木炭なので「紅炭」とよばれた。第二次世界大戦後も「燃料革命」が起きるまでのしばらくの間、浜に炭窯を築き高温で紅炭を焼いていた。また、ヤエヤマヒルギやオヒルギは、家屋や豚小屋や水牛小屋の垂木《たるき》材として使われた（**図Ⅵ-12**）。特に、幹が通直なオヒルギは垂木材に適していた。浜に穴を掘りオヒルギの材をいれ海水をかけて二〜三年の間埋めておくと、「木食い虫」も死ぬとともに、釘も通らないいくらい硬くなって最高の垂木材になったという。多くの家が新建材を利用するようになり、西表島でもオヒルギの垂木を使った家を探すのは今では難しくなった。

タンニン含量の高いマングローブの樹皮は、ウミンチュー（漁民）が使う道具、すなわち漁網、ロ

図VI−12　ヤエヤマヒルギの垂木（沖縄・西表島）.

ープや帆布に塗る防腐剤や染料を取る原料に使われた。マングローブの樹皮に含まれるタンニンは皮をなめすと粗雑な革となり、かつ浸透力が弱いので、他の鞣皮剤《じゅうひ》に比べると劣っていた。染色に用いると濃い紅褐色になるので、魚網を染めるには適していた。そのうえ界面活性《かいめんかっせい》の作用により、魚網に塗ると水切りが格段に良くなり、海から網を上げるときにとても楽になる。特に、ナイロンや化学染料が普及する前は、木綿や麻の漁網や帆布にこの染料を使うと、堅牢になり丈夫で長持ちした。また、板を張り合わせて作ったサバニと呼ばれる小型の漁船の防腐剤としてマングローブのタンニンを塗り、漏水防止用にはマングローブのタンニンと豚の血を混ぜて練り合わせたものを使っていたという。

ヒルギ科のマングローブの樹皮からとる染料は、南西諸島や八重山諸島では、「丹殻《タンガラ》」とよばれ、藍《あい》の下染めに用いられていた。

タンニンと植物

そもそもタンニンとは、すでに第Ⅳ章（十勝のカシワ林）でみたように、動物の皮を通水性、通気性の乏しい革にすることができる植物成分で、日本語では渋《しぶ》といっている。タンニンはさまざまな植物から得られ、もちろん、皮のなめしだけでなく、古くから、日常生活と深くかかわってきた。

私たちが飲むお茶は、茶葉に含まれているタンニンの渋さを味わっている。渋柿を煮詰めてつくる柿渋は、魚網や蚕の上ぞく用網の防腐剤、衣服の防水、染料や塗料などに使われてきた。日本では、柿が北は青森から南は鹿児島の屋久島《やくしま》まで、すなわちブナ林帯から照葉樹《しょうようじゅ》林帯にわたって栽培されている。食用にされるだけでなく柿渋が得られることが、近代になるまで、柿が日本最大の栽培果樹であったのはそのためである。柿の栽培地域から外れる北海道や沖縄などは、柿渋にかわってタンニンを採取するために、それぞれカシワやマングローブなど別の植物が使われてきた。

タンニンは樹皮、実、葉、木部、根茎などに含まれており、多くは熱水可溶物である。タンニンは二〇〇〇年もの昔から人類に知られて使われてきたといわれているが、その名は一八世紀末に名付けられ、以来、多くの物質がタンニンと呼ばれてきた。動物の皮をなめす作用をもつということが植物成分のなかにタンニンというグループを作る基礎となったが、現在は植物起源の水溶性ポリフェノールが、すべてタンニンと呼ばれるようになった。カカオ豆からできるココアやチョコレート、そして赤ワインの中のポリフェノールは、血液中の悪玉コレステロール（ＬＤＬ）が酸化して動脈硬化の原因になるのを防ぐ抗酸化物質になることがわかり、近年もてはやされている。

タンニンが植物自身にとって、どんな役割を果たしているのかは明らかになっていないが、考えられることの一つは微生物と結びついて体内にその侵入を抑えていることがあげられている。ほかには、動物に渋味を与えて食害を抑えることが考えられる。植物のうち樹木が特にタンニンを多く含むが、その理由としては、大地に落ちた葉や実のタンニンが土壌内の微生物、有機物と結びつき、樹木に適した環境を作り上げることが考えられている。また、樹皮のタンニンは膜を作りやすいので、樹体を風雨から守る役割を果たしているという説もある。しかし、本当のところはまだ謎の部分が多いそうだ。

近年、南アフリカから輸入されているワトル（wattle）はアカシア属で、カシワやヒルギ属と同様、樹皮起源のタンニンである。その他、モリシマアカシア、アフリカ原産のアラビアゴムモドキ、インド原産のカテキュウ（catechu、アセンヤクノキ）などの樹皮からも良質なタンニンが採取される。これらの木はタンニンとともに、糊や接着剤などに使われるアラビアゴムといわれる樹脂も産出する。また、カテキュウの心材を細かく刻んで煮出した濃縮液を固めたものが阿仙薬で、咳止め、吐血・鼻血などの止血、消化不良などに良く効く。

木質起源のタンニンは、南アメリカ産のケブラチョ（quebracho）が古くから知られている。いっぷう変わったタンニンは「虫えい」と呼んでいるが、虫が葉に作ったこぶから採取されるものがある。ナラ類の葉にハチが寄生し、形成される虫こぶは没食子《もっしょくし》という。ヌルデの新芽にアブラムシ類が寄生増殖し、葉の一部が異常生長して形成される虫こぶを付子《ふし》または五倍子《ごばいし》という。秋頃になると、こぶが産卵当初に比べて五倍も大きくなるという意味から五倍子といわれている。九月末頃に虫が抜け出す前に、虫こぶの重量の六〇〜八〇パーセントを占めるタンニンを採取する。

カッチ製造

ヒルギ科のマングローブの乾燥した樹皮に含まれるタンニンの含有率はオヒルギが三〇〜四〇パーセントと最も高く、メヒルギとヤエヤマヒルギは約二五パーセントのタンニンを含有している。ヒルギ科のマングローブ樹皮の煎出液を煮詰めて不純物を除いて作ったものをカッチ（cutch）とよんでいる（図Ⅵ-13）。

カッチの語源についていろいろ調べてみたが、なかなか確かなことがわからなかった。ところが一九二八（昭和三）年発刊の『染料と薬品』という化学工業雑誌に、「外国産單寧《タンニン》材料に就て」という論文があることがわかり、この中にカッチについて何か書いてあるかもしれないと思いこの論文を探した。しかし、この雑誌はどの図書館や研究機関を探しても見あたらなかったが、なんとマングローブの自生地から遠く離れた北海道大学の図書館に存在することがやっとのことでわかった。さっそく、訪ねて借りだして、その古びた第五号をめくると、後藤捷一著の「外国産單寧材料に就て」という論文の中に「cutchなる名称は、元、阿仙薬（catechu）の又名なりしが、近来マングローブの樹皮より得る單寧の名称と変ずるに至れり」の一文を見つけることができて、長年の疑問が氷解した。

この論文によると、ボルネオが最大のカッチ生産量を誇り、一八九二（明治二五）年に初めてサンダカンから輸出をしたと記されている。その他、フィリピン、アフリカ、ジャマイカ、台湾などでも生産されていた。その生産方法は、「剥ぎ取った樹皮は三段に分かちたるタンクに入れ、漸次、煮詰め最後に減壓《げんあつ》蒸留器に入れたる後、箱に詰むれば自然に凝固するに至る」とある。さらに、カッチ製造には水質を良く調査して、特に鉄分の少ない良質な水が豊富に得られる場所を選定することが必要であると記されている。

樹皮の売り渡し

一九七二（昭和四七）年発行の牧野清著の『新八重山歴史』によると、一九一六（大正五）年頃、鹿児島県人の木村尚太郎という人がカッチ生産を始めたという。桃里、宮良、西表、新川などの各地で次々と工場を建てて必要な樹皮を買い集めて製造していた。買い集められた樹皮を汲取口のついた大釜に刻んで入れたものを煮沸し、汁を汲《く》み取り、さらに煮詰めてエキスとした。最終的には餅《もち》状になるので、灰の上を転がして固形化した。「出来上がったカッチは鹿児島の林商店が買い取って大阪方面に送っており、主として衣料や蚊帳の染料に使われたが、シャリンバイのカッチは大島紬《おおしまつむぎ》の染料として、ヤエヤマヒルギのカッチは地元八重山や沖縄で魚網の染料として好評を博し、相当の収益をあげた」と記されている。

私はカッチを見たことがなかったが、一九九七（平成九）年に大阪・堺市でボタン製造を行っている溝端舜氏を訪ねたときに、初めて実物を見ることができた。北海道・幕別《まくべつ》の新田の森記念館で見た新田帯革製作所十勝製渋工場で作った「星印固形タンニン」（図Ⅵ－13、二二〇頁参照）とそっくりの、黒みがかった飴茶色であった。溝端釦工場では、エクアドルから輸入した植物象牙といわれるタグアヤシの種子からボタンをつくり、それを染色するのにカッチを使っていた（図Ⅵ－13）。

現金収入に乏しい島民たちは、競ってマングローブの樹皮を採取し、工場に売り渡した。そのため、

図Ⅵ-13　マングローブの樹皮から得られるタンニンを煮詰めてつくったカッチ（左上）．タグアの種子とタグアボタン．黒くて丸いのが象牙ヤシと呼ばれるタグアの種子（図Ⅵ-28参照）で（右上），白いのはその種子を切って作ったボタン．タグアボタンをカッチで染める（下．以上3点，大阪府堺市の溝端釦工業）．

海岸部や河口部だけでなく、川の中・上流域のマングローブの樹皮まで丸裸にされ、マングローブ林は枯死し縮小していった。マングローブの幹をシャリンバイでつくった「アヤッサ」（木槌）で二、三回たたくと、樹皮は簡単に剥ぐことができる。幹のまわりを一周剥《は》いでしまうと、マングローブは枯死してしまう。島民が自家用に染料を作るときは、縦に細い小さな短冊《たんざく》状に樹皮を採取する。そうすれば、マングローブは枯死せずに、やがて剥ぎ取られた部分が再生するという。西表島の人々は樹皮に限らず、山の幸や海の幸を採取するときには、「バーミィトーリョ」（私の分を分けてください）と言って、大いなる自然の神々の許しを得て採取するのが、昔からの慣《ならわ》しであった。決して根絶やしにするような採り方をしないことが鉄則であった。こうした循環的・永続的な生活の仕方が、日本各地の二次林とともに生きてきた人々の共通の生活様式であり文化でもある。しかし、現金収入の魅力は、島の人々に一時的にこうした古くからの鉄則を忘れさせたのかもしれない。

日本初のマングローブ・ツアー

沖縄・八重山諸島でのカッチ生産は、一九五八（昭和三三）年に木村尚太郎氏が死去した後も、長男清隆氏が引き継いで事業を継続した。しかし、南アフリカからのワトルの輸入と化学染料やナイロン魚網の普及により、カッチの売れ行きは落ち、一九六〇（昭和三五）年にカッチ工場は閉鎖された。ところが、それ以後もマングローブ林の受難は続いた。マングローブが生育する潮間帯の一部は、開墾されて開田された。こうしてできた田は、地元ではスー（潮）の入る田ということで「スーダ」と呼ばれている。カッチ工場の閉鎖に続き、西表島の面積の約九割が、一九七二（昭和四七）年に国立

図Ⅵ-14　沖縄・西表島マングローブツアー．参加者がマングローブの胎生種子を植えている．

公園に指定され、みだりに樹木を伐採できなくなり、退行したマングローブ林も今ではよみがえり緑を色濃くしている。

竹富町の西表島は、日本最大のマングローブ群棲地であるとともに、一九七三年に国の天然記念物に指定されたイリオモテヤマネコをはじめ、セマルハコガメ、カンムリワシ、新種のイリオモテホタルなどの貴重な生物種がみられるところとして知られている。最近は、「ジャングルツアー」、「東洋のガラパゴス」などの触込みで、多くの観光客を集めている。たんなる観光旅行ではなく、じっくり滞在して、マングローブ域の自然に触れ、学ぶことを目的とするマングローブ・ツアーも開始されだした。そして一九九六（平成八）年五月に、「西表島エコツーリズム協会」が結成され、日本で最初のエコツーリズムを冠した団体が西表島に誕生した。エコツーリズムとは欧米で、「自然観察や異文化との対話など明確な目的をもって自然地域を利用するツーリズム」と定義され、盛んに行われている。そして、観光によって地域資源が損なわれることがないよう、適切な管理にもとづく保護・保全を図ることや、地域資源の健全な存続による地域経済への波及効果が実現することなどが大切である。

西表島エコツーリズム協会の会員は、民宿経営者やダイビングガイド、環境庁職員など多彩な職種の三〇人で、元々の島民だけでなく、島に新しく移り住んできた人々の両方からなっている。自然を知ることは自然を保全することにつながる可能性がある。同協会の会員たちは、島の古老に話を聞くことも怠らない。島の文化はその自然に根差していると考えているからだ。彼らは西表島特有の文化の保護や継承にも力を入れている。一九九九（平成一一）年の夏に西表島のマングローブ・ツアーを企画した旅行業者は全国で一〇社前後あり、たんに観察だけでなくマングローブの胎生《たいせい》種子を植えるなどの参加型のエコツアーもみられるようになった（**図Ⅵ-14**）。三年前には一社のみであったことを考えると、近年の自然志向やヒーリング（癒し）ブームにものって、エコツアーも徐々に浸透してきている。

一方、エコツーリズムの理念が充分には徹底されていないために、観光客の増加による自然破壊も懸念されはじめている。島の南東部を流れる仲間川流域のマングローブが倒伏する被害が起きているが、マングローブ見物の船が起こす波との関連が疑われており、船の速度規制などの対策が検討されている。「客をこのくらい入れないと商売にならない」という論理に、エコツアーが負けない仕組みを構築していくことが大切である。

3◇よみがえるベトナムのマングローブ林

ベトナムの平地林をたずねて

ホーチミン市街の津波のように押し寄せてくるバイクや、自転車と人力車を合体したようなシクロの波を後にして、半日がかりのバス旅行で、土埃にまみれながら南シナ海に面したカンザーに着いた。ここは、ドンナイ川の河口部にできたデルタ上で、地区内は網の目のように小河川や水路が走っていた。潮間帯には、タコの足のような支柱根を密にのばしたフタバナヒルギのマングローブ林が緑を色濃くしていた。木々は等間隔で、樹高がそろっているので、一見して自然に育ったものではないことに気づく。かつてこの地域は、マングローブの自然の大木が鬱蒼《うっそう》と茂っていた地域だったが、ベトナム戦争の間、アメリカ軍の「枯れ葉剤作戦」によって、徹底的に破壊されてしまった（**図Ⅵ-15**）。しかし、戦争のさ中から、住民による植林活動が少しずつ行われてきた。ベトナム国家再統一後二年経った一九七八年に本格的な植林が開始され、以来、地域住民のねばり強い造林活動がみのり、失われたマングローブ林の約三分の二の面積がよみがえった。南シナ海に面する半東部の小さな村では、植

図VI−15 ベトナム戦争の時に枯死したメコンデルタ周辺のマングローブ林の根（ホーチミン市戦争記念博物館所蔵）.

林が遅れたために、海岸浸食が進み集落が海に飲み込まれそうになり、石組みの防波堤を築いてきた（図VI−16）。

マングローブの伝統的利用法

ここで暮らす人々は、直接・間接的に海の里山であるマングローブ林を利用しながら生活を営んできた。家はもちろんマングローブ材でできている。フタバナヒルギのまっすぐな幹は、硬く、重く、耐久性もあるため、家屋の柱や垂木として重要である。壁や屋根はマングローブの構成種であるニッパヤシの葉が用いられている（図VI−17）。ニッパヤシの葉や葉柄は、調理の際の燃料としても使われるが、さらに小さい葉の葉軸を束ねて箒《ほうき》を作ったり、葉柄は細かく裂いてヒモにしたり、太い葉軸は畑の支柱として、未

図VI-16　海岸浸食防止用の石組みの防波堤．かつてのマングローブ林を想起させるマングローブの根の跡が防波堤の前に残っている．ベトナム・ホーチミン市カンザー地区ロンホー村にて．

熟種子は生で食べるなど日常生活に密着して利用されている。

　マングローブは薪炭材としても重要である。特に、木炭は硬くて、着火が容易で、煙が少なく、火もちがよい良質の炭ができる（図VI-18）。現在、住民による薪炭材の伐採は、森林保護のために禁止されているが、間伐《かんばつ》材を利用した薪《まき》作りや製炭は森林局が直接行っている。現在、カンザー地区には森林局直営の三基の炭焼窯があり、生産量は年間平均四七トンで、カンザー地区のみならずホーチミン都心部にも出荷している。近年、石油やプロパンガスが漸次普及し、以前よりは盗伐が減少しているが、依然として薪炭材需要の圧力がマングローブ林にかかっている。

　フタバナヒルギの樹皮は良質なタンニ

図Ⅵ-17
ニッパヤシの葉で葺かれたベトナム・ホーチミン市カンザーの民家(上). 家の内部の柱はすべてマングローブの材でできている(中). ニッパヤシの葉を, 葉柄を裂いてつくった紐で屋根の木材に結びつけている(下).

図VI-18　森林局直営の炭焼き窯（ベトナム・ホーチミン市カンザー地区）.

ンを含んでいるので、染料や防腐剤に利用されている。樹皮を細かく砕いて水を入れた瓶に二週間〜一ヶ月間ほど浸し、タンニンを抽出して漁網や帆布などに塗る（図VI-19）。ナイロン魚網が普及している今日でも、間隔をあけて数度、塗布すると耐久性や堅牢性が増すだけでなく、網を海中から引き上げるときに水切りが良くなるので利用されている。

マングローブ林はヘビ、イノシシ、サルのような野生動物の狩猟の場としても利用されている。蜂の巣を探して蜂蜜を得るのも住民の楽しみの一つである。マングローブ林は天然の「魚付林《うおつきりん》」であり、水産資源、とくにエビ、カニ、貝、稚魚のゆりかごになっていることはよく知られている。水路のところどころでは、刺し網、投網、罠による漁をしている人々に出くわす。また、マングローブ林内にはネットを張ったアヒルの飼育地も目に付く。これも一風《いっぷう》変わったマングローブ林の利用法だ。

図VI−19　フタバナヒルギの樹皮を水の入った瓶につけてタンニンを抽出し（左上），そのタンニン液に漁網を漬ける（右上）．タンニンで染められた漁網（下）．ベトナム・ホーチミン市カンザー地区にて．

ベトナムにおけるマングローブ林の破壊と保全

こうした豊かな恵みをもたらしてくれるホーチミン市カンザーのマングローブ林も、ベトナム戦争時に「枯れ葉剤」によりほとんど丸裸の状態にされてしまった。

その時に被害を受けたマングローブ林は、現在、約三分の二の面積が再生した。しかし、ベトナムでは一九八六年以降、ドイモイ（刷新）政策が進められ経済活動が活発化し、再びマングローブ林が伐採され、国営や外国企業による広大な塩田やエビ養殖池が建設されている（図Ⅵ-20、21）。

マングローブ林を伐採して作ったエビ池は、二～三年の間は成績がよいが、その後急速に生産力が減退してしまう。すると、そこはすぐに放棄され、新たなマングローブ林が伐開されるという悪循環が起こった。熱帯の暑熱に焼かれたエビ池跡地は、表面に白い塩分が集積し植生がまったく見られない荒地と化している。こうした様相は「エビ池は海の焼畑」と形容されているほどである。都市からの移住民による無秩序な焼畑は、原生林に入り大面積の熱帯林を焼き払って耕作し、二～三年で生産力が落ちるのでそこを放棄して、新たな原生林を次々に焼き払っていく。エビ池の造成と放棄の悪循環は、熱帯林の破壊を進めている移住民による焼畑と同様であるというわけだ。最近では沿岸部の劣化した養殖池の代替地に限りがあるために、海岸から離れた水田をエビ池に転じるところまででてきた。

ホーチミン市当局はマングローブ林の生態的重要性を再考し、一九九一年にカンザー地区のマングローブ林を全域、環境保全林に指定し、新規のエビ養殖池や塩田などの開発を禁止した。現在、住民がエビ、カニなどの水産資源や、建築材、薪炭材などの林産物といったマングローブ林からのさまざ

図Ⅵ-20　エビ養殖池．酸素が不足しないようにエアーリングされている．

図Ⅵ-21　塩田．海水をひいて天日干しで工業原料用の塩がつくられている
（以上2点の写真ともホーチミン市カンザー地区）．

図Ⅵ-22　マングローブ生態系が復元されつつあるエコパークに，サルの群れが見られるようになった（ホーチミン市カンザー地区）.

まな恵みを持続的に利用できるようにと、住民とホーチミン市当局との間で、分収林を設定するなど、より一層造林活動に力を入れている。また、無秩序な開発に任せることなく、地球環境の保全と持続的開発を視野に入れたエコパークの建設や、エコツーリズムの実施など新たな模索を始めている（**図Ⅵ-22**）。

日本の首都圏にある平地林は、今、無秩序に開発され、各種廃棄物処理場などの用地に転用されている。廃棄物処理場の煙突から発生する猛毒のダイオキシンは、ベトナム戦争で撒布されたあの「枯れ葉剤」に混入された化学物質であり、内分泌物攪乱物質、いわゆる「環境ホルモン」の疑いがあることでも知られている。発展途上国のベトナムでは、海の里山であるマングローブ林を再生させ、保全の努力に汗を流している。向後元彦氏を代表とする環境NGOの「マングローブ植林行動計画」は、ここホーチミン市カンザー地区のマングローブ林の修復を現地の人とともに行っている。その手伝いをしながら、早急に対応しなければならない武蔵野の平地林の現状が私の胸に突き刺さった。

4◇保全されたマハグアールの巨木林

巨大マングローブの森、マハグアール

南米赤道直下の国エクアドルには、日本人の常識を覆すようなマングローブの巨木の森があった。コロンビアとの国境に近いサンチャゴ・マタへ河の河口には、アメリカヒルギを中心とした二万ヘクタールの広大なマングローブ域がある。その南端に位置するマハグアールには、五〇メートルを越えるマングローブの巨木がごく当たり前のように林立している（図Ⅵ-23）。森の縁にある巨木は辺りを睥睨《へいげい》するかのように聳え立ち、実測すると六三・八メートルという驚くべき高さであることがわかった。まさしく世界最高樹高のマングローブであろう。森の中に足を踏み入れてみると、地上七メートルから支柱根が付き、懸垂根《けんすいこん》も地上四〇メートルくらいのところから、垂れ下がっていた。マングローブの幹や枝や支柱根には、ランやティランジアなどの着生植物がびっしりついていた。

森の中を水系がどのように走っているのか、簡単な地図を作ろうと磁石を片手にインレット（林内の小水路）沿いに歩みを進めたが、腰までつかる泥に足を取られたり、巨大なジャングルジムのよう

に密に張り巡らされた支柱根に行く手をはばまれたりして悪戦苦闘した。一〇〇メートル進むのに、一時間以上もかかり、すぐに水系図作りは諦めなければならなかった。五〇メートルを超える樹高に圧倒されていたが、注意深く森の内部を眺めてみると、林床がミミモチシダの仲間に覆われているところが意外と多いのに気づく。そうしたところは、林冠に大きなギャップがある場所で、熱帯の陽光が降りそそいでいる場所だ。しかも、マハグアールの森の周辺では広大なエビ養殖池がつくられ、そこに海水を引き込む水路がつくられたために、満潮になっても海水が林内に入ってこなくなり、乾燥化が進んでいる。

すなわち、この森はマングローブ林としては極相《きょくそう》状態に達しており、倒木などでギャップが生じ明るく乾いた場所に、ミミモチシダが侵入してきたのだ。一九九三年以来、マングローブ植林行動計画は、この森を保全するための基礎調査を行っており、それによると立ち木密度はヘクタール当たり一八四本とあり、印象どおりきわめて低いということが裏付けられた。二メートルを超えるミミモチシダが一面に生い茂っているところでは、アメリカヒルギの胎生種子が地上に落下しても発芽することができない。したがって、天然更新は困難な状態であるといえよう。このままにしておけば、この巨木の森もやがては姿を消す運命にある。

開発進むエビ養殖池

さらに、周囲のマングローブ林以外の森林は、すでに、ほぼ伐採し尽くされ、湿地とともに草原に変えられ広大な放牧地と化している。広大な牧場では、暑さに強いセブ系肉用牛の粗放的な放牧が行

図VI-23
アメリカヒルギで構成されている南米エクアドル・マハグアールの森（上）と，人の背丈よりも高所からでているアメリカヒルギの支柱根（下）．

なわれている。また、最近この森のすぐ北東部で、二〇〇〇ヘクタールにも及ぶ広大なエビ養殖池の造成が行われたが（図Ⅵ–24）、マハグアールの森はすんでのところで開発の手から逃れることができた。エクアドルは、現在、世界第二位の冷凍エビの産地になり、エビの輸出は外貨獲得の旗頭で、アメリカをはじめEU諸国に盛んに輸出されている。ところで余談であるが、村井吉敬さんの『エビと日本人』（一九八八年、岩波新書）で有名になった「世界のエビを食べまくる日本人」というこれまでの常識が変わりつつある。一九九八年以来、エビの消費国トップは日本からアメリカに移っている。九〇年代半ばからのアメリカの好景気で財布のヒモがゆるんできたのと、肉食からシーフードへというアメリカ人の健康食ブームが後押ししたのだ。今や中南米だけでなくアジアのエビですら、高級品は日本の商社ではなく、アメリカ人のバイヤーがさらっていくという。

エクアドルの商業的なエビ生産は沿岸のトロール漁から始まった。そのエビをアメリカが輸入するようになると生産量はいっきに増え、一九六八年頃からエビの養殖が始まった。マングローブ林の泥土は栄養分になる有機物に富んでいるので、先を競うようにしてマングローブ林を伐採して次々に養殖池を造成していった。エビの養殖を始めるのには、マングローブの伐採、養殖池の造成や機材、稚エビの購入、冷凍施設など相当の資金が必要になり一般の住民ではとうていできない。都市の資本家や大企業が養殖池の経営を行い、住民は海で稚エビを採って養殖業者に売るのである（図Ⅵ–25）。

かつてマングローブ林が海岸一帯にみられた頃は、沿岸ではエビが豊漁であったが、マングローブ林がエビ養殖池に変えられていくと、しだいにエビの養殖に不可欠の稚エビまで取れなくなった。養殖業者に稚エビを売って現金収入を得ていた地元民の生活は苦しくなっていった。マングローブを切

図Ⅵ–24　太平洋に面した南米・エクアドルのマングローブ地域では広大なエビ養殖池が建設されている（上）．投網でその養殖エビを採取（下）．

図VI-25 住民による稚エビの採取．海に入って網で一日海の中をさらっても，採れる稚エビは少なくなってしまったという（エクアドル・マハグアール）．

り払って造成したエビ池の中では、人工飼料の餌と抗生物質の投与で大量のエビが養殖されていった。餌や抗生物質の大量投与で池は疲弊する。霧が発生しただけで池の酸素が欠乏し、水温や塩分濃度の変化で餌の食べ方が変わるという。限られた面積の人工的な環境で大量の漁獲をあげようとするので、エビもストレスで共食いが始まったり、ホワイトスポットという白い斑点ができて死んでいくウイルス性の病気による突然の大量死に襲われたりする。二〇〇〇年にはエクアドルで養殖エビのホワイトスポットによる大量死が発生し、漁獲量が六割減じたと新聞で報じられていた。そしてアメリカ市場が品薄になり、タイへ冷凍エビの引き合いが殺到したという。その記事は最後に、台湾、タイ、インドネシア、ベトナムで起きた過去のエビ池での大量死を振り返り、「エビ養殖史は大量死の歴史でもある」と結んでいた。

マハグアールではエビの養殖以外にはさしたる産業がないので、地元住民はエビ養殖池のオーナーを説き伏せて、このマングローブ林の保全に立ち上がった。これ以上のマングローブ林の伐採はエビ養殖業者にとっても死活問題になるということに気づき、最後の砦であったマハグアールの森を保全し、新たな養殖池を作る場合はそれと同面積のマングローブの植林をするなどの方策が提案された。また養殖池の中にも適当な面積のマングローブを残しておくなどの方策も話し合われている。しかし、これまで、マングローブの植林経験が無かったのと、資金の不足から植林は遅々として進まず、開発と保全の調和は困難な状況にある。

日本からの四〇人のエコツーリスト

彼らのマングローブの植林に対して、技術と資金の支援ができれば、生態系が改善されるだけでなく、貧しい村人の現金収入にも寄与できる。支援策の一つとして、南米エクアドル・マングローブ原生林を中心とするエコツーリズム構想がたてられている。一九九七年の夏、マングローブ植林行動計画が、マハグアールを訪れるエコツアーを呼びかけたところ、日本全国の四〇人の老若男女がこれに応えて実現した。企画者の一人であった私を含めた一行は、日本から三日かけてマハグアールに到着し、現地に一週間滞在してエビ養殖池の建設現場や、それ以外にはさしたる産業のない地域の実状と、荘厳なマハグアールの森を視察した後、現地側のカウンターパートとともに、林床《りんしょう》をびっしりと埋め尽くしているミミモチシダを伐開して、立派に育てよとの願いを込めて、アメリカヒルギの種子を植えてきた（**図Ⅵ-26**）。植林作業の合間に、ボートに乗れば二〜三時間で訪れることができるサンチャゴ河の河口にある、紀元前五〇〇～一〇〇〇年に栄えたプレ・インカのラ・トリータ文明の考古遺跡も見学した。現在、発掘が行なわれており、発掘された遺物や副葬品を展示する博物館の建設も計画されている。少し足を伸ばせば、サン・ロレンソの「野生生物保護区」もある。この地域には、マングローブ林だけでなく、日帰り、もしくは一泊で訪れることができる魅力的なエコツアーの観光資源が多い。

マングローブ生態系が考古遺跡などとともに、エコツアーの観光資源として認知されれば、地域住民の生活が豊かになると同時に、地域住民によるマングローブ林の保全システムも構築されてゆくことが期待できる。豊かなマングローブ生態系が回復できれば魚介類も増え、人々の暮らしは楽になる。またマングローブの巨木林の存在によって、エコツーリストから地元住民に利益が与えられれば、マングローブ林の重要性を理解し、さらにそれを誇りに思うようになるであろう。そうした状況が作り出されて、はじめて、真の保全が可能になる。地球規模でマングローブ林の破壊が進行している現在、マハグアールの森を保全していくことは重要な課題である。マハグアールの森へのエコツアーは、私たちにも地球規模の環境問題の深刻さと、自然と人との営みを学び取ることとの格好の場を提供してくれるし、同時に私たちに国際協力へ参加する機会を与えてくれることにもなっている。

象牙ヤシで持続的に生きる

海岸から少し入った熱帯雨林の地域には、タグアとよばれているヤシが自生している（**図Ⅵ–27**）。象牙《ぞうげ》に似た質感の種子がとれるので、「象牙ヤシ」と呼ばれている。英語では vegetable ivory といわ

図Ⅵ-26　マングローブ植林行動計画（ACTMANG）の向後元彦代表から，アメリカヒルギ胎生種子の植え方のレクチャーを受けるエコツアー参加者（上）．日本からの参加者中最年少（当時小学6年生）の黒田賢太郎君も，ミミモチシダを伐開した場所に，胎生種子を植えた（下）．南米エクアドルのマハグアールの森にて．

図VI-27　タグアの栽培地（南米エクアドル・マナビ州の山中）.

れている。この種子は加工すると、ボタンやアクセサリーができるので、古くから原材料として使われてきた（図VI-28）。しかし、第二次世界大戦後、プラスチックボタンなどに取って代わられてしまった。ところが、近年、エコロジカルな素材に着目して、日本やイタリア、ドイツ、アメリカなどがタグアの種子や、加工されたボタンの輸入を再開しだしている。前述したように大阪堺市の溝端釦工業は、エクアドルからタグア種子を輸入して、ボタンをつくりカッチで染色している（図VI-13、三一三頁参照）。

アメリカのNGOのコンサベーション・インターナショナル（CI）は、現地の人たちにこのタグアの加工技術を教えたり、世界の企業に協力を求めて、販路を拡大したりしている。多くの住民が、

図Ⅵ-28　集荷されたタグアの種子（上）．この種子を切ってボタンに加工する（中）．タグアボタンの製品見本．（いずれもエクアドルのマンタ市のBOTO　TAGUA工場）．

それで職を得ることができた。そして協力企業からはタグアの売上の五パーセントを住民に還元するという仕組みを作り出した。その後、タグアの自生地をバナナ園にして利益を上げる話が大企業から持ち込まれた。しかし、森林と環境保全の大切さを知った住民はこれに反対し、タグアで持続的に暮らす方を選択した。

ベトナムやエクアドルの人々は、自分たちの住む風土を活かしながら持続的に暮らしていく自助努力の道を歩んでいる。我々も大量生産・大量消費・大量破棄に支えられた効率主義のライフスタイルを見直し、自分たちが暮らしている地域の風土をどのように理解し、そしてそこで長い間育まれてきた生活様式の履歴を読み解き、自然環境に負荷が少ない地場産業を再評価していくことなどが、今、私たちに求められているのではないだろうか。

◇──エピローグ：里山の保全へ向けての確かなあゆみを

新たな二次林文化を求めて

里山は集落に近い山地や台地・丘陵地帯にひろがり、山地があってもなだらかで、谷があっても小さく、流れがあってもゆるやかである。

里山地域には林を中心にしながら、ため池があり、小川があり、田畑があり、農家やお宮も存在していた。農民は毎年冬になると、林に入り、林床《りんしょう》の下刈りを行い多量の落ち葉を採取して堆肥《たいひ》を作り、農業の再生産を維持してきた。また、燃料になる粗朶《そだ》や薪炭材《しんたんざい》なども得ていた。そのほか、屋根葺《ふ》き材料のカヤなども入手でき、食料になるキノコや野草も採れた。つまり、里山は主として農業の再生産や農家の生活を維持するための農用林野で、農民の手によって維持・管理されてきた二次林である。

里山では、森林の再生力を越えない範囲で伐採を繰り返すなど、人間の自然への積極的な働きかけを通じて、そこに棲息する動植物もふくめて、人と自然との間に持続的な共生関係が育まれてきた。その利用方法や利用形態は地域性が反映されているが、どれも里山で暮らす農民の知の体系が見て取れる。里山の本質とは人と森林がかかわり合うシステムである。その意味では誰もが里山として思い浮かべる「武蔵野の雑木林《ぞうきばやし》」などは、そのようなシステムの表象であるともいえよう。したがって、里山問題を考える場合は表層的な植生や、貴重な動物の存在といったことだけに目を奪われるのではなく、それを支えてきた人と里山のかかわり合いの履歴や、その構造にも目を向けることが大切である。

かつての昔話や説話、童謡のなかでも里山は重要な舞台でもあったように、里山は優れて文化的な存在でもある。里山を農の風景として維持・管理し利用してきた農民にとって、里山が織りなす四季折々の美しさと親しみやすさが、自然観やメンタリティの基礎にもなっている。大地や樹々といった自然物の中にアニミズムの神々をみる伝統的な信仰観や世界観、とりまく環境と自己との関係を知らず知らずに培い、省資源的で循環的・永続的な生活様式を築いてきた。自然物を神とみなし、敬い、恐れながら持続的に利用できるシステムを確立してきた。このように人々の心のありようにも大きな影響を及ぼしてきた重い履歴をもつ環境、それが日本人にとっての二次林の里山である。そこで成立した文化複合は、「二次林文化」と呼ぶことができよう。

しかし、一九六〇（昭和三五）年頃から始まる高度経済成長期以降になると、日本列島の各地で、里山と農村生活や農業生産との関係が切れてしまった。里山にはもはや見るべき、用いるべき資源がないかのように放置されて荒廃が進んだり、ゴミ捨て場代わりにされたり、都市的な土地利用に転用されたりするものが多くなってきた。近年では、廃棄物処理場など都市から忌避された施設やゴルフ場の用地として扱われがちな風潮さえ見受けられる。

反面、私たちは自らの物質的・経済的な繁栄だけではなく、いかに現状の自然環境を永続的に大切に使い、動植物とともに生きられる豊かな空間として里山を次世代に引き継いでいきたいという願い

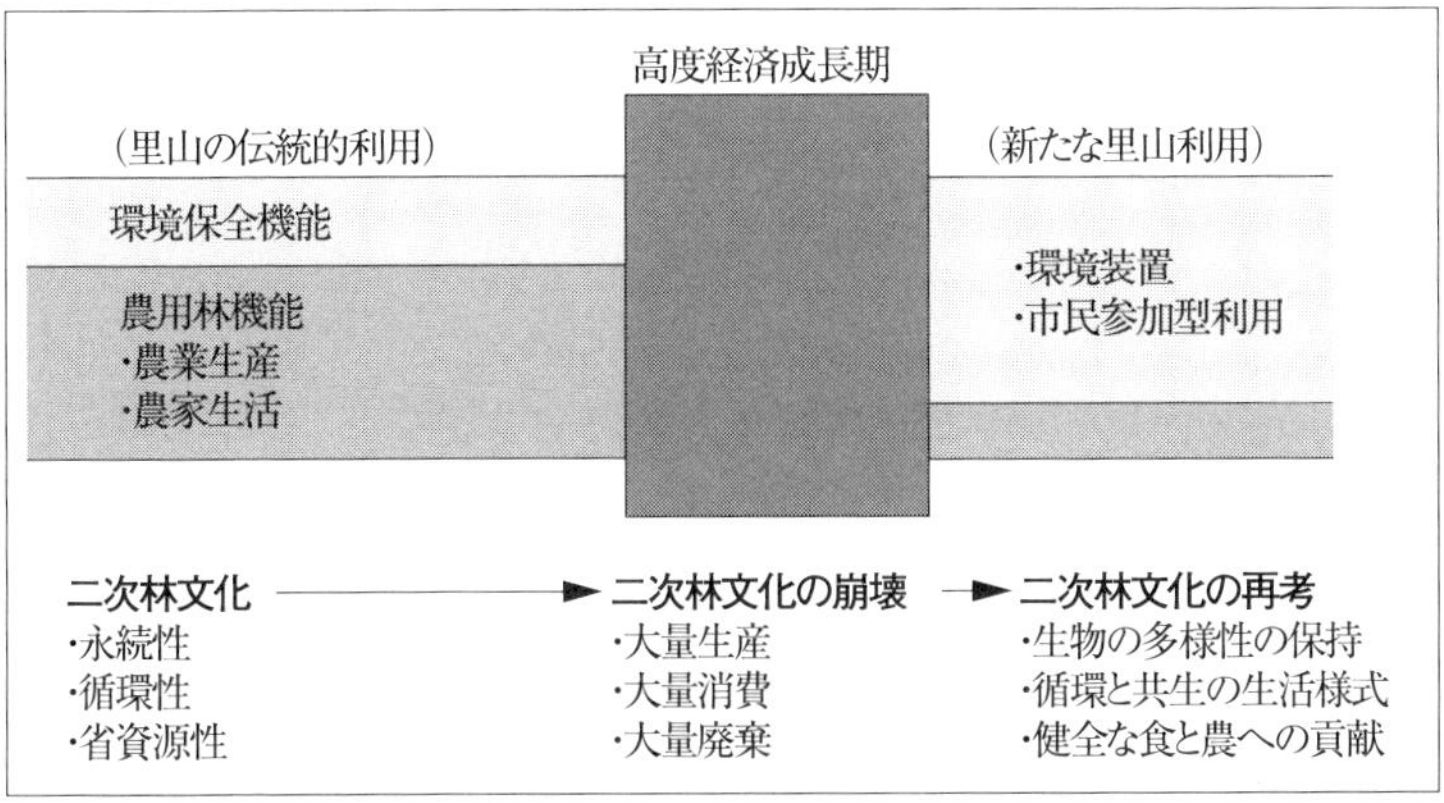

図−1　里山の機能の変化（高度経済成長期前後）．高度経済成長期前には，里山は農業生産と農家生活に密接に結びついており，里山地域では二次林文化がみられたが，高度経済成長期に里山の農用林的利用がなされなくなり，二次林文化も途絶えた．しかし，これからは二次林文化を再考して，環境装置としても里山を十分活かしていく必要がある．

があることも確かである。人間の消費と自然の生産とのバランスによって成りたっている里山こそ、二一世紀が目指すべき可能性を秘めた環境なのである。里山地域の履歴を読み解いてみれば、人と自然の持続的なかかわり方の手本が存在することに気づかせられる。かつての農業の再生産資材や農家生活に必要な資材を採取してきたという資源的価値は薄れても、環境教育、アメニティ、水源涵養《かんよう》、生物の多用性の保持、保健・健康林などの機能を複合的に持っている里山を健全な林として維持していくことが、地球規模の環境の危機を自ら招いてしまったわれわれの大きな社会的な責務になっている（図−1）。

　伝統的な農用林的利用がとだえてしまった里山を、今後、地域社会の中で資源、環境、文化としてどう位置づけし直し、それとわれわれとがどのような関係を再生しうるのかということが課題となる。

たんに雑木林を都市計画の中で残置するとか、クヌギやコナラの美しい森林公園を整備するといったことでは、人とのかかわりを本質とする里山の保全にはまったくならずに、「死に体の里山」を眺めるにすぎないことになってしまう。広大な面積の里山を持続的に管理していくことを考えると、工事完了でおしまいとなる従来型の公共事業や市民のボランティア・余暇活動などに依存しているだけでは展開に限界がある。

それでは、これから誰がどのようにして里山とかかわっていったら良いのであろうか。行政、企業、市民、農民、NPO／NGOなどがさまざまなパートナーシップを模索し、現代の里山利用ともいうべき、何らかの社会的・経済的システムを確立しなければならない。その確立には政策的・財政的支援も必要になるであろう。

現実の里山問題には、表面的な対策では克服できない根深さがある。里山の保全を考えるとき、まずはそれぞれの地域で、里山がどのように利用されていたのか履歴をたどり、そして追体験して、そのうえでこれからどう里山とかかわりながら生きていくべきなのかを問うことだ。

現在、薪やペレットストーブの再普及や木質発電や熱電併給の地域冷暖房施設の検討、薪を利用して焼いたピザやパンのレストラン、薪窯《まき》を使った陶芸、木炭・竹炭の新たな用途、エコツーリズムなど人々が里山に集い、遊び、学び、働けるようになる地域性を生かしたさまざまな新しいアイデアが各地でだされている。再び二次林と人間がつくりだす新しい文化の胎動《たいどう》が始まっている。里山保全のための唯一解や全国統一見解などは不要であるが、里山保全は人とのかかわりが本質であることを原点に、それぞれの地域性を生かしながらの提案と行動がなされていくべきである。

アイヌ民族博物館監修（一九九三）『アイヌ文化の基礎知識』草風館。

赤井弘・栗林茂治編著（一九九〇）『天蚕—Science & Technology—』サイエンスハウス。

朝日新聞社編（一九八五）『竹の博物誌』朝日新聞社。

朝日新聞（二〇〇二）「国産の竹を暮らしの中に」『朝日新聞』二〇〇二年三月二〇日付記事。

足田輝一（一九七七）『雑木林の博物誌』新潮社。

飯田哲也（二〇〇〇）『北欧のエネルギーデモクラシー』新評論。

石井実・植田邦彦・重松敏則（一九九三）『里山の自然をまもる』築地書館。

市川健夫（一九七八）『風土の中の衣食住』（東書選書）東京書籍。

市川健夫（一九八八）『信州学ことはじめ』第一法規。

市川健夫（一九九二）『森と木のある生活』白水社。

市川健夫・斎藤功（一九八五）『再考・日本の森林文化』（NHKブックス）日本放送出版協会。

伊藤浩司編著（一九八七）『北海道の植生』北海道大学図書刊行会。

今村奈良臣・向井清史・千賀裕太郎・佐藤常雄（一九九五）『地域資源の保全と創造』農山漁村文化協会。

犬井　正（一九八八）「関東の平地林—農の風景—」『あるく・みる・きく』二六三号、四—二九頁、日本観光文化研究所。

犬井　正（一九八八）「武蔵野の平地林をめぐる人と農」『多摩のあゆみ』五三号、二六—三六頁。

犬井　正（一九九一）「平地林をめぐる人と農」、市川健夫編著『日本の風土と文化』二六〇―二七七頁、古今書院。
犬井　正（一九九二）『関東平野の平地林』古今書院。
犬井　正（一九九三）『人と緑の文化誌』三芳町教育委員会。
犬井　正（一九九六）「関東平野の平地林の歴史と利用」『森林科学』一八号、一五―二〇頁。
犬井　正（一九九七）「ベトナム南部カンザー地区のマングローブ林とその利用」『地理月報』四三八号、一―三頁。
犬井　正（一九九八）「巨大マングローブの森、マハグアール」『現代林業』三八一号、一四―一五頁。
犬井　正（一九九八）「地図でみる平地林」『地図情報』一一八巻三号、八―一一頁。
犬井　正（一九九九）「埼玉から平地林・里山保全のメッセージを」『埼玉自治』七月号、二四―二七頁。
犬井　正（一九九九）「エクアドルにおけるタグアの利用」『獨協経済』七〇号、七五―八七頁。
岩沢信夫（一九九三）『新しい不耕起イネづくり』農山漁村文化協会。
ウイリアム・A、板倉克子訳（一九九八）『グリーンマン』河出書房新社。
上田弘一郎（一九七九）『竹と日本人』日本放送出版協会。
上田弘一郎編著（一九八三）『竹と暮らし』（小学館創造選書）小学館。
大場秀章（一九九七）『日本森林紀行―森のすがたと特性―』八坂書房。
沖浦和光（一九九一）『竹の民俗誌―日本文化の深層を探る―』（岩波新書）岩波書店。
小倉　謙（一九五八）「マングローブに関する諸問題」『横浜市立大学論叢』一〇巻一号、五四七―五七八頁。
小椋純一（一九九二）『絵図から読み解く人と景観の歴史』雄山閣。
帯広市史編纂委員会編（一九八四）『帯広市史』帯広市。
萱野　茂（一九七七）『炎の馬―アイヌ民話集―』すずさわ書店。

萱野　茂（一九八七）『アイヌの里・二風谷に生きて』北海道新聞社。

川瀬　清（一八九〇）『森からのおくりもの』北海道大学図書刊行会。

北の生活文庫企画編集会議編（一九九七）『北海道の自然と暮らし』北海道新聞社。

木文化研究所編（一九九九）『Q＆A里山林ハンドブック』日本林業調査会。

京都府山林会・京都府林業組合連合会（一九〇九）『京都府山林誌』、明治文献資料刊行会編（一九七二）『明治前期産業発達史資料、別冊一一〇（三）』明治文献資料刊行会。

吉良竜夫（一九七一）『生態学から見た自然』河出書房新社。

クリッチャー・J、辛島司郎訳（一九九二）『熱帯雨林の生態学』どうぶつ社。

桑子敏雄（一九九九）『環境の哲学―日本思想を現代に活かす』（講談社学術文庫）講談社。

小池一夫（一九九七）『マングローブの生態―保全・管理への道を探る―』信山社。

小出　博（一九七三）『日本の国土、上―自然と開発―』東京大学出版会。

向後元彦（一九八八）『緑の冒険―砂漠にマングローブを育てる―』（岩波新書）岩波書店。

國分直一・恵良宏校注（一九八四）『名越左源太時敏著、南島雑話』（全二巻、東洋文庫）平凡社。

後藤捷一（一九二八）「外国産單寧材料に就て」『染料と薬品』五号、五四―六三。

後藤捷一・小川隆平（一九三六）『染料植物譜』はくおう社。

紺野康夫（一九九三）「十勝植生図」、十勝大百科事典刊行会編『十勝大百科事典』北海道新聞社。

埼玉県（一九八六）『新編埼玉県史別編三自然』埼玉県。

札幌学院大学人文学部（一九八八）『北海道森と木の文化』札幌学院大学生活協同組合。

三富史跡保存会（一九二九）『三富開拓誌』三富史跡保存会。

士幌町町制二〇年史編さん委員会（一九八一）『士幌のあゆみ―町制二〇年史―』士幌町。

自然環境研究センター編（一九九四）『やま・かわ・うみ・ひと、西表島エコツーリズムガイドブック』自然環境研究センター。

諸喜田茂充（一九九七）「マングローブと生き物たち」、池原貞雄・加藤祐三編著『沖縄の自然を知る』築地書館、六四―八三頁。

鈴木貞雄（一九七一）『ササ属（*Genus Sasa*）の生態』玉川大学通信教育部。

鈴木貞雄（一九七八）『日本タケ科植物総目録』学習研究社。

只木良也（一九八一）『森の文化史』（講談社新書）講談社。

田端英雄（一九九九）「木質熱電併給システムによる里山の維持管理を」『科学』六九巻、二八―三一頁、岩波書店。

田端英雄編著（一九九七）『里山の自然』保育社。

十勝大百科事典刊行会編（一九九三）『十勝大百科事典』北海道新聞社。

所　三男（一九八〇）『近世林業史の研究』吉川弘文館。

鳥居厚志・井鷺裕司（一九九七）「京都府南部地域における竹林の分布拡大」『日本生態学会誌』四七巻、三一―四一頁。

中川重年（一九八八）『木ごころを知る』はる書房。

中川重年（一九九六）『再生の雑木林から』創森社。

中川重年監修（二〇〇〇）『イラスト里山の手入れ図鑑』全国林業改良普及協会。

中島峰広（一九九九）『日本の棚田』古今書院。

永野　巌（一九九一）『埼玉四季の植物』埼玉新聞社。

中村武久・中須賀常雄（一九九八）『マングローブ入門―海に生える緑の森―』めこん。

西尾典祐（一九九六）『至誠　評伝・新田長次郎』中日出版。

ニッタ㈱百年史編纂委員会（一九八五）『ニッタ株式会社百年史』ニッタ㈱。

新田長次郎（一九三五）『回顧七十有七年』新田帯革製造所。

新田ベニヤ五十年史編集委員会（一九六九）『新田ベニヤ五十年の歩み』新田ベニヤ工業株式会社。

ニッピ八五年史編集委員会編（一九九二）『ニッピ85年史』㈱ニッピ。

日本第四紀学会（一九八七）『百年・千年・万年後の日本の自然と人類』古今書院。

沼田　眞（一九八七）『都市の生態学』（岩波新書）岩波書店。

沼田　眞（一九九三）『植物のくらし人のくらし』海鳴社。

農商務省山林局（一九〇五）『單寧材料及槲樹林』農商務省山林局。

農商務省山林局（一九〇六）『槲林及單寧材料』山林広報臨時増刊三号、農商務省山林局。

農林省山林局（一九一五）『北海道ニ於ケル槲林及槲皮利用ノ状況』山林公報九号付録、農林省山林局。

早来町史編集委員会編（一九七三）『早来町史』早来町。

林　常夫（一九五四）『北海林話』北海道興林株式会社。

馬場繁幸編著（一九九八）『海と生きる森―マングローブ林―』国際マングローブ生態系協会。

馬場繁幸・志茂守孝（一九九三）「マングローブと沖縄」『沖縄農業』二八―一、四六―五七頁。

福島県立博物館（一九九八）『天の絹絲―人と虫の民俗誌―』福島県立博物館。

穂高町誌編纂委員会（一九九一）『穂高町誌』（自然編、歴史編上・民俗編、歴史編下）穂高町誌刊行会。

北海道庁（一九五三）『北海道山林史』北海道庁。

北海道河西支庁（一九二八）『十勝大観』北海道河西支庁。

堀田　満（一九八〇）『植物の生活誌』平凡社。

堀田　満編（一九八七）『京都植物たちの物語、古都の花と緑と作物』（かもがわ選書1）かもがわ出版。

牧野　清（一九七二）『新八重山歴史』城野印刷所。

幕別町編（一九九六）『幕別町百年史』幕別町。

丸山浩明（一九八五）「長野県穂高町における雑木林の分布と利用形態の変容」『地域調査報告』七号、三五―四五頁。

向日市農業技術者会議（一九八六）『向日市の農業技術誌』京都府向日市。

村井吉敬（一九八八）『エビと日本人』（岩波新書）岩波書店。

芽室町八〇年史編さん委員会（一九八三）『芽室町80年史』芽室町役場。

守山　弘（一九八八）『自然を守るとはどういうことか』農山漁村文化協会。

守山　弘（一九九七）『水田を守るとはどういうことか』農山漁村文化協会。

Inui, T. and Bowler, I. (1995): Agricultural land use in the European Union; Past, present and future. *Geographical Review of Japan*, vol. 68, no. 2, pp. 137—150.

The International Tropical Timber Organization. The International Society for Mangrove Ecosystems (1995): *Journey Amangst Mangroves*.

◇——あとがき

自然と人間のかかわりを明らかにすることを一つの命題としている一地理学徒として、私は今こそ人間も含む生態系の中で、自然と人間が共存できるための鍵を探し当てなければならないと考えている。それには、自然と人間が循環的・永続的に生き続けてきた里山地域の二次林文化を再発見して、役立てていくことが大切である。長い間、里山地域で育んできた二次林文化とともに、緑豊かな里山を未来の子孫にも残しておく責務が私たちにはある。

本書は、武蔵野の平地林や関東平野の谷津田に魅せられたのを端緒として、日本国内に限らずイギリスやベトナム、エクアドルなどにも足を伸ばし、多くの人々に教えていただいた私のフィールドノートをまとめたものである。

また、獨協大学経済学部で私が担当している経済地理学ゼミナールでは、毎春、四〇人の学生とともに、神奈川県自然環境保全センター専門研究員中川重年さんの指導のもとに、関東地方の里山保全のワークショップを行っている。ゼミ生とともに荒れ果てた竹林やクヌギ・コナラ林に入り、ナタやノコギリ、ときにはチェーンソーを使い、林床《りんしょう》の整理や除伐・間伐《かんばつ》を行い、昼食には伐《き》り出したバイオマスを利用してピザやバウムクーヘンを作って、楽しみながらも「里山をまもるということは何か」

と自問してきた。二〇〇〇年の春には神奈川県のリハビリテーション施設に隣接する里山を整理して、大量のチップを作り、林間の小道にそれを敷き詰め障害をもった人も散策しやすいチップロードを完成させた。さまざまな生物から成り立つ里山は、工夫しだいでさまざまな人々を受け入れてくれるようになることとも、身をもって知ることができた。

夏には、十勝《とかち》平野の士幌《しほろ》町で学生とともに、農家に分宿しながら農業実習と農業経営の調査をここ数年来続けている。その帰途、清水町「十勝・千年の森」に入り、影沢裕之さんの指導により、カラマツの間伐材をひいて、ミズバショウ群生地の観察用木道づくりに汗を流すのが年中行事になっている。そうした現場で得た知識と技能は私にとってはかりしれない財産となった。つねに私たちのゼミナールの活動をサポートしてくれている中川重年さんと影沢裕之さん、そして若い学生諸君の情熱に後押しされながら本書の礎ができたと思っている。

最後に、快く話を聞かせてくださったり、資料を提供していただいたりした各地の方々に深く感謝いたします。特に、貴重な写真を提供していただくとともに、本書を出版するようにと暖かく励まし続けていただいている北海道幕別《まくべつ》町の「新田の森記念館」館長古酒昭治氏に深く感謝いたします。そして、日頃から里山に関する本を早くまとめるようにと叱咤激励し続けていただいている筑波大学名誉教授で前日本地理学会会長の山本正三先生、東京学芸大学名誉教授で長野県立歴史館館長の市川健夫先生には記して深甚の謝意を表します。さらに、マングローブ植林行動計画（ＡＣＴＭＡＮＧ）代表の向後元彦さんには、ベトナムやエクアドルという新たなフィールドに出ていく機会をいただくとともに、マングローブ林について種々ご教示いただいた。生物学の立場から有益な助言をしていただいた獨協大学の加藤僖重教授、林野の利用について議論をしていただいた中世史家である畏友の新井孝重教授、フィールドワークに同道してくれ、ともに学んだ北﨑幸之助・森島健・大竹伸郎の大学院生諸君、さまざまな情報や資料をいただいた里地ネットワークの中島明夫氏、以上の方々に感謝いたします。この本がこうして上梓できたのは、ひとえに新思索社編集部長の池田和彰氏の並々ならぬお力添えのおかげであった。本当の最後に、多少気恥ずかしいが、これまで三〇年間の研究生活を支えてくれた妻の和子に感謝しつつ筆を置くことにする。

二〇〇一年一〇月

獨協大学経済地理学研究室にて　犬井　正

メダカ* 109, 125, 132, 133, 134
メダケ 253
メヒルギ 293, 294
モウソウチク 120, 244, 250, 253, 254, 277
モグラ* 115
モズ* 118, 152
モリシマアカシア 310

【や行】

ヤエヤマヒルギ 295, 299, 312
ヤチダモ 194, 197
ヤナギ 128, 183, 198
ヤブカラシ 46
ヤブツバキクラス域 18
ヤブマメ 195
ヤブラン 112
ヤマアカガエル* 117
ヤマウド 113
ヤマグリ 42
ヤマザクラ 45
ヤマハンノキ 36
ヤマブドウ 196, 197
ヤマユリ 23
ヨコバイ* 117
ヨモギ 105

【ら行】

リュウゼツラン 256
リンドウ 105, 106
レンゲソウ(→ゲンゲ) 166

【わ行】

ワサビ 144
ワトル 223, 310
ワラビ 40, 62, 114
ワレモコウ 103, 104, 109

【な行】

ナマズ* 118
ナルコユリ 112
ニッパヤシ 318
ニホンアカガエル* 117
ニホンイシガメ* 119
ニホンカラマツ 202
ニホンノウサギ* 119
ニリンソウ 111
ニンジン 79
ヌルデ 46
ネマガリダケ(→チシマザサ) 267
ネムノキ 40, 45, 57
ノグルミ(ノブノキ) 216
ノコギリガザミ* 303
ノビル 114

【は行】

バイケイソウ 195
ハイマツ 103
ハギ 46
ハシドイ 197
葉タバコ 73
ハチク 250, 253
ハツタケ 49, 119
ハマナス 196
ハリエンジュ 144
ハリギリ 113
ハルニレ 197
ハンノキ 57, 143
ヒエ 197
ヒガンバナ(→マンジュシャゲ) 108
ヒグマ* 197
ヒグラシ* 47
ヒサカキ 45, 71
ヒシ 110, 196
ヒノキ 12, 16, 35, 73, 123
ヒヨドリ* 113
ヒルギダマシ 295
ヒルギモドキ 295
フタバナヒルギ 317, 318
フナ* 118
ブナ 19, 207
ブナ林 18
ホウレンソウ 79
ホオジロ* 152
ホオノキ 177, 198
ホタルブクロ 105
ポプラ 144, 183

【ま行】

マコモ(菰) 266
マダケ 244, 250, 253
マツカサガイ* 125
マムシグサ 112, 113
マヤプシキ 295, 299
マユミ 113
マングローブ 290, 291
マングローブ林 291
マンジュシャゲ(→ヒガンバナ) 108
マント群落 46
ミズオオバコ 109
ミズカマキリ* 118
ミズキ 198
ミズナラ 19, 196, 197, 200, 202, 224
ミズバショウ 195, 241
ミソハギ 109
ミミモチシダ 328
ミヤコザサ 266, 269
ムクドリ* 113, 152
ムラサキシキブ 113

【さ行】

サギ* 118
サキシマスオウノキ 305
サクサン(柞蚕)* 148, 150
サシバ* 118
サツマイモ(甘藷) 36, 38, 51
サルナシ(→コクワ) 196
サワラ 168
サンショウウオ類* 117
シイ 20, 216
シイタケ 82
シウリザクラ 198
シオン 105
シロヤマギク 105
シナノキ 197, 198
シメジ 49, 119
ジャガイモ(馬鈴薯) 36, 190
ジャノヒゲ 112, 113
シャリンバイ 312
ジュンサイ 110
シュンラン 23, 42, 83, 112
シラカシ 20, 71
シラカバ 19, 198, 202
スギ 12, 16, 35, 73, 123
ススキ 20, 55, 104
スズメ* 152
スダジイ 296
スブタ 109
スミレ 23, 28, 36, 40
セキサン(石蒜)(→ヒガンバナ) 108
セリ 110
セン 224
センダイハギ 195
センブリ 49, 70
ゼンマイ 109, 195
ソバ 197
ソバナ 105

【た行】

タイコウチ* 118
ダイコン(大根) 79
ダイズ(大豆) 106
タグアヤシ 312, 334
タケ(竹) 35, 267
ダケカンバ 198, 202
タコノアシ 109
タチツボスミレ 112
タナゴ* 125
タニシ(田螺)* 114, 132
タヌキ* 28
タブ 20
タラノキ 40, 46, 113
チガヤ 55, 266
チゴユリ 112
チシマザサ(→ネマガリダケ) 266, 267, 270
チチタケ 47
チマキザサ 266, 269
ツリガネニンジン 109
ツルウメモドキ 198
テンサイ(甜菜) 190
テンサン(天蚕)* 148, 149, 150
テンナンショウ 196
トウキョウサンショウウオ* 118
トカチヤナギ 198
ドクゼリ 195
ドジョウ* 109, 114, 132
トドマツ 238
トノサマバッタ* 199
トリカブト 195
ドロノキ 198

オオウラギンヒョウモン* 105
オオタカ* 89
オオハマボウ 307
オオルリシジミ* 105
オキナグサ 105
オナガドリ* 152
オニクルミ 196, 198
オヒョウ 198
オヒルギ(→アカバナヒルギ) 292, 294
オーク 207

【か行】

カシ 35, 149, 207
カジカ* 196
カシワ 149, 194, 196, 197, 200, 202, 204, 231
カタクリ 28, 36, 40, 83, 111, 112
カツラ 197, 198, 224
カテキュウ(→アセンヤクノキ) 310
カブ 79
カブトムシ* 28, 46
ガマ 123
ガマズミ 45, 113
カマツカ(→ウシコロシ) 20, 45
カヤ 55, 70, 197
カヤタケ 47
カラス* 152
カラマツ 238
カレイ* 196
カワニナ* 125
カワラマツバ 105
カンアオイ 113
キキョウ 103, 104, 106
キタキツネ* 197
キツネ* 28, 195
キツネノカミソリ 111
キハダ 195, 197, 198
ギボウシ 109
ギョウジャニンニク(→アイヌネギ) 195
キリ 42
キンラン 42
ギンラン 42
クサソテツ 114
クサボケ 28, 40, 109
クズ 46, 104, 123
クヌギ 18, 45, 49, 82, 112, 126, 143, 149
クヌギ・コナラ林 8, 12, 20, 146
クマザサ 271
クララ 105
クリ 19, 45, 149, 196
クロスズメバチ* 119
クロモ 109
クワガタ* 28, 46
ケブラチョ 310
ケヤキ 35, 39, 62
ケラ* 115
ゲンゲ(→レンゲソウ) 165
ゲンゴロウ* 118
ゲンノショウコ 105
コイ* 118
コオロギ* 118
コガネムシ* 46
コクワ(→サルナシ) 196
コナラ 18, 36, 45, 49, 82, 112, 126, 143, 149
コノテガシワ 209, 232
コブシ 39
コマツナ(小松菜) 79
コンブ 196

【ら行】

落葉広葉樹　12, 16, 101
陸稲　38, 58
リグニン　62, 280
リコリン　108
リゾート　172
緑地地代　92
緑肥　15, 100, 143, 163, 166
履歴　30
林床　21, 46
林床植物　36
林地残材　187, 222
LETS（→地域限定通貨）　94
連作障害　79, 98
連柴柵工　125

【わ行】

ワサビ田　144
ワサビ畑　144
ワラボッチ　120

動植物名（＊印は動物）

【あ行】

アイヌネギ（→ギョウジャニンニク）　195
アカガエル*　109
アカシデ　36, 45
アカマツ林　8, 12, 18, 20, 146
アキアカネ*　117
アキタフキ　195
アギナシ　109
アケビ　46, 109
アシ　123, 197
アズマネザサ　23, 70, 131
アセンヤクノキ（→カテキュウ）　310
アダン　296
アベマキ　19
アミタケ　119
アメリカヒルギ　302, 327, 328
アヤメ　266
アラビアゴムモドキ　310
アワ　197
イカリソウ　105, 111
イケマ　195
イチリンソウ　23, 111
イヌエンジュ　198
イヌシデ　36, 45
イネ　96, 97, 106
イモリ*　109
イラクサ　198
ウシコロシ（→カマツカ）　20
ウダイカンバ　225
ウツギ　32, 42
ウバメガシ　169, 296, 307
ウンカ*　117
エゴノキ　36, 42, 45, 47, 57
エゾシカ*　197
エゾニワトコ　198
エゾマツ　231
エゾユキウサギ*　197
エビネ　42
エンレイソウ　195
オオウバユリ　195

ヘッジロウ　230
別荘地　73, 171
ベニヤ板　224
ペレット（→木質ペレット）　178
ペレットストーブ　179
ペレットバーナー　179
偏向遷移　19
萌芽　23
萌芽更新　23, 27, 64, 65, 82, 88, 121, 154, 184
防鳥ネット　154
防潮林　303
防風林　35, 202, 228, 303
保温折衷苗代　116, 144
干鰯　97, 115
ボランティア　90, 93, 175
ポリフェノール　309

【ま行】

薪　12, 65, 68, 121, 200
薪ストーブ　175
秣（まぐさ）　100, 148
マサ土　142, 146
マハグアール　333
間引き　57
マングローブ植林行動計画　301, 326, 333
マングローブ生態系　334
マングローブツアー　315
満鮮要素　103, 105
実生（みしょう）　23, 66
緑の回廊　230
深山（みやま）　15
民話　15
無機質肥料　62
武蔵野　10, 20, 58
室（むろ）　49
木酢液　280
木質バイオマス　176, 185
木質発電　182, 183, 184
木質ペレット（→ペレット）　178, 179, 180
没食子（もっしょくし）　310
もやかき　63

【や行】

焼き芋　52
野蚕　149
屋敷林　35, 39, 62
谷地（→谷津）　98
谷津　98, 131
谷津田　100, 115
谷戸（→谷津）　98
焼畑　20, 323
焼畑耕作　10
藪切り　116
ヤマ　14
やまこ（→やままゆ）　149
やまこせ　154, 170
山師　66, 121
ヤマ仕事　55
山付け　154
ヤマノ神　67
山の口開け　162, 167
山繭（やままゆ）　149, 158
弥生時代　104
結い　116, 164
有機質肥料　12, 79, 166
有畜農業　13
陽樹　18, 20, 277

地域限定通貨（→LETS）　94
地球サミット　29
竹酢液　280
竹炭　278, 279, 280
チッパー　287
チップ　171, 183
チップ用丸太　238
虫えい　310
中山間地域　139, 176, 182
潮間帯　290
鎮守の森　7
通行権　94
低木層　45
照り虫　154
天蚕総通し承華縮緬　152
天然下種更新　64
十勝・千年の森　238
十勝平野　190, 200
特定公益増進法人　93
土壌線虫　98
豊葦原瑞穂の国　7
鳥撒布種子　113
ドルイド　208
ドングリ　49, 206, 208
ドングリビール　235

【な行】

苗床　38, 42
苗七分作　38
苗半作　38
中干し　116, 119
生シイタケ　81
西山　244
二次林　18, 19, 20, 40, 314
二次林文化　28, 30, 40, 42, 54, 68, 85, 122, 195, 198, 236
新田の森記念館　234, 312
ネオウッド　283
燃料革命　21, 64, 66, 70, 170, 307
農業構造改善事業　231
農業資産相続特別法　76
納税猶予　76
農地改革　13, 60
農用林野　12, 71, 89, 155
野麦　273
海苔ヒビ　248

【は行】

廃棄物処理場　28, 30, 75, 77, 89
パイプライン　124
バウムクーヘン　88, 287
ハザ（稲架）　120
八十八夜の別れ霜（→晩霜）　40
麦桿　38, 62
馬糞風　201
春植物（→スプリング・エフェメラル）　111
板根　301, 305
晩霜（→八十八夜の別れ霜）　39
バンブー・アエラート（→竹の繊維）　282
ビオトープ　230
孫生え　23, 63, 68
ピザ　86, 88
ビニールマルチ　42
氷河期　103, 112, 117
備長炭　168, 307
ファームイン（農家民宿）　231
歩桑　156
不耕起栽培　132
付子　310
平地林　7, 8

三圃式農業　13
三面コンクリート張り　124
市街化調整区域　75, 77, 79
四角竹　250
資源循環型農業　80, 93
自然観　28, 36, 67, 198
持続可能な利用　198
下草刈り　23, 57
下草小作　161
支柱根　299, 327
膝根　301
湿田　101, 120
柴　14
柴山　143
渋(→タンニン)　209, 309
〆粕　97, 115
種の多様性　12, 83
樹皮　209, 222
循環型社会　78, 186
純林　66, 206
醸熱温床　36, 38
照葉樹　18, 71, 103, 112, 253, 309
常緑広葉樹　18, 112
植物粿革法　223
敷料　62
シルト　97
白子　260
白炭　168
信仰観　28
薪炭材　8
新田開発　10, 20
新田村落　20, 32
新都市計画法　72, 274
水源林　92
煤竹　250
スプリング・エフェメラル(→春植物)　111
スプリングブルーム　117
世界観　28, 67, 194
石油ショック　179
絶滅危惧種　89, 133
ゼロエミッション　78, 287
遷移　20, 71
前生樹処理　171
雑木林(ぞうきばやし)　14, 16
相続税　76, 93
租税特別措置法　94
粗朶　12, 121, 125
粗朶柵工　125
粗朶沈床　126

【た行】

ダイオキシン　78, 325
胎生種子　297, 328
堆肥　8, 12, 60, 97
タウンシップ制　199
竹紙　280
竹の秋　255
タケノコ　246, 255
タケノコ畑　259
竹の繊維(→バンブー・アエラート)　282
棚田　101
ため池　26, 101, 110
丹殻　308
短冊型地割　32
炭素の相殺(→カーボン・オフセット)　238
タンニン　209, 215, 219, 308, 309, 311
田圃のオーナー制度　135
単粒化　79
団粒構造　61, 79
地域憲章　93

柏　209, 232
槲（かしわ）　209, 232
化石燃料　186
堅木　57, 65
片栗粉　40
学校林　85
カッチ　311, 312, 314, 336
カムイ　194
カヤ刈り　55
茅湯　56
空っ風　35
刈りあげ　114
刈敷　14, 97, 102, 111, 114, 161
刈敷農業　161, 164
刈敷林　143
刈敷百姓　161
刈敷山　143
枯れ葉剤作戦　317
革　210
皮　210, 215
川越いも　51
川越藩郡方条目　21
灌漑用水　7, 10
環境税　185
環境保全型農業　135, 231
環境保全林　323
幹線防風林　201
乾田　101
関東平野　8
関東ローム　10, 51
間伐材　174, 319
汽水　294
木灰　61, 62
休閑地　14
救荒作物　51
厩肥　12, 102
境界木　20, 32
極相林　18, 204
くぬぎやま　77
グランドワーク　89
黒ボク土　10
畦畔茶　45
堅果　206
減反政策　123
公益的機能　77, 90
公共財　91
紅樹林　291
耕地防風林　202, 227, 229
購入肥料　70
高木層　36, 45
護岸林　303
呼吸根　301
固形タンニン　220
コジェネレーション（熱電併給）　185
五倍子　310
ゴルフ場　98, 172
コンペト車　163
根瘤バクテリア　106, 166

【さ行】

雑木（ざつぼく）　16
雑木林（ざつぼくりん）　16
さつま団子　52
里地　15
里山　12, 14, 15, 28, 30, 75, 83, 146, 152, 161, 195, 244, 284
里山地域　15, 195
里山保全基金　93
里山保全協定制度　93
里山レストラン　87
産業廃棄物　131
三富開拓誌　21, 56
三富新田　20, 32

索引

用語・事項

【あ行】

合鴨農法　135
愛知万博　30
アイヌ　194
秋落ち現象　142
亜高木層　45
朝草刈り　102
安曇野　140, 146
畦　102
畦豆　106
アドヴァンスドフューエル　178
アニミズム　28, 194
奄美大島　293
有明紬　152
アリ撒布種子　113
入会秣場　10, 20
忌地現象　79
イナウ　198
稲藁　10, 55, 97, 261
入会地　148
西表島（いりおもてじま）　290, 294, 315
西表島エコツーリズム協会　315
陰樹　18, 20, 130
魚付林　302, 321
エコツーリズム　315, 325, 333
エコパーク　325
エビ養殖池　323, 330
塩田　323
塩類腺　297
大阪層群　259
おおたかの森トラスト　89
陸稲（おかぼ）　38, 58
落ち葉　58
落ち葉銀行　93
落ち葉掃き　23, 55
乙訓（おとくに）　257
帯広の森　234
颪（おろし）　12

【か行】

カーボン・オフセット（→炭素の相殺）　238
海上の森（かいしょのもり）　30
界面活性剤　47, 308
貸馬・借馬慣行　164
化学肥料　70, 166
かき起こし　83
柿渋　309
学者村　172
家蚕　149
火山灰土壌　10, 226

●——著者紹介
犬井　正（いぬい・ただし）
1947年東京生まれ．東京学芸大学大学院修士課程修了，現在，獨協大学経済学部教授（経済地理学研究室）．農業・農村地理学専攻，理学博士．ゼミの学生たちとともに，関東のコナラ・クヌギ林，北海道のカラマツ林，足を延ばしてベトナムやエクアドルのマングローブ林へと分け入り，里山保全のワークショップを行っている．
著書に，『関東平野の平地林』（古今書院），『人と緑の文化誌』（三芳町教育委員会），『都市近郊のむら』（小峰書店）ほか，訳書に，『熱帯雨林の社会経済学』（農林統計協会），『イギリスの歴史統計』（原書房）ほかがある．

里山と人の履歴

2002年5月30日　第1刷発行

著　者——犬井　正

発行者——小泉孝一

発行所——㈱新思索社
東京都新宿区大京町25-3-705（〒160-0015）
TEL.03-3226-0408　FAX.03-3226-4178
振替 00190-2-577814

印刷所——モリモト印刷㈱

ISBN 4-7835-0226-9　C1061